식영과인데...
아직 **구독** 안 했다고?

월 7천원이면 50여 종 **식영 도서가 무제한.**
태블릿 하나로 공부 걱정 해결.

영양사 자격증도
교문사.e.라이브러리
하나면 돼!

---

* 교문사 e 라이브러리는 전자책 플랫폼 **북이오(buk.io)**에서 만날 수 있습니다.

함께읽기 방법
자세히 보기

북이오(buk.io)에서
공부하고 **과탑 되는 법.**

STEP 1. 교문사 e라이브러리 '식품영양' 구독
'함께 읽는 전자책 플랫폼' 북이오에서 교문사 e-라이브러리를
구독하고 전공책, 수험서를 마음껏 본다.

STEP 2. 원하는 교재로 함께 공부할 사람 모으기
다른 사람들과 함께 공부하고 싶은 교재에 '그룹'을 만들고, 같은
수업 듣는 동기들 / 함께 시험 준비하는 스터디원들을 초대한다.

STEP 3. 책 속에서 실시간으로 정보 공유하기
'함께읽기' 모드를 선택하고, 그룹원들과 실시간으로 메모/하이라이트를
공유하며 중요한 부분, 암기 꿀팁, 교수님 말씀 등 정보를 나눈다.

STEP 4. 마지막 점검은 '혼자읽기' 모드에서!
이번에는 '혼자읽기' 모드를 선택해서 '함께읽기'에서
얻은 정보들을 차분히 정리하며 나만의 만점 노트를 만든다.

4판

식품재료학
FOOD MATERIALS

저자 소개

홍진숙
전 세종대학교 호텔관광대학 외식경영학과 교수

박혜원
전 신한대학교 호텔조리과 교수

박란숙
전 숭의여자대학교 식품영양과 교수

명춘옥
전 오산대학교 호텔조리계열 교수

신미혜
전 을지대학교 식품생명공학전공 교수

최은정
한양여자대학교 식품영양과 겸임교수

정혜정
전주대학교 한식조리학과 교수

최은희
수원과학대학교 외식조리창업과 교수

김다미
오산대학교 호텔조리계열 교수

식품재료학 （4판）
FOOD MATERIALS

초판 발행	2005년 8월 30일
개정판 발행	2012년 3월 12일
3판 발행	2019년 1월 18일
4판 발행	2025년 1월 20일

지은이 홍진숙 외
펴낸이 류원식
펴낸곳 교문사

편집팀장 성혜진 | **본문편집·디자인** 김도희

주소 10881, 경기도 파주시 문발로 116
대표전화 031-955-6111 | **팩스** 031-955-0955
홈페이지 www.gyomoon.com | **이메일** genie@gyomoon.com
등록번호 1968.10.28. 제406-2006-000035호

ISBN 978-89-363-2626-5(93590)
정가 26,000원

4판

식품재료학
FOOD MATERIALS

홍진숙 · 박혜원 · 박란숙 · 명춘옥 · 신미혜 · 최은정 · 정혜정 · 최은희 · 김다미 지음

교문사

머리말

최근 영국의 BBC 방송에서는 과학잡지 〈네이처〉에 발표된 논문을 근거로 세계 기대수명 90세 이상 1위 국가가 대한민국이 될 것이라는 보도를 한 바 있다. 그중 가장 기본이 되는 것이 한국의 식생활(발효식품)이며 그 중심에는 건강한 식재료의 중요성이 대두되고 있다.

좋은 식품재료는 인간에게 균형 잡힌 영양을 공급하고 조리 및 식품가공 등의 분야에서 중요한 역할을 담당하고 있다. 따라서 건강한 음식의 기본이 되는 식품재료가 더욱 중요해지고 있다. 식품재료를 올바르게 활용하기 위해서는 음식에 따른 재료의 생산시기와 성분 및 특성을 파악하고, 다루는 방법과 저장방법을 알아야 하며, 조리가공 중에 일어나는 성분 변화 및 가공 적합 여부를 잘 파악해야 한다. 최근에는 유통의 글로벌화가 이루어져 식재료의 생산과 유통 및 식량 사정에 따른 수급 문제가 중요한 사회적 이슈로 부각되고 있다.

본 교재는 식품, 조리, 영양, 외식 등을 전공하는 학생들뿐만 아니라 조리, 외식 등에 관심 있는 일반인들에게도 좀 더 깊이 있고 폭넓은 식재료 정보를 제공하고, 체계적인 지식을 갖추는 데 도움을 주고자 편찬되었다.

여기서는 곡류, 서류, 두류, 채소류, 과일류, 버섯류 등의 식물성 식품재료와 육류, 우유류, 어패류, 난류 등 동물성 식품재료를 다루었으며 그 외에 유지류, 조미식품재료, 향신료, 기호식품재료 등을 살펴보았다.

대학에서 오랫동안 식품재료학 교과목을 강의하고, 조리실무 현장에서 수년간 활동했던 전문가들이 모여 자료를 정리하고 내용을 다듬어 온전히 좋은 책 만들기에 전념을 다하였다. 급변하는 시대의 흐름과 식품재료의 방대한 내용 탓에 미진한 점을 느끼던 차에 그동안 강의하면서 부족하다고 생각되었던 내용과 시간이 지나면서 새롭게 부각된 자료를 보충하여 4판을 내게 되었다.

강의를 오래 할수록 겸허하게 임하게 되듯 본 교재에 대해서도 시간이 지날수록 부족함을 느끼게 된다. 앞으로 독자들의 지속적인 관심과 조언을 부탁드리며, 4판이 나올 수 있도록 협조해 주신 교문사 류원식 사장님을 비롯한 관계자 여러분께 깊은 감사를 드린다.

2025년 1월
저자 일동

CONTENTS
차례

식품재료학의 개요

INTRODUCTION

식품재료학의 의의

식품은 생명을 유지하면서 생활을 영위하기 위한 각종 영양소와 기호성을 가진 영양 공급물질이며 유해물질이 들어 있지 않은 천연물 또는 가공품으로 사람이 직접 섭취 가능한 상태를 말한다.

우리나라 식품위생법에 의한 식품의 정의는 "식품이란 의약으로서 섭취하는 것을 제외한 모든 음식물"이고 국제식품규격위원회(Codex Alimentarius Commission)에 의한 식품의 정의는 "인간이 섭취할 수 있도록 완전 가공 또는 일부 가공한 것이나 가공하지 않아도 먹을 수 있는 모든 재료를 말하며, 음료 종류와 껌 종류도 여기에 포함된다. 또 식품을 제조 · 가공 그리고 처리하는 데 사용된 모든 재료도 식품이 될 수 있으나 화장품용, 담배류 그리고 의약품으로 사용된 것은 포함시키지 않는다."이다.

식품재료학은 농산식품, 축산식품, 수산식품 그리고 조미, 기호식품 등을 포함하며, 이들이 지니는 재료로서의 특징, 선별 기준, 성분 및 특성 등을 과학적으로 검토하고 연구하여 조리는 물론 생산, 가공, 저장, 유통을 합리적으로 표준화하는 것과 관련된 학문이다.

식품재료의 종류

식품재료는 크게 농산식품재료, 축산식품재료, 수산식품재료, 기타식품으로 분류할 수 있다. 농산식품재료에는 곡류, 두류, 서류, 채소류, 과일류, 버섯류가 있다.

곡류 중 쌀, 밀, 옥수수는 주식으로 사용된다. 특히 쌀은 아시아에서, 밀은 유럽과 남미에서 주식으로 이용된다. 옥수수는 전 세계에서 가장 많이 생산되는 곡류로 주로 사료나 가공용으로 이용된다. 이외에도 보리, 메밀, 귀리, 호밀, 조, 수수 등이 있다. 두류로는 단백질이 풍부한 콩과, 전분이 풍부한 팥, 녹두, 동부 등이 있다. 완두, 강낭콩 등은 미숙과일 때 채취하여 채소로 이용하기도 한다. 서류에는 감자, 고구마 등이 있으며 전분이 많아서 주식 대용이 되기도 한다. 채소류로는 이용되는 부위에 따라 잎과 줄기를 이용하는 경엽채류, 뿌리를 이용하는 근채류, 열매를 이용하는 과채류, 꽃을 이용하는 화채류 등이 있으며, 비타민과 무기질의 주요 공급원이다. 과실류는 종자의 발달 형태에 따라 인과류, 준인과류, 장과류 등으로 나누어지며, 비타민과 무기질이 풍부하다. 버섯류는 곰팡이와 같은 균류 중에서 자실체를 형성하는 것으로 표고버섯, 느타리버섯, 목이버섯, 양송이버섯과 같이 인공재배하여 이용하기도 한다.

축산식품 재료로는 식육류, 우유류, 난류가 있으며 단백질 급원식품으로 기호도가 높아 널리 이용된다. 식육류는 쇠고기, 돼지고기, 양고기 등 육류와 닭고기, 오리고기 등 조류로 분류된다. 우유류는 신선도를 유지하기 어려우므로 유제품으로 가공하는 것이 중요하다. 난류는 가격이 싸고 영양적으로 우수하여 널리 이용된다.

수산식품재료로는 어류, 패류, 해조류 등이 있다. 어류는 종류가 많고 성분의 차이가 많이 나며, 제맛을 내는 시기가 다르다. 연체류에는 오징어, 문어 등과 새우나 게 등이 포함된 갑각류가 있으며, 해조류에는 김, 미역, 다시마 등이 있다.

식용유지는 식물의 종자와 동물의 지방조직에서 기름을 추출하여 이용한 것이다. 그 외에 음식의 맛을 내는 재료인 조미식품류가 있으며, 음식의 풍미와 맛을 증진시키는 향신료와 독특한 향과 맛을 증가시키기 위한 기호식품류가 있다.

식품 수급 상황

우리나라의 식품 수급 상황을 살펴보면 곡류 중에서 쌀은 소비가 점차 감소한 반면 채소류, 과일류, 육류, 유제품, 어류, 해조류, 난류, 유지류는 소비가 점차 증가해 왔다.

이러한 식품의 식량 자급률을 보면 쌀, 서류, 채소류, 달걀류, 해조류의 경우 자급률이 높은 편이나 유지류, 밀, 보리, 옥수수, 두류는 자급률이 낮다.

주요 식품의 1인당 연간 공급량 추이(2005~2022)

식품	공급량(kg)			
	2005	2010	2015	2022
곡류	150.5	145.1	133.1	137.5
쌀	83.2	81.5	71.7	67.4
밀가루	31.6	33.3	32.1	37.8
보리	1.2	1.3	1.3	0.5
곡류 기타	34.5	29	28	31.9
서류	17	13.8	12.5	11.6
설탕류	21.2	22.7	22.4	23
두류	11.4	10.4	10.1	9.2
견과류	1.3	1.5	1.8	1.9
종실류	0.7	0.7	0.8	0.8
채소류	145.5	132.2	142.8	138.6
과실류	44.7	44.2	48.5	38.9
육류	36.6	43.5	53.5	67.3
달걀류	9.1	9.9	10.9	11.6
우유류	54	57	63.6	76.8
유지류	18.7	20.1	20.8	25.9
어패류	39.9	36.5	38.5	37.7
해조류	9.6	14.7	18.6	25.6

자료: 식품수급표. 2022.

2022 주요 식품 자급률 현황

주요 식품	국내 생산량 (천 톤)	국내 소비량 (천 톤)	자급률(%)	주요 식품	국내 생산량 (천 톤)	국내 소비량 (천 톤)	자급률(%)
곡류	4,098	20,595	19.9	과실류	2,206.1	2,862.2	77.1
쌀	3,882	4,034	96.2	육류	2,778	3,783.8	73.4
보리	68	265	25.7	쇠고기	290	766.8	37.8
밀	35	4,653	0.8	돼지고기	1,132	1,535.7	73.7
옥수수	95	11,334	0.8	닭고기	618	743.3	83.1
서류	827	885	93.4	달걀류	706.9	711.4	99.4
두류	138.7	15,59.5	8.9	우유류	2,007.3	4,414.9	45.5
콩	111	1,445	7.7	어패류	1,863.8	3,575.3	52.1
종실류	52.8	145.8	36.2	해조류	1,736.9	1,396.3	124.4
채소류	8,551.3	9,993.4	85.6	유지류	17.3	1,352.3	1.3

자료: 식품수급표. 2022.

2022 식품수급표

식품명	생산(천 톤)	수입(천 톤)	이입(천 톤)	총공급량(천 톤)	이월(천 톤)	수출(천 톤)	사료(천 톤)	종자(천 톤)	감모(천 톤)	가공용(천 톤)		식용공급량(천 톤)	폐기율(천 톤)	총량(천 톤)
										식용	비식용			
곡류	4,098	17,047	2,354	23,499	3,180	4	11,273	41	217	1,084	757	7,699	–	7,115
밀	35	4,565	797	5,397	744	0	2,081	2	32	0	0	2,538	23	1,954
쌀	3,882	393	785	5,060	1,302	4	0	31	113	122	0	3,488	–	3,488
보리	68	164	70	302	37	0	15	3	18	205	0	24	–	24
옥수수	95	11,634	694	12,423	1,089	0	9,137	0	26	757	757	1,413	–	1,413
곡류 기타	18	291	8	317	8	0	40	5	28	0	0	236	–	236
서류	827	58	0	885	0	0	83	52	83	0	0	667	–	597
감자	478	58	0	536	0	0	48	31	48	0	0	409	10	368
고구마	349	0	0	349	0	0	35	21	35	0	0	258	11	229
설탕류	1,467	1	0	1,468	0	269	0	0	12	0	0	1,187	–	1,187
두류	138	1,378	159	1,676	117	0.1	0	3	8	1,058	0	489	–	476
대두	111	1,288	156	1,555	110	0	0	3	7	1,058	0	377	–	377
팥	5	21	1	27	4	0	0	0	0	0	0	23	–	23
두류 기타	22	69	2	94	3	0.1	0	0.4	1	0	0	89	33	76
견과류	61	82	0	144	0	6	0	0	3	0	0	134	–	99
종실류	52	100	11	165	16	0.2	0	0.3	1	108	0	39	–	39
참깨	10	84	11	106	16	0.1	0	0.2	0.4	71	0	17	–	17
종실류 기타	42	16	0	59	0	0.1	0	0.1	0.6	36	0	21	–	21
채소류	8,551	1,670	1	10,223	5	224	0	36	2,277	0	0	7,679	–	7,171
과실류	2,206	695	0	2,901	0	39	0	0	285	3	0	2,573	–	2,013
육류	2,778	1,107	109	3,994	141	70	0	0	74	5	55	3,654	–	3,482
쇠고기	290	476	0	766	0	0	0	0	15	0	0	751	1	740
돼지고기	1,132	442	105	1,679	137	7	0	0	30	0	0	1,505		1,505
닭고기	618	188	4	810	4	63	0	0	14	0	0	728	17	600
부산물	738	0	0	738	0	0	0	0	13	55	55	669	4	636
달걀류	706	4	0	711	0	0	0	0	14	0	0	697	–	599
우유류	2,007	2,549	11	4,568	9	144	0	0	40	39	0	3,975	–	3,975
우유	1,975	2,526	0	4,501	0	126	0	0	39	399	0	3,936	–	3,936
전지분유	0.7	4	0	5	0	0	0	0	0.1	0	0	5	–	5
탈지분유	5	14	8	28	5	0	0	0	0.2	0	0	22	–	22
조제분유	9	4	1	16	2	9	0	0	0.1	0	0	5	–	5
연유	15	0	1	16	1	9	0	0	0.1	0	0	5	–	5
유지류	17	1,349	74	1,440	72	21	0	0	13	0	0	1,338	–	1,338
식물성 유지류	12	1,335	72	1,420	71	14	0	0	13	0	0	1,321	–	1,321
동물성 유지류	4	14	1	20	1	6	0	0	0.2	0	0	17	–	17
어패류	1,863	2,639	327	4,830	271	985	0	0	178	0	0	3,396	42	1,948
어류	1,100	1,705	232	3,038	195	774	0	0	103	0	0	1,964		1,068
패류	763	934	95	1,792	75	210	0	0	75	0	0	1,431		879
해조류	1,736	23	0	1,760	0	364	0	0	69	0	0	1,326		1,326
주류	3,268	369	0	3,683	0	202	0	0	0	140	0	3,296	–	3,296

자료: 식품수급표, 2022.

식품재료의 저장

1) 상온 저장

상온 저장은 가능한 한 적온에 가깝도록 저장하는 방식이다. 냉각 저장은 온도를 낮추어서 미생물의 생육과 효소작용을 억제시키는 방법으로 움 저장, 냉장 저장, 냉동 저장 등으로 나누어진다.

2) 기체조절 저장

기체조절 저장(Controlled Atmosphere storage, CA)은 식재료의 주위 환경 공기 조성을 조절하고 저온에서 저장하는 방법이다.

3) 건조 저장

건조 저장은 식품 내 수분을 감소시켜 보존성을 증가시키는 방법으로 천일건조와 인공건조 방법이 있다. 건조 저장방법은 제품의 부피와 무게가 감소하여 포장과 운반이 쉽고 일부는 건조 중에 특유의 맛성분이 증가하는 장점이 있으나 향기의 감소, 조직의 변화, 갈변 등의 단점도 있으므로, 식품의 품질 변화가 적게 건조하는 것이 바람직하다.

4) 플라스틱 필름포장 저장

플라스틱 필름포장 저장은 필름 속에 재료를 밀봉 저장하는 것으로 기체조절 저장효과가 있고, 수분 증발이 억제되어 저장효과가 크다.

5) 절임 저장

절임 저장은 소금, 당, 식초 등을 첨가하여 미생물의 생육환경을 변화시켜 미생물을 억제하여 저장하는 방법이다. 소금에 절이면 탈수작용으로 방부작용의 효과가 있다. 당을 첨가하면 삼투압으로 미생물의 생육이 억제되며 소량의 산을 첨가하면 저장성이 더욱 높아진다. 초절임은 산의 첨가로 수소이온에 의한 세포단백질의 미생물 생육을 억제하는 것으로 농산물과 수산물에 이용된다.

6) 밀봉살균 저장

밀봉살균 저장의 대표적인 방법은 통조림과 병조림으로 미생물이 살균되고 외부와 차단되어 안전성, 보존성이 좋다.

7) 방사선 조사

방사선 조사는 살균, 살충, 발아 억제를 주목적으로 방사선을 식재료에 조사하여 저장하는 방법이다. 물질 투과성이 좋고, 식품에 방사능을 가장 적게 남기는 Λ선과 β선이 주로 이용된다.

8) 화학물질 이용

화학물질 이용은 보존료, 살균료, 항산화제, 선도 유지제를 이용하여 저장하는 방법이다.

9) 기타

최근 친환경 식재료에 대한 관심이 높아지고 있다. 친환경 농산물에는 유기농산물, 무농약농산물로 나눌 수 있다. 유기농산물은 화학비료나 농약을 쓰지 않고 재배하는 것이다. 무농약 농산물은 화학비료는 권장량의 1/3 이하로 사용하고 유기합성 농약은 사용하지 않고 재배한 것이다. 또한 유전자변형 농산물 GMO(Genetically Modified Organism)에 대한 관심도 높아지고 있으며 콩, 콩나물, 옥수수 등은 GMO가 일정 비율 이상 섞이면 반드시 GMO 표시를 하게 되어 있다.

친환경 축산물인증은 유기축산물과 무항생제 축산물로 나누어진다. 유기축산물은 인증에 맞게 생산된 유기사료로 사육하면서 인증기준을 지키며 생산한 것이고, 무항생제 축산물은 항생·항균제 등이 첨가되지 않은 일반사료로 생산한 축산물이다.

CHAPTER 01

곡류

쌀 | 보리 | 밀 | 호밀 | 귀리 | 옥수수
메밀 | 수수 | 조 | 기장 | 율무

GRAIN

곡류는 기원전 7000년경부터 재배되기 시작하였다. 현재에도 전 세계에서 가장 널리 이용되는 식량작물로 화본과(禾本科)의 종자를 식용으로 하며, 이를 곡립(낟알)이라고 한다.

곡류는 대표적인 탄수화물 급원식품으로 단백질도 알맞게 들어 있으며, 저장·수송이 쉽다. 농업의 기계화로 대량생산이 쉽고 단맛이 없어서 주식으로 널리 이용된다.

곡류는 크게 미곡류, 맥류, 잡곡류로 분류된다. 미곡류에는 쌀, 맥류로는 밀, 보리, 귀리, 호밀, 라이밀, 잡곡류로는 옥수수, 조, 수수, 기장, 메밀, 율무 등이 있다.

곡류는 각종 생물의 먹이가 되며, 살아 있는 생명체이므로 저장하는 동안 호흡작용이 일어나 여러 가지 화학반응을 받기 때문에 저장시간이 길어짐에 따라 품질이 변한다.

표 1-1 곡류의 재배 기원 및 지역

곡류	기원	지역	곡류	기원	지역
밀	B.C. 7000	중동	조	B.C. 4000	아프리카
보리	B.C. 7000	중동	수수	B.C. 4000	아프리카
쌀	B.C. 4500	아시아	호밀	B.C. 400	중동, 유럽
옥수수	B.C. 4500	중앙아메리카	귀리	A.D. 100	중동, 유럽

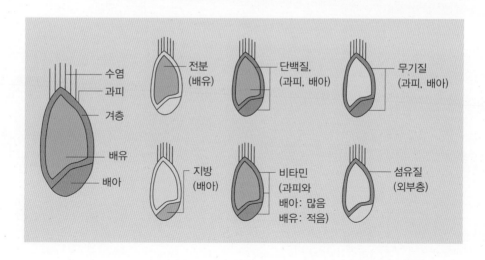

그림 1-1
곡류의 구조 및
영양성분 분포

표 1-2 곡류의 영양성분 및 폐기율(100g)

| 식품명 | 에너지 (kcal) | 수분 (g) | 단백질 (g) | 지방 (g) | 탄수 화물 (g) | 총 식이 섬유 (g) | 무기질 | | | | 비타민 | | | 폐기율 (%) |
							칼슘 (mg)	철 (mg)	인 (mg)	칼륨 (mg)	티아민 (mg)	리보플라빈 (mg)	니아신 (mg)	
쌀(백미)	366	13	6.81	1.05	78.74	1.9	7	0.24	101	88	0.099	0.028	1.059	0
쌀(현미)	357	13.3	7.33	2.23	75.92	3.9	14	1.05	295	248	0.286	0.025	1.501	0
보리	341	13.7	8.66	1.66	75.04	12.5	38	2.28	203	275	0.153	0.05	1.187	0
밀	333	10.6	10.6	1	75.8	–	52	4.7	254	538	0.43	0.12	2.4	0
호밀	334	10.1	15.9	1.5	70.7	–	10	6.4	378	501	0.26	0.16	1.8	0
귀리	388	11.7	9.88	8.84	68.03	7.6	52	5.3	361	423	0.372	0.077	1.415	0
옥수수(생)	178	55.3	5.34	2.06	36.26	4.9	4	1.01	157	270	0.484	0.089	2.283	60
찰옥수수(생)	141	64	4.79	1.4	28.96	4.8	5	0.82	133	303	0.268	0.078	2.6	60
메밀	363	13.1	13.64	3.38	67.84	6.3	21	2.78	453	444	0.458	0.255	5.189	0
수수	374	10.2	11.67	3.01	73.63	6.4	8	2.84	302	367	0.429	0.026	1.595	0
찰수수	368	11.8	10.94	3.17	72.54	6.3	8	2.28	322	399	0.444	0.032	2.047	0
조	373	11.2	11.48	3.91	71.7	6	23	3.45	335	304	0.874	0.133	0.793	0
차조	370	11.9	10.95	3.85	71.69	4.9	23	3.68	329	335	0.896	0.098	0.921	0
기장	360	11.3	11.2	1.9	74.6	–	15	2.8	226	233	0.42	0.09	2.9	0
율무	380	10.9	14.95	5.25	67.63	4.7	14	5.41	345	285	0.127	0.046	1.671	0

※ –: 수치가 애매하거나 측정되지 않음
자료: 국가표준식품성분표, 10개정판, 국가표준식품성분 DB 10.2. (2024)

특히 해충의 피해를 많이 받는데, 이러한 해충들은 곡류를 먹어 치워 중량 손실을 초래할 뿐 아니라 배설물이나 해충 자체의 잔해로 곡류를 오염시키고 악취가 나는 대사산물을 배출하는 등 유해 미생물의 오염원이 된다. 더구나 수분 함량이 14% 이상 초과되면 각종 유해생물이 연쇄적으로 번식하여 품질이 급격히 저하된다. 천일 건조방법으로 수확한 곡류는 수분 함량을 16% 이하로 건조시키기가 어려우므로 장기저장용 곡류는 별도의 인공 건조가 필요하다. 쌀의 경우 43℃ 내외의 열풍으로 건조하는 인공 건조방법이 바람직하다.

곡류의 열매는 외과피(왕겨)로 둘러싸여 있고 내부는 종피, 배유, 배아로 이루어져 있다. 외과피가 왕겨로 둘러싸인 곡류로는 벼, 보리, 조, 수수 등이 있고 탈곡 시 외과피가 쉽게 벗겨지는 곡류로는 밀, 쌀보리가 있다. 메밀은 외과피가 단단하게 둘러싸여 있지만 내부의 조직은 부드럽다.

형태적인 특성을 보면 쌀과 맥류는 비슷하지만 맥류는 중앙에 골이 나 있다. 조와 수수는 크기가 작고 원형에 가까우며, 옥수수는 종류에 따라 형태와 크기가 달라 모난 것, 원형, 방추형 등이 있고 과피 안에 얇은 종피가 밀착해 있다. 곡류의 외부층은 과피(pericarp)와 종피(testa)로 되어 있다. 과피는 외과피(epicarp), 중과피(mesocarp) 및 엽록층(횡세포층) 관상세포(tube cell)로 되어 있고, 종피는 안팎이 2층으로 되어 있으며 자실이 성숙함에 따라 반투과성의 격막을 형성한다.

종피 바로 밑에는 호분층(aleurone)이 있는데, 여기에는 단백질과 지방이 풍부하나 세포막이 두꺼워서 소화가 안 되므로 도정을 하여 제거해야 한다. 배유는 정곡의 대부분을 차지하며 대부분이 전분질로 되어 있다. 배아는 배유와 종피 사이에 있는데, 발아할 때 배유와 접하는 부분에서 당화효소를 분비하여 전분을 당화시킨다. 배아에는 지방, 단백질, 무기질이 많으며 이는 도정할 때 제거된다.

곡류에는 탄수화물이 60~70%, 단백질이 10% 내외, 지방은 2~3% 이하로 들어 있고 무기질은 인의 함량이 많은 대표적인 산성식품이다. 이들 성분은 곡류의 부위에 따라 다르게 분포되어 있다. 즉, 현미의 껍질층에는 섬유질, 단백질, 지방이 많으며, 배유 부분에는 전분이 많다. 이때 전분은 입자가 작고 치밀한 구조여서 서류전분과 달리 팽윤이나 호화가 느리다. 배아에는 단백질, 지방, 비타민이 풍부하게 들어 있다.

1. 쌀

1) 주산지

쌀(rice, *Oryza sativa* L.)의 원산지는 인도 북부와 중국 서남부에 이르는 광범위한 지역으로 알려져 있으며 중국을 거쳐 우리나라로 들어왔다. 전국에서 쌀이 많이 생산되는 지역은 전남, 충남, 전북이며 그다음이 경북, 경기, 경남이다. 특히 서울

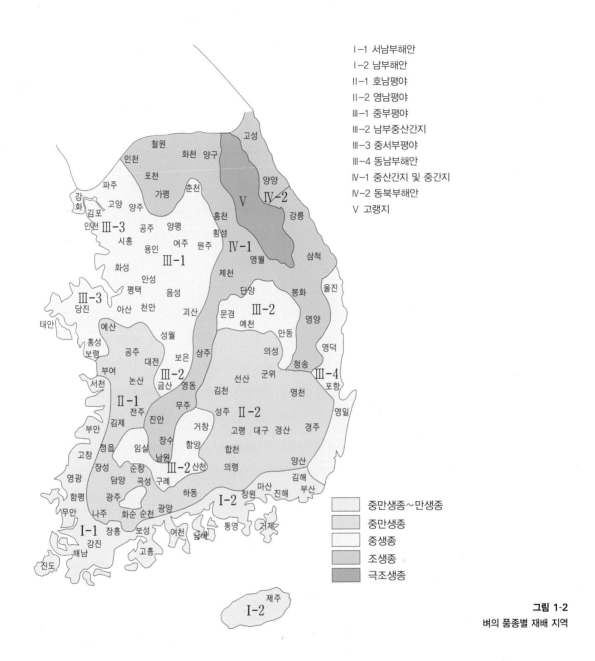

I-1 서남부해안
I-2 남부해안
II-1 호남평야
II-2 영남평야
III-1 중부평야
III-2 남부중산간지
III-3 중서부평야
III-4 동남부해안
IV-1 중산간지 및 중간지
IV-2 동북부해안
V 고랭지

중만생종~만생종
중만생종
중생종
조생종
극조생종

그림 1-2
벼의 품종별 재배 지역

근교의 이천, 여주, 김포, 강화, 철원의 쌀은 질과 맛이 좋기로 유명하다.

2) 선별 기준

- 10~11분도로 적당히 가공된 것
- 색택은 맑고 윤기가 나는 것
- 낟알이 잘 여물고 고르며 덜 익은 쌀이 거의 없는 것
- 수분은 15~16%로 적당히 마른 것(수분이 많으면 변질 우려)
- 피해립, 병해립, 충해립 등이 없는 것
- 싸라기가 적고 돌, 뉘 등이 없는 것
- 도정한 지 오래되지 않았으며 쌀알에 흰 골이 생기지 않은 것
- 포장이 표준규격으로 잘되어 있는 것

3) 재료 손질 및 보관

일반적으로 쌀이라고 하면 겉껍질인 왕겨와 겨층(종피 및 호분층)을 제거한 흰쌀인 백미를 말한다. 겨층을 제거한 정도에 따라서 정백미, 7분도미, 5분도미로 나누어진다. 정백미는 현미에서 겨층과 배아가 제거되어 무게비를 92% 이내로 도정한 쌀을 말한다.

　쌀은 너무 세게 문질러 씻으면 쌀알이 손상되므로 주의해야 한다. 밥을 지을 때는 쌀을 너무 오래 불리지 않도록 하고, 떡가루를 만들 때는 6시간 이상 충분히 불려야 가루가 미세하게 분쇄되어 떡이 부드럽게 만들어진다. 쌀의 저장 시 가장 중요한 것은 수분 함량과 습도이다.

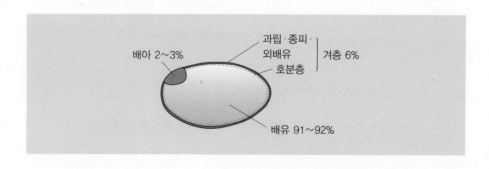

그림 1-3
현미의 구조

4) 성분 및 특성

쌀은 효율적인 에너지 공급식품이며, 지방이 낮고 섬유질이 많아 다이어트 식품으로 좋다. 찹쌀과 멥쌀은 성분상 큰 차이는 없으나 전분의 성질이 다르다. 이렇게 다른 전분성질은 전분 중 아밀로오스(amylose)와 아밀로펙틴(amylopectin)의 함량 차이에 의해 나타나는 것으로, 100% 아밀로펙틴으로 이루어진 찹쌀은 점성이 강하고 아밀로펙틴 80%, 아밀로오스가 20%로 이루어진 멥쌀은 점성이 낮다. 쌀 단백질인 오리제닌(oryzenin)에는 필수 아미노산인 리신(lysine)이 부족하므로 두류와 섞어서 먹는 것이 좋다.

일반적으로 양질미 생산을 위한 수확시기별로 분류하면 출수 40일 후 수확하는 극조생종, 출수 40~45일 후 수확하는 조생종, 출수 45~50일 후 수확하는 중생종, 출수 50~55일 후 수확하는 중만생종 또는 만생종이 있다. 이보다 수확이 빠르면 청미나 미숙립이 증가되고 늦어지면 기형립이나 피해립이 증가한다. 쌀은 길이에 따라 장립종, 단립종으로 나누어지고 경도에 따라 경질미와 연질미로 나누어지며 성분에 따라 찹쌀과 멥쌀로 분류된다. 장립종(Indica type)은 쌀이 가늘고 길다. 단립종(japonica type)은 쌀알이 짧고 통통하며 끈기가 있고 세포막이 얇아 호화가 잘된다.

쌀의 도정

도정이란 곡류를 도정기(mill)에 통과시켜 배유를 얻어내는 것으로 이 과정에서 곡류의 겨층(종피, 외배유, 호분층)이 제거된다. 벼에서 겉껍질인 왕겨를 제거한 것이 현미이며 현미는 겨 5%, 배아 3%, 전분저장세포 92%로 이루어져 있다. 왕겨는 가축사료나 비료로 이용된다.

도정 시에 겨층과 배아가 모두 제거된 것을 정백미(polished rice)라고 하고, 겨층과 배아의 70%가 제거된 것을 7분도미, 50%가 제거된 것을 5분도미라고 한다. 도정도 저하 시 소화율이 제거되고, 과다하면 영양가가 저하된다.

벼　　　　　　현미　　　　　　백미

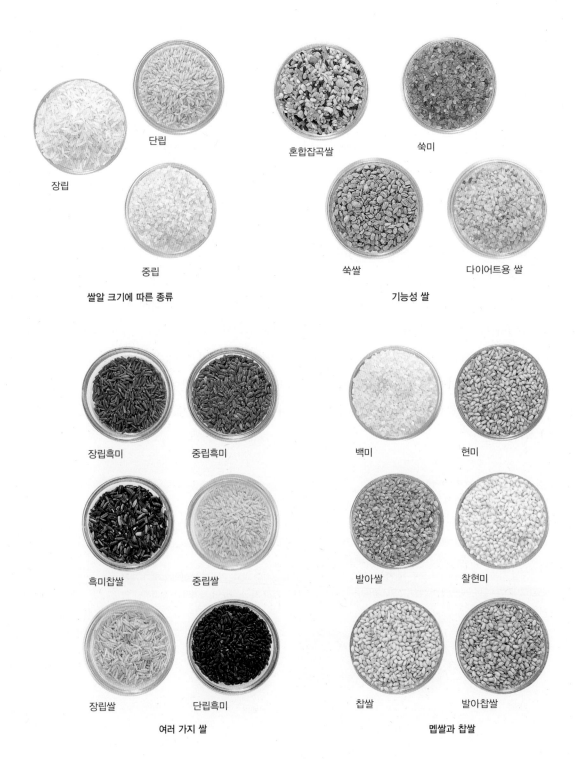

장립

단립

혼합잡곡쌀

쑥미

중립

쑥쌀

다이어트용 쌀

쌀알 크기에 따른 종류

기능성 쌀

장립흑미

중립흑미

백미

현미

흑미찹쌀

중립쌀

발아쌀

찰현미

장립쌀

단립흑미

찹쌀

발아찹쌀

여러 가지 쌀

멥쌀과 찹쌀

파보일드 라이스(par-boiled rice)는 벼의 저장성을 높이기 위해 벼를 살짝 쪄서 건조한 것으로 장기간 저장이 가능하나 도정 시 파괴되기 쉬운 단점이 있다. 요즈음에는 흑미와 같은 유색미와 혼합곡이 많이 활용되고 있다. 유색미의 색소는 겨층 부분에 들어 있고, 수용성이어서 밥을 할 때 우러나와 밥의 색을 좋게 한다.

2. 보리

1) 주산지
보리(barley, *Hordeum vulgare* var L.) 중에서도 가을보리의 주산지는 경남, 경북, 충남, 충북, 경기 등이다. 봄보리는 전국에서 재배된다.

메보리

2) 선별 기준
- 수분 함량이 14% 이하로 적당히 건조된 것
- 낱알이 고르며 손상된 낱알이 적고 품질에 영향을 미치지 않는 것
- 보리쌀 이외의 다른 곡립이 거의 들어 있지 않고 싸라기가 없는 것
- 도정 상태가 좋고 이물질 혼입이 없는 것

찰보리

3) 재료 손질 및 보관
보리의 종류는 크게 겉보리(covered barly)와 쌀보리(naked barly)로 나눌 수 있다. 겉보리는 껍질이 단단해서 쉽게 익지 않으므로 할맥, 압맥 등으로 가공되어 시판된다. 할맥은 보리의 골을 따라 쪼개진 것으로 수분 흡수가 잘 일어나도록 한 것이고, 압맥은 겉보리를 증기로 쪄서 뜨거울 때 눌러서 건조시킨 것이다. 쌀보리는 껍질이 잘 벗겨진다. 한편 보리는 싹이 날 때 자체 내의 아밀라아제가 활성을 띠어 전분이 맥아당으로 분해할 수 있는 능력을 갖게 되므로 맥아(malt)는 식혜나 엿을 만들 때 사용한다.

압맥
보리가공품

4) 성분 및 특성

보리는 탄수화물 75.0%, 단백질 8.7%, 지방 1.7% 정도를 함유하고 있으며, 그 외 섬유질, 펜토산, 비타민, 미네랄 등도 약간씩 포함하고 있다. 보리는 다른 곡물보다 섬유질이 많이 함유되어 있어 변비를 예방한다. 보리의 단백질은 호르데인 (hordein)이다. 비타민 B_1, B_2의 함량은 현미와 비슷하고 비타민 B_6, 나이아신 등도 비교적 많으며 배유 내부까지 분포되어 있다.

3. 밀

1) 주산지

밀(wheat, *Triticum aestivum* L.)의 원산지는 중동(middle east)으로 알려져 있고 우리나라에서는 경남지방에서 전체 생산량의 40%를 차지하고 있다. 밀의 자급률은 2015년도 기준 0.7%로 거의 전량을 수입에 의존하고 있다.

2) 선별 기준

통밀은 단단하고 입자가 고르게 있어야 하며, 다른 곡식의 낱알, 부서진 밀알 등이 섞이지 않은 것을 선택한다. 우리밀은 골이 선명하고 씨눈이 선명한 반면, 수입밀은 씨눈이 뚜렷하지 않고 골이 희미하며 연하다.

통밀과 밀가루(박력분, 세몰리나, 강력분, 중력분, 통밀)

3) 재료 손질 및 보관

밀가루는 장기간 보존 시 품질이 변하게 된다. 보존기간 동안 밀가루의 효소 및 미생물 등의 활동이 계속되므로 하절기에는 특히 주의가 필요하다.

많은 양을 보관 시에는 반드시 나무판(pallet)을 사용해야 한다. 밀가루에는 약 14%의 수분이 함유되어 있고 입자가 미세하므로 바닥 위에 그대로 적재하면 습기와 압력에 의해 고화현상이 발생된다. 밀가루는 고온다습한 상태에서 변질되기 쉬우므로 온도 20℃ 이하의 서늘하고 통풍이 잘되는 곳에 보관해야 한다.

밀가루는 흡습성이 특히 강하므로 냄새가 강한 물질(향수, 비누, 세제, 나프탈렌 등)과 분리하여 보관해야 한다.

4) 성분 및 특성

밀은 배유, 배아, 외피의 세 부분으로 구성되어 있다. 배유에는 주로 단백질이 많으며, 배유의 중심부로 갈수록 전분이 많아진다. 외피, 종피에는 무기질이 많고 배아에는 단백질, 비타민, 지방 등이 있다.

밀의 단백질 함량은 7~16%로 넓게 분포되어 있으며, 주로 글리아딘 42%과 글루테닌 42%의 두 가지 단백질로 구성되어 있고 그 외 알부민, 글로불린도 함유되어 있다. 글리아딘과 글루테닌의 두 가지 단백질은 합해져서 특유한 점탄성을 갖는 글루텐을 만든다. 글루텐 특성을 이용하여 빵이나 마카로니를 제조하게 된다.

밀의 종류는 14종이지만 계속해서 품종 개발이 새롭게 이루어져 현재는 3만여 품종에 이르고 있다. 이들 중 보통밀(common wheat)과 듀럼밀(durum wheat)이 전 세계 밀 생산의 90%를 차지한다.

보통밀은 밀은 재배시기에 따라 겨울밀(winter wheat)과 봄밀(spring wheat), 색깔에 따라 붉은색밀(red wheat)과 흰색밀(white wheat), 조직감에 따라 경질밀(hard wheat) 또는 연질밀(soft wheat)로 나누어진다.

표 1-3 보통밀의 종류

구분	종류	특징
재배 시기	겨울밀(winter wheat)	단백질 함량이 높아 제빵용 밀가루 제분에 적당
	봄밀(spring wheat)	단백질 함량이 적어 케이크, 쿠키, 크래커, 페이스트리용 밀가루 제분에 적합
색깔	붉은색밀(red wheat), 흰색밀(white wheat)	
조직감	경질(hard), 연질(soft)	

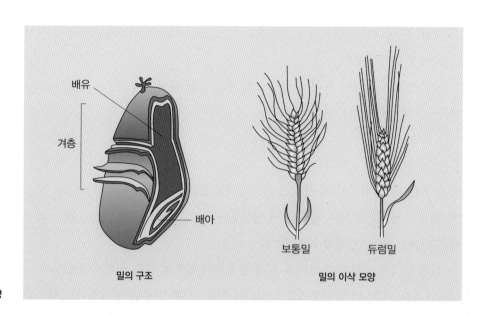

그림 1-4
밀의 구조 및 이삭 모양

| | | 밀의 구조 | | 밀의 이삭 모양 |

배유
겨층
배아
보통밀
듀럼밀

표 1-4 밀가루의 용도 및 특성

품종 (단백질 함량)	용도		특성
박력분 (8~9%)	박력 1등	제과점용(케이크 및 고급 스낵용, 양조용)	전분질 함량이 높아 부드러운 맛이 뛰어나며, 색상이 밝고 퍼핑(puffing)성이 좋아 바삭한 식감이 뛰어나다.
	박력 2등	일반 제과용, 비스킷용	부드러우며 바삭한 맛이 뛰어나며 1급보다 피질 함량이 높아 흡수율이 높고 구수한 맛을 낸다.
중력분 (10%)	중력 1등	다목적용(만두, 국수, 수제비)	색상이 밝고 투명하며 제면성이 좋고 퍼짐성이 우수하며 다목적용으로 사용된다.
	중화면용	중화요식업소용	색상이 희고 면발이 부드러우며 끈기가 좋고 쫄깃하여 식감이 좋다.
	고급면용	고급우동용	색상이 밝고 투명하다.
	중력 2등	다목적용	색상이 좋고 1급보다 피질 함량이 높아 구수한 맛을 낸다.
강력분 (11%)	강력 1등	제빵용	색상이 좋고 흡수율이 뛰어나며 글루텐 함량이 높아 빵이 잘 부풀고 탄력성이 좋다.
	강력 2등	일반 빵용	끈기가 좋고 흡수율이 높다.
semolina flour (13%)	파스타용		듀럼밀(durum wheat)로 만든다.
gluten flour (41%)	식품첨가물		식품의 품질 향상에 쓰인다.

겨울밀은 경질밀로 단백질 함량이 많아서 제빵용 밀가루 제분에 적당하며, 봄밀은 연질밀로 단백질 함량이 적어서 케이크, 쿠키, 크래커, 페이스트리용 밀가루 제분에 적합하다. 클럽밀(club wheat)은 미국 태평양 연안의 북서부 지역에서 재배되며 봄밀과 겨울밀 재배가 가능하다. 듀럼밀은 초경질밀로 단백질 함량이 경질밀보다 많고 이것으로 제분된 밀가루는 파스타용이나 제빵용으로 적당하다. 밀의 낱알은 붉은색, 흰색, 황갈색을 띠나 제분 후에는 모두 흰색으로 보인다. 밀은 통밀, 밀가루, 깨진밀(cracked wheat), 압착밀, 벌거(bulgar), 파리나(farina), 밀배아(wheat germ), 밀기울(wheat bran)의 형태로 상품화되어 이용된다. 깨진밀은 적당한 크기로 잘린 밀의 형태로 크기에 따라 조리시간이 단축된다. 압착밀은 쪄서 압착시킨 것으로 아침식사용 시리얼(breakfast cereal)로 이용된다. 벌거는 파보일드시킨 밀을 적당한 크기로 자른 것으로 샐러드용으로 쓰인다. 파리나는 배유로만 만든 고운 밀이다. 밀배아는 비타민 E와 비타민 B, 섬유소의 좋은 급원이며, 밀기울에는 불용성 섬유소가 많다.

4. 호밀

호밀(rye, *Secale cereable* L.)의 원산지는 아프가니스탄 지역이며, 유럽과 서부아시아 지역에서 주로 재배된다. 우리나라에서는 내한성이 강하므로 가을에 파종하여 이듬해 봄에 수확한다. 밀보다 추위에 강하고 건조한 척박토에서도 잘 자라므로 옥수수나 벼를 수확한 후에 많이 심는다.

호밀은 탄수화물 70.7%, 단백질 15.9%, 지방 1.5% 등으로 단백질의 양은 밀과 같으나 글루텐 함량이 적으므로 빵이 덜 부풀고 색이 검다. 라이밀(triticale)은 최초로 만들어진 밀과 호밀의 교배종으로 재배가 손쉽고 수확량이 많아 대부분 사료로 이용되고 있다.

5. 귀리

귀리(oat, *Avena sativa* L.)의 원산지는 지중해 연안과 중앙아시아이다. 내한성이 약하므로 우리나라에서는 남부 지역에서만 재배가 가능하다. 껍질귀리

압착귀리

(covered oat)와 쌀귀리(naked oats)가 있다. 탄수화물 68.0%, 단백질 9.9%, 지방 8.8%, 수분이 11.7%로 다른 곡류보다 지방 함량이 높다.

6. 옥수수

1) 주산지
옥수수(corn, *Zea mays* L.)의 원산지는 아메리카 지역이며, 북아메리카에서는 콘(corn), 그 밖의 지역에서는 메이즈(maize)라고 한다. 우리나라에서는 강원도가 전국 총 생산량의 대부분을 차지하며 특히 횡성, 영월, 평창 지방에서 가장 많이 재배된다. 이외에도 충북의 진천, 충남의 공주, 전남의 구례, 경북의 의령에서 재배되고 있다.

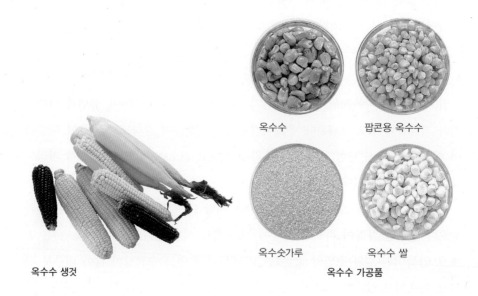

옥수수

팝콘용 옥수수

옥수숫가루

옥수수 쌀

옥수수 생것

옥수수 가공품

2) 선별 기준
- 품종 고유의 특성을 가지며 크기가 고른 것
- 강원도산으로 건조상태가 양호한 것

4판 식품재료학

- 노란색을 띠며 윤기가 나고 벗겨진 낱알이 없는 것
- 품종은 경립종으로 타원형으로 각질인 것
- 입자가 굵고 동글며 당도가 높은 것
- 팝콘용 옥수수는 길쭉하여 씨눈이 뾰족하고 낱알의 크기가 고른 것

3) 재료 손질 및 보관
옥수수를 냉장보관하면 당분이 전분으로 변하므로 장기 저장 시에는 냉동저장(-20~-40℃)하는 것이 좋다.

4) 성분 및 특성
옥수수는 탄수화물 36.3%, 단백질 5.3%, 지방 2%, 수분이 55.3%이다. 탄수화물은 대부분 전분이나, 감미종 옥수수(sweet corn)의 경우 전분이 6%이다. 옥수수의 단백질은 제인(zein)으로 리신(lysine), 트립토판(tryptophan) 함량이 부족한 불완전 단백질이다.

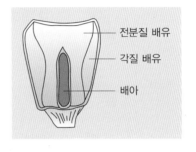

전분질 배유
각질 배유
배아

그림 1-5
옥수수의 구조

옥수수는 도정이 필요 없고 다른 곡류보다 배아 부분이 커서(12~14%), 1차 가공 시 배아만 분리하여 유지 재료로 사용되고 있다. 옥수수의 품종은 마치종, 경립종, 연립종, 감미종, 폭렬종, 나종 등으로 나눌 수 있다. 마치종(dent corn)은 알이 가장 크고 수확량도 많으며 주로 사료로 사용하고, 황색종과 백색종이 있다.

경립종(flint corn)은 배유 부분이 단단하고, 저장이 용이하다. 연립종(soft corn)은 배유 부분의 껍질이 부드러워서 건조시키면 주름이 생긴다. 연립종에는 백색과 청자색종이 있고, 주로 생식하거나 전분 제조에 이용된다. 감미종은 연하며 포도당, 설탕의 함량이 많아 감미가 강하다. 폭렬종(pop corn)은 알이 작고 외부가 단단하고 투명하며, 내부는 수분이 13~15% 정도로 많고 분상(粉狀)의 전분으로 튀기면 파열한다. 나종(waxy corn)은 찰옥수수라고 하며, 전분의 대부분이 아밀로펙틴으로 되어 있다.

표 1-5 옥수수의 품종별 특성

품종	형태	낱알	특성
마치종			알이 가장 큰 옥수수로 수확량도 많아 사료로 주로 이용된다.
경립종			저장성이 우수하며 미숙한 것은 그대로 식용으로 이용하고 주로 분말로 만들어 사료용으로 쓴다.
연립종			건조하면 표면에 주름이 생기고 전분 제조에 대부분이 이용된다(백색, 청자색).
감미종			단맛이 많이 나므로 미숙한 것은 식용 또는 통조림에 많이 쓰인다.
폭렬종			가열하면 수분의 팽창에 의해 폭렬하며 배유 대부분이 노출되고 용적이 15~35% 증가한다. 팝콘, 과자용으로 사용된다.
나종			찰옥수수라고 하며 전분의 대부분이 아밀로펙틴이다.

7. 메밀

메밀

메밀(buckwheat, *Fagopyrum esculentum* M.)의 원산지는 중앙아시아이고, 우리나라에서는 전국에서 생산되며, 특히 산간지역에서 대량생산되고 있다. 메밀은 생육기간이 70일 정도로 짧고, 척박한 땅에서도 잘 자라 잡곡류 중 옥수수 다음으로 재배 면적이 넓다. 우리나라에서는 보통 메밀이 재배되며, 낱알이 여물고 광택이 나는 것이 좋다.

메밀은 탄수화물 67.8%, 단백질 13.6%, 지방 3.3%, 수분이 13.1% 정도이다. 혈관의 저항성을 강화시켜 주는 루틴(rutin, $C_{27}H_{30}O_{16}$)이라는 성분이 배유에 5% 정도 함유되어 고혈압이 있는 사람에게 좋다.

8. 수수

수수(sorghum, *Sorghum bicolor* Moench)는 일년생 혹은 다년생 화본작물로 열대 아프리카가 원산지이며 온도가 높고, 일조량이 많으며 건조한 지역에서 잘 자란다. 인도를 거쳐 중국에 전파된 시기는 A.D. 300년경으로 추정되며 밀, 옥수수, 쌀, 보리에 이어 세계에서 다섯 번째로 주요한 곡류 작물이다. 우리나라에서는 실크로드를 통하여 전파된 것으로 알려져 있으며, 오곡 중 하나로 충북, 강원, 경북에서 주로 재배된다. 또한 감자, 콩, 땅콩 등 밭작물이나 겨울 작물인 맥류의 후작으로 재배된다.

수수

　　수수는 탄닌을 함유하고 있는 곡류로 떫은맛이 강하다. 특히 오곡밥이나 수수 팥떡을 만들 때 사용하며 색깔이 붉고 탄닌 함량이 높아 자주 물을 갈아 주어 붉은색과 떫은맛을 우려낸 후에 사용해야 한다.

　　차수수는 식용으로 이용되나 메수수는 식용으로 적당하지 못하여 가축의 사료나 공업용 원료, 문배주, 중국의 고량주 등 술의 원료로 사용된다.

9. 조

조(foxtail millet, *Setaria italica* B.)의 원산지는 남부아시아와 아프리카로 고대 중국에서 가장 널리 재배되었던 중요한 식량자원이다. 온대기후에 알맞은 여름 작물로 우리나라에서는 진도, 신안, 안동, 제주에서 재배되고 있다. 차조는 녹색에 가깝고 낱알이 작고 고르며 약간 납작한 것이 좋고, 메조는 노란색에 가까운 것이 좋다. 저장성이 우수하여 장기 보존 시 맛이 변하지 않으며 병충해의 피해도 적은 편이다. 수분이 11.2%로 낮고, 탄수화물이 71.7% 정도이며 단백질 11.5%, 지방 3.9% 정도이다. 조의 종실은 소립으로 씨눈이 같이 이용된다.

메조

기장

10. 기장

기장(hog millet, *Panicum miliaceum* L.)은 인류가 최초로 재배하기 시작한

화본과의 식량작물 중 하나이다. 건조한 척박지에도 잘 견디고 생육기간은 짧으나, 생산량이 낮아 주식으로 이용하기에도 적합하지 못하므로 많이 재배되지 않는다. 우리나라에서 수확되는 기장은 종실이 작아 소립 잡곡류에 속한다. 찹쌀, 팥, 수수, 조와 더불어 오곡밥에서 빼놓을 수 없는 귀중한 잡곡으로 충북 단양과 전북 부안군 등지에서 집단 재배된다. 탄수화물 74.6%, 단백질 11.2%, 지방 1.9%, 수분이 11.3% 정도이다. 기장은 메기장과 찰기장이 있는데, 우리가 잡곡밥을 할 때 넣는 노란색의 기장은 찰기장이다. 잡곡으로서의 희귀성 때문에 건강식품으로 고가에 판매되고 있다.

11. 율무

율무

율무(adlay, *Coix lachryma* L.)는 화본과의 일년생 초본으로 원산지는 인도의 동남부이고 우리나라에는 약 300년 전 중국을 통해 전해졌으며 연천, 청주, 영동, 보성, 밀양, 장수, 광주 등이 주산지이다. 도정이 용이하고 잘 건조되어 동할미가 적은 것이 좋다. 율무에는 탄수화물 67.6%, 단백질 15.0%, 지방 5.3%, 수분 10.9%로 다른 곡류보다 단백질 함량이 비교적 높다. 다양한 용도로 활용되는데 건위, 건습, 물사마귀, 신경통, 류마티즘 등의 한약재, 율무차, 율무과자, 율무국수 등의 건강식품, 율무팩 등의 미용제품으로 가공되고 있다.

퀴노아

안데스산맥 주위 고산지대에서 생산되며 잉카제국 시절부터 사용되어 왔다. 단백질이 16~20% 함유되어 있고 필수아미노산, 비타민, 무기질이 다른 곡류에 비해 많이 들어 있다. 특히 붉은색 종류가 단백질 함량이 가장 높다. 주로 삶아서 밥이나 샐러드에 섞거나 가루를 내어 빵, 과자, 음료에 사용한다.

테프

가장 작은 곡물이다. 아프리카 에티오피아에서 주식으로 사용된다. 쌀에 비해 단백질이 2배가량 함유되어 있다. 칼슘, 철분 등이 많이 들어 있고 탄수화물 중 20~40%가 저항전분으로 구성되어 있어 당뇨 예방과 다이어트에 좋다.

간척지쌀 염분이 높은 땅의 간척지에서 생산된 쌀이다.

겉보리 자방벽에서 배출되는 끈끈한 물질에 의해서 성숙한 후에도 껍질이 종실에 밀착하여 분리되지 않은 것이다.

고래실쌀 곤죽이나 진흙인 수렁논에서 생산된 쌀로 밥맛이 좋다.

만생종 같은 종류의 농작물 가운데서 성장이나 성숙이 보통보다 늦은 품종

맥주보리 맥주원료로 이조보리를 정곡해서 이용하는 것이 아니라 싹을 내서 맥아상태로 이용한다. 수확된 맥주보리의 수분 함량이 많으면 탈각 시 파손립이 많이 생겨 발아율이 저하되고 색택이 불량해진다.

사미 쌀알이 불투명하고 유백미와 달리 광택이 없는 쌀

쇄립 부러진 쌀, 수확 후 건조 중에 동활립이 생기거나 현미의 미숙립, 피해립, 착색립, 사미 등이 도정 중에 부러진다.

싸라기 1.70mm 그물체로 쳐서 체 위에 많은 것 중 부러졌거나 깨진 낱알을 말한다.

쌀보리 성숙 후 껍질이 종실에서 쉽게 분리되는 것이다.

아끼바레(추청벼) 일본에서 도입된 품종으로 우리나라에서는 추청벼로 불리며 밥맛이 좋은 쌀을 뜻한다. 쌀의 도정율이 좋아 상인들이 좋아하나 실제로 가장 좋은 밥맛을 갖는 품종은 아니다.

아밀로즈 전분의 적은 부분을 이루는 성분으로 α(1-4) 결합의 포도당이 직선 구조를 이루고 있다.

아밀로펙틴 전분의 대부분을 이루는 성분으로 α(1-4) 결합의 포도당의 직선구조에 α(1-6)을 통해 가지를 이루는 구조로 되어 있다.

왕겨 왕겨는 큰 껍질과 작은 껍질로 이루어져 있으며 현미를 보호하는 역할을 한다. 벼에서 왕겨를 제외한 부분이 현미이다.

유백미 쌀의 색깔이 우유빛인 것

이조보리 보리의 이삭줄기에 이삭이 2줄로 배열된 보리이다.

이종곡립 주 곡립의 다른 곡립을 말한다.

6조보리 보리 이삭줄기에 이삭이 6줄로 배열된 보리이다.

조생종 같은 종류의 농작물 가운데서 일찍 자라고 여무는 품종

중생종 같은 종류의 농작물 가운데서 자라는 데 걸리는 시간이 중간 정도에 속하는 품종

착색립 표면의 전부 또는 일부가 황색, 갈색 또는 흑색으로 착색된 낱알이다.

천립중량 낱알 1,000개의 중량으로 천립중량이 크면 낱알이 크고, 천립중량이 작으면 낱알이 작은 것이다.

청미 현미에 섞인 미성숙된 푸른 쌀알

피해립 쌀의 전부나 일부가 손상받아 오염되거나 기형이 된 쌀이다.

서류

감자 | 고구마 | 토란 | 마 | 곤약
돼지감자 | 카사바 | 야콘

ROOT AND
TUBER CROPS

서 류는 식물의 땅속 줄기나 뿌리가 발달하여 식용을 목적으로 재배하는 식물로서 감자, 고구마, 카사바, 돼지감자 등이 있다. 지하의 괴근, 괴경, 구근에 다량의 전분과 기타 다당류를 저장하기 때문에 근채류로 분류되기도 하지만 성분이나 용도상 식량작물로 이용 가능한 것들이므로 서류로 분류하는 것이 일반적이다.

서류는 단위 면적당 생산열량이 곡류보다 높고 경제적인 열량식품이다. 또한 전분의 함량이 높아 전분 및 알코올, 공업의 원료 등 그 용도가 다양하다. 특히 고구마는 최근에 미항공우주국에서 우주시대의 식량자원으로 고구마의 잠재능력 개발을 위해 우주정거장에서 고구마를 재배하는 연구가 시도되고 있을 만큼 매우 주목할 만한 식량작물이다. 그러나 기계화 재배가 어려운 단점이 있다.

서류는 대개 수분 함량이 70~80%로 수확 후 큐어링(curing) 처리를 하지 않으면 품질이 저하되고 저장이 어려운 작물이며 단백질, 지방, 비타민 함량이 적지만 칼륨과 칼슘 함량이 높은 알칼리성 식품이다. 서류는 냉해를 받기 쉬우므로 저장 시 많은 주의를 요한다. 감자, 고구마를 대량 저장하고자 할 경우, 발아를 방지하기 위해서 방사선 조사가 허용되고 있다.

표 2-1 대표적인 서류의 영양성분 및 폐기율(100g)

| 종류 | 에너지 (kcal) | 수분 (g) | 단백질 (g) | 지방 (g) | 탄수화물 (g) | 총 식이섬유 (g) | 칼슘 (mg) | 무기질 | | | 비타민 | | | 폐기율 (%) |
								철 (mg)	인 (mg)	칼륨 (mg)	티아민 (mg)	리보플라빈 (mg)	니아신 (mg)	
감자	67	81.9	2.01	0.04	15.08	2.7	9	0.58	33	412	0.06	0.027	0.314	9
고구마	147	62.2	1.09	0.15	35.52	2.4	18	0.48	52	375	0.076	0.031	0.674	11
토란	71	80.8	2.08	0.14	15.77	2.8	11	0.59	55	520	0.081	0.022	0.63	12
장마	45	87.8	1.56	0.28	9.55	1.8	15	0.22	44	374	0.053	0.031	0.441	11
돼지감자	35	81.4	2.18	0.09	14.92	1.8	17	0.53	100	561	0.044	0.088	0.472	12
곤약(가루)	194	6	3	0.1	85.3	79.9	57	2.1	160	3,000	0	0	0	0
야콘	52	86.3	0.6	0.3	12.4	1.1	11	0.2	31	240	0.04	0.01	1	15

자료: 국가표준식품성분표, 10개정판, 국가표준식품성분 DB 10.2. (2024)

1. 감자

감자(potato, *Solanum tuberosum* L.)는 가지과에 속하는 1년생 작물로 원산지는 남미 안데스 지역의 고산지대로, 스페인 사람들에 의해서 1600년대에 유럽으로 전파되었다. 전 세계적으로 옥수수, 벼, 밀, 다음으로 4위를 차지하는 작물이다. 우리나라에는 순조 24년(1824)에 만주 간도지방으로부터 도입되었다.

1) 주산지

우리나라에서는 강원, 경남, 경북, 전남지방이 주산지이다. 봄감자는 평창, 홍천, 인제, 명주, 봉화 등이 주산지이고, 가을감자는 김제, 정읍, 익산, 해남, 무안, 김해, 창녕, 밀양 등 남부지방이 주산지이다.

2) 선별 기준

- 형상이 균일하며 색택이 양호한 것
- 적당히 건조되어 외피에 물기가 없으며 보관상 지장이 없는 것
- 깨끗하게 보이며 모양이 고른 것으로 잘 선별된 것
- 품종은 고랭지산 남작이 좋음
- 저장품은 상처가 없는 것으로 표피에 주름이 없고 무르지 않으며 씨눈이 트지 않고 단단한 것

표 2-2 감자의 작형별 수확시기

작형별	수확시기	주산지
봄	6월 상순~7월 상순	전국적 재배
여름	7월 중순~9월 하순	고랭지(대관령 일대), 준고령지
가을	11월 상순~3월 하순	제주도, 남부지방
겨울	4월 중순~5월 하순	남부지역
시설	4월 중순~5월 상순	남부지역

3) 재료 손질 및 보관

껍질을 벗기거나 자르면 검게 변하는 것은 감자의 티로신, 폴리페놀 등이 티로시나아제, 폴리페놀라아제 같은 효소에 의해 산화되어 흑갈색의 멜라닌 색소를 형성하기 때문이다. 그러므로 껍질을 벗긴 감자는 물이나 소금물에 담가서 갈변을 방지한다.

감자의 저장은 온도 0~8℃, 습도 85~95%에서 하는 것이 좋다. 저온저장 시에는 감자 속의 아밀라아제와 말타아제가 천천히 전분을 당화하여 환원당을 생성하기 때문에 감미가 많아진다. 그러므로 감자는 예비저장을 13~21℃에서 5~20일간 방치하면 호흡작용이 활발해져서 축적된 환원당이 거의 소비되어 본저장 시 저장기간을 연장시킬 수 있다. 상온에서 8개월가량 장기간 저장하는 경우 방사선 조사에 의한 저장방법이 허용되어 있다. 4~6월에는 냉장보관하며, 그 외에는 종이봉투에 넣어 통풍이 잘되는 10~18℃의 냉암소에 보관한다. 햇볕을 쪼이면 클로로필이 생성되어 녹색으로 변한다.

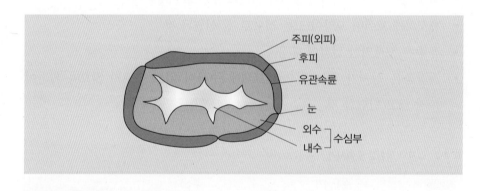

그림 2-1
감자의 단면구조

4) 성분 및 특성

감자는 수분 81.9%, 탄수화물이 15%, 단백질이 2%이다. 전분은 감자의 건물성분 중 대부분을 차지하는 성분으로 재배지역, 재배조건, 수확시기, 저장조건 및 저장기간, 품종에 따라 차이가 난다. 일반적으로 감자의 건물률은 18~28%인데, 건물률에서 약 6%를 감한 수치가 전분 함량에 해당된다.

점질감자(waxy potato)는 찰진 질감을 나타내며, 삶거나 찔 때 잘 부서지지

표 2-3 감자의 품종 특성 및 품종별 작기

품종	숙기	수량성 (kg/10a)	모양	용도	건물 함량 (%)	특성
남작 (irish cobbler)	조생 80~90일	2,452	편원형	식용	18.3	재배가 가장 오래된 품종이다. 조리 후 육질이 분질성으로 식미가 우수하다.
수미 (superior)	조생	2,654	편원형	식용	19.9	봄, 여름 재배의 대표적 품종이다. 조숙, 내병 다수성 품종으로 남작보다 크기가 작으나 건물 함량이 많다.
대지 (dejima)	중·만생	2,956	편원형	식용	19.5	현재 가장 많이 재배되는 품종이다. 봄 재배 시 중만생(110~120)이고 가을 재배 시 조중생이다. 큰 감자 수량이 높다.
세풍 (shepody)	중생	3,330	장타원	식용, 가공용, 프렌치프라이	21.3	건물 함량이 높아 가공수율이 높다. 분질성으로 식미가 양호하다.
조풍	극조생	3,265	편원형	식용	19.0	조기 재배 시 편원형으로 수미와 비슷하나 여름 재배 시 타원형에 가깝다. 괴경의 조기비대가 빨라서 조기 출하에 적합하다.
남서	조생	3,093	편원형	식용	–	겨울 시설 재배 및 극조생 외 식용품 중 4월 중·하순 출하를 목적으로 겨울과 봄 재배가 적당하고 여름과 가을 재배는 채종을 목적으로 하는 것이 좋다.
대서 (atlantic)	중생	2,991	편원형	칩가공용	–	봄 재배 시 90일 정도로 조생형이고 여름 재배는 110일 정도로 중생형이다. 봄 재배 시 다수 확할 수 있다.

않으므로 찜, 조림, 기름에 볶는 요리에 적합하다. 분질감자(mealy potato)는 푸실푸실하면서 윤이 나지 않는 질감으로, 삶거나 찔 때 부서지기 쉬우므로 구이에 적합하다.

감자전분은 냄새가 없고 색상이 좋아서 어묵, 어육, 소시지 등의 제품에 많이 이용된다. 감자에는 서당, 포도당 및 과당이 주로 함유되어 있으며, 당 함량은 가공 시 품질에 영향을 미친다. 감자에 당 함량이 높으면 칩(chip) 또는 튀김용 냉동감자(french fry) 등으로 가공할 경우 암갈색이 되어 품질이 떨어진다.

당 함량에 가장 영향을 미치는 요인으로는 수확 후 저장조건으로, 감자를 4℃로 저온저장할 경우 환원당 함량이 증가하나 단백질 함량은 0.7~1.2%로 저하된

감자

노란색 감자

적색 감자

황색 감자

알감자

자주색 감자

다. 감자에는 비타민 C가 100g 중 10.5mg이 함유되어 있다. 비타민 C는 수확 직후에 많고 저장 중에 감소하다가 싹이 나올 무렵에는 다시 증가한다. 또한 감자의 중심부보다 외측 부분에 많으며 육질이 황색 품종인 것이 백색 품종보다 높다. 감자에 있는 솔라닌(solanin)은 자연독으로 덩이줄기의 외부에 많으며 특히 눈에 많이 분포하여 조리 시 반드시 제거해야 한다. 색소는 카로티노이드 함량과 관계가 있으며 황색 품종은 카로티노이드가 0.11~0.187mg 들어 있으며, 백색 품종은 0.014~0.054mg 들어 있다. 적색이나 자주색은 안토시아닌에 의한 것으로, 감자의 피층 주변 세포 부분에 분포한다.

감자의 구조는 숨구멍(lenticels)이 분포된 주피(외피: periderm), 후피(cortex), 싹눈(eye buds)이 있는 눈(eye) 그리고 수심부(medulla)로 이루어져 있다. 감자는 용도에 따라 감자칩용, 프렌치프라이용, 전분생산용, 조림용, 샐러드용과 기능성 식품의 원료인 유색감자 등으로 육종되고 있다. 대표적인 품종으로는 남작, 수미, 대지, 세풍, 조풍, 남서, 대서 등이 있다. 전분원료용은 전분을 많이 함유하고 있는 것이 좋고 부식(副食)용은 색깔, 육질, 풍미, 영양성분이 균형 있게 함유되어 있는 것이 좋다.

2. 고구마

1) 주산지

고구마(sweet potato, *Ipomoea batatas* L.)의 원산지는 중남미로 우리나라에는 영조 6년(1736년)에 통신사 조엄이 대마도에서 그 종자를 들여와 재배하기 시작하였다. 고구마는 수량성이 높은 작물로 재배 면적이 다소 증가하고 있으며, 최근 간식용 고구마의 수요가 증대되고 있다. 고구마 주산지는 전남의 해남, 경기의 여주지방이며 이들 산지를 중심으로 대단위 재배가 이루어지고 있다.

2) 선별 기준
- 크기와 모양이 균일하고 선별이 잘된 것
- 황토 흙에서 생산한 고구마로 표피색이 밝고 선명한 적자색을 띠는 것
- 씨눈 부분의 파임이 적고 육질이 단단하며 손상이 없고 적당히 건조된 것
- 둥글며 너무 크지 않고 서리를 맞추지 않으면서 늦게 수확한 것
- 상처가 없고 삶은 후 쪼개어 보았을 때 분질 형태로 보이는 것
- 흙 등 이물질이 제거된 정도가 뛰어나고 표면이 적당하게 건조된 것
- 무게 구분표상 대·중인 것(150g 정도)
- 육질이 단단하고 단맛이 뛰어난 것

3) 재료 손질 및 보관
분질 고구마는 전분이 많고 수분이 적으며, 점질 고구마는 수분 함량이 높다. 고구

물고구마

밤고구마

마의 최적 저장온도는 12~15℃이다. 고구마는 낮은 온도에 약하므로 9℃ 이하에 오래 두면 살 속이 변하여 맛이 나빠지고 썩기 쉽다. 저온의 해를 입은 고구마는 색이 변하며 광택이 없다. 반대로 온도가 높으면 호흡작용이 왕성해져서 고구마의 양분 소모가 많아지고 싹이 터서 상품으로서의 가치가 크게 낮아진다. 고구마의 저장에 알맞은 습도는 85~90%이다. 저장 중의 수분 손실에 의한 자연 감량은 10% 내외이다.

고구마는 수분 62.2%, 탄수화물 35.5%, 단백질이 1.1%이다. 고구마의 단백질은 이포메인(ipomein)이다. 고구마를 자를 때 나오는 백색 액체는 잘라핀(jalapin) 이라고 하는 특수 성분으로 강한 점성을 가지고 있으며 검게 변화한다. 고구마에는 성인병을 예방하는 식물성 섬유가 많이 함유되어 있을 뿐만 아니라 각종 비타민과 칼륨, 칼슘, 철 등 미네랄이 풍부하여 건강에 좋다.

고구마는 너무 일찍 심으면 덩이뿌리와 굳은 뿌리가 땅속 깊이 들어가 모양이 길어지는 경향이 있다. 고구마는 덩굴에 달린 쪽이 머리이고 반대쪽이 뿌리이며, 안쪽을 향한 부분이 배 부분으로 약간 구부러져 있으며 그 반대쪽은 등 부분이다. 불룩한 모양을 하는 고구마싹이 나오는 눈은 머리와 등 부분에 많다. 고구마는 골이 적고 매끄러운 것이 상품성이 좋은데 모양에 따라 구형, 단방추형, 방추형, 난형, 도란형, 원통형, 장원통형, 장방추형, 극장방추형으로 구분된다.

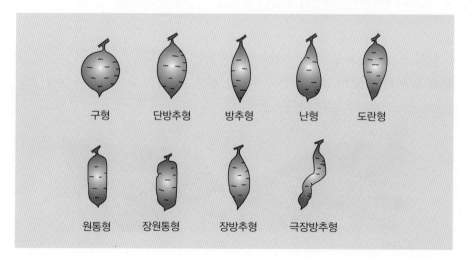

그림 2-2
고구마의 여러 가지 형태

46   4판 식품재료학

상처가 생긴 고구마의 큐어링(curing)은 31~35℃, 습도 90%의 조건에 5~6일 보존하는 방법으로 상처난 곳이 표피와 같은 코르크층으로 되어 병원균의 침입을 방지하고, 13℃ 이하로 온도를 낮추면 미생물의 번식이 어려워 저장성이 높아진다. 고구마에는 폴리페놀옥시다아제(polyphenol oxidase) 같은 산화효소가 있어 절단·건조 시 착색되어 질을 저하시키므로 쪄서 말리거나 아황산 처리를 해서 갈변을 방지한다. 고구마의 잎과 줄기는 채소로써 이용가치가 높아 오래 전부터 나물 등 음식에 이용되고 있다.

3. 토란

토란(taro, *Colocasia antiquorum* var. *esculenta* Engl.)은 천남성과(araceae)에 속하는 다년생 초본으로 습지에 견디는 힘이 있어서 하천변이나 논에서 재배가 가능하다. 원산지는 인도이며 열대지방에서 널리 재배되고 있다. 지하경에 영양이 축적된 괴경으로 열대지방에서는 식용으로 이용되고 잎과 줄기도 채소로 이용되고 있다. 주성분은 전분이고 무기질은 칼륨이 많다(500mg%). 토란은

토란

껍질을 벗겼을 때 끈적끈적한 점질물이 흘러나오는데, 이것의 주성분은 갈락탄(galactan)이다. 그러므로 토란은 쌀뜨물에 데쳐서 사용하는 것이 좋다. 토란을 먹을 때 나는 아린 맛의 성분은 호모젠티스산(homogentisic acid)이다.

4. 마

참마는 마(yam, *Dioscorea batatas* Decne spp.)과에 속하는 다년생 덩굴성 초본으로 원산지는 중국으로 알려져 있다. 가식부는 원주상으로 비대한 괴근이다. 참마는 산에서 자생하는 마로 산마라고도 한다. 재배하는 종류로는 장마, 단마, 둥근마가 있다.

일반 성분으로 탄수화물 9.6%, 단백질 1.6%, 기타 아밀라아제(amylase) 0.4~0.5%를 함유하고 있다. 영양가가 비교적 높으며 특수성분으로 글로불린(globulin)과 만난(mannan)이 결합한 뮤신(mucin)

마

이 있어서 매우 점성이 높다.

마는 쪄서 먹거나 갈아서 생식하거나 즙으로 만들어서 밀가루나 메밀 등과 섞어 여러 가지 음식을 만들 수 있다. 근래에는 마를 가루로 가공한 제품도 나오고 있다.

곤약

5. 곤약

곤약(konjac, *Amorphophallus konjac* K.)은 천남성과의 다년초인 구약나물의 구경에서 만든 가루를 묵처럼 젤리화하여 만든 제품이다. 구약나물의 원산지는 인도차이나 지방으로 산간의 경사지나 배수가 좋은 곳에서 많이 재배되고 있다. 구약나물 구경은 아린 맛이 강하여 그대로 삶아 먹지 않고 곤약가루를 물과 함께 삶아 응고시켜 곤약을 만들어서 이용한다. 곤약과 그 가공품의 탄수화물은 주로 글루코만난(glucomannan)으로 소화액 중의 효소에 의해서는 분해되지 않고 장내 세균의 작용에 의해 분해되어 포도당과 만노오스가 생성되며 혈중 콜레스테롤치를 낮추는 작용을 한다. 곤약은 수분 함량이 97%로 열량은 거의 없으나(1kcal/g) 조금만 먹어도 포만감을 주므로 다이어트 식품으로 이용된다.

돼지감자

6. 돼지감자

돼지감자(jerusalem artichoke, *Helianthus tuberosus* L.)는 국화과에 속하는 일년생 풀의 지하 괴경으로 마디가 있고 크기는 작은 감자 정도이다. 우리나라 전역에 야생하고 있으며 뚱딴지라고 부르기도 한다. 돼지감자는 불쾌한 냄새가 나서 보통 생식이나 삶아서 먹기에 부적당하나 된장에 절여 먹으면 풍미가 개선되며, 서양에서는 익혀서 샐러드에 사용하기도 한다. 껍질을 벗기면 곧 산화되므로 반드시 물에 담가 갈변을 방지해야 한다.

주성분은 이눌린(inulin)으로 산, 효소로 분해하면 과당을 얻을 수 있고 알코올 생산의 원료로 쓰인다. 사람에게는 분해효소가 없어 소화시키지 못한다. 또한 혈당을 낮추는 데 도움을 주며, 배변활동을 좋게 한다.

7. 카사바

카사바(cassava, *Manihot esculenta*)는 마니오크(mannioc), 유카(yucca)라고도 하며, 브라질이 원산지로 2~3m 정도의 등 대풀과의 다년생 초목이지만 아열대에서는 일년생으로 지하에 괴경이 생기며 여기에 전분을 저장한다. 현재는 열대지방에서 재배되고 원주민의 중요한 식량이며 타피오카(tapioca) 전분 제조에 이용된다.

청산(HCN)을 함유한 라미나린(laminarin)이 있어 쓴맛을 내며 그 함량에 따라 감미종과 고미종이 있다. 라미날린은 감미종에는 껍질 부분에 대부분이 들어 있으나 고미종에는 전체에 분포되어 뿌리를 물에 담그거나 분쇄, 가열하여 배당체를 가수분해시켜서 제거한 후 이용해야 한다.

단백질의 함량은 다른 서류에 비하여 적은 반면(1%), 전분 함량이 30% 정도여서 전분 제조 원료로 사용된다. 타피오카 전분으로 만들어진 타피오카 펄(tapioca pearl)은 후식에 이용된다.

카사바

타피오카 펄

8. 야콘

야콘(yacon, *Smallanthus sonchifolius* H.)은 안데스 산맥이 원산지인 국화과의 다년생 덩이뿌리작물이며 우리나라에서는 최근 강화, 상주, 괴산에서 소규모로 재배되고 있다.

괴경에 포도당, 과당, 서당, 3~10개 정도의 단당류가 결합된 올리고당의 형태로 저장되며, 전분과 이눌린의 양이 매우 적기 때문

야콘

에 안데스 산맥 지역에서는 과일로 취급된다. 샐러드나 과일로 생식할 수 있는데 단맛이 상당히 강하고 아삭한 질감을 갖고 있다.

야콘즙은 음료로 사용하고, 농축하면 찬카카(chancaca)라고 하는 암갈색 엿이 된다. 수확 후 건물 기준으로 4개의 단당류로 구성된 올리고프락탄(oligofractan)이 67% 정도 되어서 야콘엿은 단맛은 강하지만 체내 소화흡수가 적어 저열량 식품이다. 조림, 볶음, 정과, 생선조림 등에 사용하면 된다. 야콘냉면, 야콘국수로 가공하기도 하며 상품성이 떨어지는 작은 괴근은 사료로 사용한다.

용어설명　**건물 함량**　식품의 성분 중 수분을 제외한 나머지 성분의 함량비율을 말한다.

괴경(덩이줄기)　땅속줄기(복지)의 끝이 비대하게 발달된 변형된 줄기로 영양분을 저장하는 기관이다.

괴근(덩이뿌리)　줄기의 밑부분에서 발생한 뿌리 중에서 영양분이 저장되어 비대해진 뿌리로 줄기 가까운 곳에서 형성된다.

눈(eye)　감자 표면의 눈은 수피까지 연결되어 있으며 형태적으로 줄기의 마디에 해당되고 싹눈(eye buds)이 있어서 이것이 자라서 맹안인 감자싹(sprouts)이 된다. 복지와 연결된 기부의 반대 인 정부에 12~15개의 눈이 나선형으로 분포되어 있다.

단감자　상인들이 사용하는 용어로 단고구마를 뜻한다.

물고구마　표피가 백색 및 갈색을 띠며 수분 함량이 많아 삶을 때 질척한 점질 고구마이다.

밤고구마　표피가 붉은색으로 삶을 때 물기가 적으면서 타박한 분질성으로 감미가 많은 고구마이다.

복지　지하부 줄기가 땅속에서 수평적으로 발달한 것으로 복지 끝에서 괴경이 발달한다.

수심부(medulla)　감자의 대부분을 차지하며 외수부(outer medulla)와 내수부(inner medulla)로 구분되며 내수부는 외수부에 비하여 수분 함량이 많아서 투명도가 높다.

씨감자　감자는 괴경을 이용해서 영양번식을 하는데 일반적인 재배과정으로 생산된 씨감자는 퇴화되어 수확량이 급격히 감소한다. 따라서 5~30g 정도의 재배종자용 우량 소괴경 씨감자 생산이 감자 생산량을 좌우한다.

알감자　30~50g 정도의 소괴경 감자로 조림용으로 사용한다.

왜감자　상인들이 사용하는 용어로 개량고구마를 뜻한다.

유관속륜(vascularbundle ring)　복지의 접착점에서 시작하여 뚜렷한 원구조로 후피와 수심부의 경계를 이룬다. 물질 이동의 통로이나 병원균의 감염 시 부패의 원인이 되기도 한다.

주피(외피, periderm)　감자의 코르크화된 얇은 막으로 가스 교환과 호흡작용을 하는 숨구멍과 표피의 색을 결정짓는 색소를 함유하고 있다.

참감자　상인들이 사용하는 용어로 밤고구마를 뜻한다.

후피(cortex)　전분립이 적은 외후피(outer cortex)와 전분립이 많은 내후피(inner cortex)로 구분된다.

두류

콩 | 팥 | 녹두 | 강낭콩 | 완두
땅콩 | 동부 | 기타 두류

PULSES

두류는 종실의 자엽을 먹는 식물로 대두, 팥, 녹두, 완두콩, 강낭콩 등이 대표적이다. 다른 식물성 식품과 달리 대부분이 단백질을 함유하고 있어 영양학적으로 가치가 높다. 두류는 함유하고 있는 영양성분의 차이에 따라 단백질과 지방 함량이 높은 대두, 땅콩 및 탄수화물 함량이 높은 팥, 녹두, 완두, 강낭콩 등과 채소의 특성을 갖는 청태콩, 풋완두콩, 껍질콩 등으로 구분할 수 있다.

콩, 팥, 녹두는 아시아 지역이 원산지이고 완두, 잠두, 병아리콩, 렌틸은 중동아시아가 원산지이며 땅콩, 강낭콩은 남아메리카 대륙이 원산지로 알려져 있다.

두류의 종실은 모두 꼬투리(pod) 속에 들어 있는 것이 공통된 특징으로 꼬투리에 접해 있는 부분이 배꼽(hilum)이며 배꼽의 한쪽 끝에 주공이 있어서 발아시 여기에서 싹이 나온다. 두류는 작물에 따라 꼬투리의 형상이 편형과 원통형, 크고 긴 것과 작고 짧은 것, 곧은 모양과 나선형 등 매우 다양하다.

두류의 구조는 배유는 거의 퇴화되고 자엽(90~92%), 종피(7~8%), 배아(2%)로 이루어져 있다. 이 중 가식부는 자엽이고, 자엽 사이에 생장점과 제1엽으로 분화된 배아가 있다. 종피의 표면인 각피층은 단단하고 물을 통과시키지 않아서 불리는 데 시간이 오래 걸리며, 묽은 산이나 알칼리에도 용해되지 않는다.

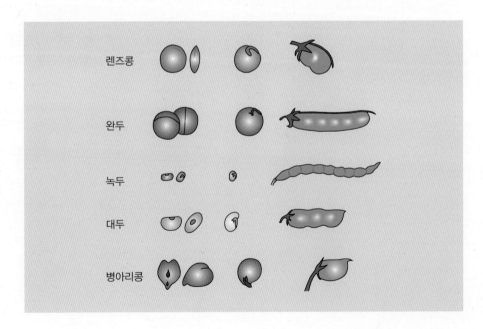

그림 3-1
두류의 꼬투리와 종자

표 3-1 대표적인 식품의 알칼리도와 산도

알칼리성 식품	알칼리도	산성 식품	산도
콩	10	쌀	3
감자	6~10	현미	9
고구마	7~10	보리	10
무	6~10	밀가루	3
배추	3~6	옥수수	5
양파	1	완두	2~5
토마토	5	파	1
사과	1~3	육류, 어류, 달걀	10~20
배, 복숭아	3~5	햄	7
바나나	8	치즈	17
감귤	5~10	버터	4

표 3-2 두류의 영양성분 및 폐기율(100g)

식품명	에너지 (kcal)	수분 (g)	단백질 (g)	지방 (g)	탄수화물 (g)	당류 (g)	총 식이섬유 (g)	무기질				비타민			폐기율 (%)
								칼슘 (mg)	철 (mg)	인 (mg)	칼륨 (mg)	티아민 (mg)	리보플라빈 (mg)	니아신 (mg)	
대두	409	11.2	36.21	14.71	32.99	6.64	25.6	260	6.66	660	1,838	0.553	0.384	1.64	0
팥	337	14.2	21.59	1.1	59.29	0.47	16.9	71	5.49	426	1,333	0.66	0.166	1.698	0
녹두	352	9.4	24.51	1.52	60.15	0	22.4	100	4.11	441	1,420	0.156	0.358	1.634	0
완두(생)	115	71	7.92	0.44	19.54	1.72	8.4	36	2.08	174	356	0.186	0.141	2.946	47
강낭콩 (생)	174	56.1	8.8	0.86	32.35	1.65	14.1	49	3.11	281	730	0.449	0.124	1.881	43
땅콩	520	10.8	25.74	42.57	18.36	4.4	13.4	67	3.07	425	746	0.389	0.212	10.514	–
동부(생)	166	58.5	9.51	1.02	29.34	0.21	10.2	27	2.5	242	573	0.137	0.041	1.49	0
잠두(생)	341	10.98	26.12	1.53	58.29	5.7	25	103	6.7	421	1,062	0.555	0.333	2.832	0
병아리콩	377	10.3	17.78	5.67	63.3	2.55	14.5	130	5.54	385	1,112	0.049	0.123	1.423	0
렌즈콩	368	8.8	23.58	1.73	63.68	1.94	12.2	33	5.72	349	951	0.37	0.141	1.12	0

※ −: 수치가 애매하거나 측정되지 않음
자료: 국가표준식품성분표, 10개정판, 국가표준식품성분 DB 10.2. (2024)

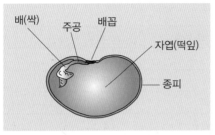

그림 3-2
두류의 구조

배(싹)　주공　배꼽

자엽(떡잎)

종피

두류의 일반성분은 곡류에 비하여 단백질과 지방질 그리고 비타민 B_1이 많다. 비타민 C는 거의 없으나 싹을 먹는 콩나물과 숙주나물에는 비타민 C가 들어 있다. 그 밖에 특수 성분으로는 사포닌, 탄닌, 레시틴 등이 있다.

두류는 영양가가 높고 단백질의 아미노산 조성이 우수하므로 경제적인 단백질 급원이다. 식품은 알칼리 생성 원소와 산 생성 원소 구성에 따라 알칼리성 식품과 산성 식품으로 구분한다. 무기질 중 인, 황, 염소 등을 많이 함유하고 있는 곡류, 육류, 어류 등은 산성 식품이라고 한다. 두류는 무기질 중 칼륨, 칼슘 등이 풍부한 알칼리성 식품이다.

1. 콩

1) 주산지

콩(soybean, *Glycine max* M.)의 원산지는 우리나라와 만주지역이다. 우리나라 흰콩의 주산지는 경기도의 화성·가평·장단, 충북의 보은, 충남의 당진·보령, 전북의 임실, 전남의 신안·완도, 경북의 안동지방이다. 콩나물콩의 주산지는 전남의 고흥, 강원의 평창이고, 검은콩의 주산지는 강원의 횡성, 평창이다. 특히 전남과 경북지방이 전국 생산량의 40%를 담당하고 있다.

2) 선별 기준

- 품종 고유의 특성을 갖고 크기별로 잘 선별된 것
- 껍질이 얇거나 두껍지 않고 고르며 충실하고 낱알이 고른 것
- 품종 고유의 낱알 모양을 갖고 알맞게 숙성한 건전한 낱알
- 수분이 14% 이하로 피해립이 없고 이물질이 없는 것

3) 재료 손질 및 보관

콩 중에서 껍질 부분이 두꺼운 것은 6~12시간 이상 불려서 껍질을 벗겨서 사용해야 한다. 저장은 수분 함량 12% 이하로 한다. 상온저장 시에는 통풍이 잘되며 그늘지고 건조한 곳에 보관한다. 1년 이상 장기 저장할 때는 5℃ 이하 상대습도 60% 내외에서 저장한다.

대립 대두

4) 성분 및 특성

콩의 꼬투리는 납작한 원통형으로 그 내부에 2~3개의 종실이 들어 있으며 털이 난 정도에 따라 다모종, 보통종, 무모종으로 나눈다.

대두는 크기에 따라 극대립, 대립, 중립, 소립, 극소립으로 나눈다. 천립중량이 극대립은 400g 이상, 대립은 311~400g, 중립은 211~310g, 소립은 131~210g, 극소립은 130g 이하이다. 대두의 알이 클수록 단백질 함량이 많아 두부·장류 제조 등에 이용되고, 알이 작을수록 지방 함량이 많아 식용유 제조와 콩나물용 콩으로 이용된다.

잡곡밥용 콩은 흡수율이 좋아 쉽게 무르도록 품종 개량이 이루어지고 있다.

| 소립 대두 | 콩나물콩 | 청태 |
| 약콩 | 서리태 | 풋콩 꼬투리 |

콩의 영양성분은 대부분 자엽에 함유되어 있고, 단백질 함량이 36.2% 정도로 많고 지방 14.7%, 탄수화물이 33.0%이다.

대두 단백질의 대부분은 수용성으로 글리시닌이 전체 단백질의 84%이고 이외에 알부민, 프로테오스, 비단백질소화화합물 성분으로 구성되어 있다. 대두의 수용성 단백질은 칼슘염과 마그네슘염에 응고하는 성질을 가지며, 이를 이용하여 만든 식품이 두부이다. 콩의 단백질에는 필수 아미노산인 리신, 시스틴, 트립토판이 많아 곡류의 단백질을 보충해 준다.

대두 지방은 18~20%로 필수지방산인 리놀레산이 56.7%, 리놀렌산이 8.7% 포함되어 있다. 탄수화물은 20~29% 정도 들어 있는데, 전분은 1% 이하로 적고, 설탕, 라피노오스, 스타키오스 등의 올리고당, 갈락탄(galactan), 아라반(araban), 헤미셀룰로오스 등의 다당류가 대부분이다.

또한 콩에는 사포닌(saponin), 이소플라본(isoflavone), 레시틴(lecithin) 등이 들어 있다. 한편 날콩에는 트립신 저해(trypsin inhibitor) 성분이 들어 있어서 익혀서 먹어야 해가 없다.

완숙되지 않은 콩으로 꼬투리와 줄기가 달린 채로 수확하는 풋콩은 영양을 축적하는 과정이지만 비타민 C(30mg%)를 다량 함유하며 다른 영양성분도 충분하다. 우리나라의 풋콩 수요는 완두콩이나 강낭콩의 출하가 끝나는 7월에서 8월, 추석을 전후한 시기로 극조생품종의 대립종이 적당하며 일반콩보다 농가 소득이 높다. 풋콩은 일교차가 분명한 고랭지를 중심으로 청송, 봉화, 양평, 평창 등지에서 재배되고 가지풋콩과 냉동풋콩 상태로 유통되며 혼반용, 송편속, 간식용, 술안주용으로 이용되어 최근 기호영양식품으로서 수요가 증가하고 있다.

2. 팥

1) 주산지

팥(azuki bean, small red bean, *Phaseolus angularis* W.)의 원산지는 중국, 한국, 일본 등의 동북아시아 지역이다. 우리나라에서는 강원도의 횡성·홍천·평창, 충북

의 청원·보은·중원, 충남의 공주·금산, 전남의 보성·화순·장
성 등에서 많이 재배된다.

붉은팥

2) 선별 기준

- 품종 고유의 특성을 갖고 크기별로 잘 선별된 것
- 껍질이 얇고 충실한 것
- 품종 고유의 낱알 모양을 갖고 보통의 숙도를 가진 것
- 수분 함량 14% 이하이고 피해립과 이물질 혼입이 없는 것
- 진한 붉은 색을 갖고 광택이 있는 것

거두와 거피거두

3) 재료 손질 및 보관

보관은 건조하고 통풍이 잘되며 어두운 곳이 좋다. 팥의 껍질은
단단해서 12시간 이상 불린 후 삶아야 물러진다. 껍질 부분에는
사포닌 성분이 있는데 이것은 장을 자극하여 설사를 유발하므로 팥을 사용할 때
는 반드시 처음 삶은 물은 버려 사포닌 성분을 일부 제거한 후 다시 물을 부어 삶
아 사용하는 것이 좋다.

4) 성분 및 특성

팥에는 탄수화물 59.3%, 단백질 21.6%, 지방 1.1% 정도가 함유되어 있으며, 탄수
화물 중에는 전분이 34% 정도 들어 있다. 단백질은 20%로 곡류의 2배 정도이다.
팥의 표피에는 시아닌(cyanin)이라는 배당체가 들어 있어 아린 맛이 난다.

3. 녹두

녹두(mung bean, *Phaseolus radiata* L.)의 원산지는 인도이며 우리나라에서는
전국적으로 고르게 재배되고 있다. 녹두는 낱알이 충실하고 고른 것이 좋다. 요즘
은 거피된 것을 1~2시간 불려서 껍질을 완전히 분리하여 사용한다.

녹두는 탄수화물 60.1%, 단백질 24.5% 정도를 함유하고 있으며, 콩과는 달리

녹두	거피녹두와 녹두

전분이 34% 들어 있고 떡과 죽에 이용되며, 싹을 내서 숙주나물로 쓴다. 녹두전
분은 청포묵과 당면을 만드는 데 이용된다.

4. 강낭콩

강낭콩(kidney bean, *Phaseolus vulgaris* L.)의 원산지는 남미로 종실의 크기와
모양이 매우 다양하며 줄기 모양에 따라 덩굴형과 왜성형으로 나누어진다. 종실
이 작고 꼬투리가 부드러운 어린 강낭콩은 채소용으로 이용되며 종실이 비교적

강낭콩(생)	흰색 강낭콩(생)
풋강낭콩 꼬투리	붉은색 강낭콩

큰 것은 풋종실용, 건조종실용으로 이용한다.

강낭콩은 종실의 크기에 따라 강낭콩(red kidney bean, 종실 길이 1.5cm 이상), 필드콩(field bean, 종실 길이 1~1.2cm, 갈색 무늬가 있는 분홍색 껍질), 핀토빈(pinto bean), 매로콩(marrow bean, 종실 길이 1~1.5cm), 네이비콩(navy bean, 종실 길이 0.8cm 내외)으로 나눌 수 있다. 또한 용도에 따라 완숙 종자를 이용한 필드콩(filed bean)과 풋강낭콩을 이용하는 가든콩(garden bean)이 있는데 가든콩의 어린 꼬투리를 이용하는 것이 스냅콩(snap bean)이다. 이것의 주성분은 탄수화물이고, 단백질이 많다. 밥에 넣어 먹거나 양갱, 앙금을 만들어 쓰기도 하며, 샐러드에 이용되기도 한다. 말려서 저장하여 유통되는 것과 생것으로 유통되는 것이 있다.

5. 완두

완두(garden pea, *Pisum sativum* L.)의 원산지는 지중해 연안으로 두류 중 가장 서늘한 기후를 좋아하고 추위에도 강하다. 우리나라에서는 단단한 꼬투리를 가진 덩굴형이 재배되어 왔고 성숙하기 전 푸른 것은 주로 통조림을 만들어 이용한다. 통조림 제조 시 $CuSO_4$ 처리로 비타민 C가 대부분 파괴된다. 꼬투리의 단단한 정도에 따라 경협종과 연협종으로 나누어진다. 연협종의 어린 꼬투리는 채소요리에 이용된다.

완두

6. 땅콩

땅콩(*peanut, Arachis hypogaea* L.)의 원산지는 브라질 또는 페루이다. 두류 중 유일하게 열매가 땅속에 들어 있는 종류이다. 꼬투리 1개에 알이 1~3개 들어 있고, 알맹이는 전체 중량의 50% 정도이다. 땅콩에는 지방 42.6%, 단백질 25.7%, 탄수화물이 18.4% 들어 있다. 땅콩의 지방을 추출하여 식용유, 피넛버터 등에 이용한다.

땅콩

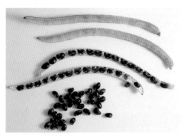
풋동부 꼬투리

7. 동부

동부(cowpea, *Vigna unguiculate* L.)의 원산지는 열대지방으로 저온에 약하다. 종실의 종류에는 굵고 납작한 것, 팥 모양인 것, 타원형에 가까운 것이 있으며, 빛깔은 백색, 흑색, 갈색, 적자색, 담자색 및 이들의 혼합색 등이다.

백립 중량은 9~15g으로 중대립의 팥 정도의 크기이다. 밥에 넣어 먹기도 하고, 떡고물에 이용한다. 동부전분은 묵을 만드는 데 이용한다.

8. 기타 두류

1) 잠두

잠두(faba bean, *Vicia faba* L.)의 원산지는 북아프리카와 서남아시아로 재배 기원이 가장 오래된 작물 중 하나이다. 우리나라에서는 제주도, 남해 사천지역에서 재배되고 있다. 최근 일본과의 수출 계약 재배로 재배 면적이 증가된 상태이다.

잠두는 꼬투리의 모양이 누에 모양을 하고 누에가 고치를 지을 때쯤 익어 간다고 하여 중국에서 붙은 이름이다. 잠두의 변종은 유럽에서 여러 가지 이름(faba bean, broad bean, tick pea, english bean, european bean, windsor bean, horse bean)으로 다양하게 불리는데 근래에는 이들을 통칭하여 주로 파바빈(faba bean)이라고 부른다.

잠두는 백립 중량이 209~224g으로 매우 크며 생것은 맛이 감미로워 미숙할 때 채소로 이용되고 건조 종실은 혼반용으로 사용되며, 가공되어 간식용으로 사

붉은 잠두

흰색 잠두

가공 잠두

용된다. 잠두는 다른 콩과 작물이 생산되지 않는 시기에 생산되는 소득작물이다. 잠두의 종자와 잎은 약용으로 이용될 뿐만 아니라 지혈제, 이뇨제로도 쓰인다.

2) 병아리콩

병아리콩(chick pea, *Cicer arietinum* L.)의 원산지는 중동아시아 지역이다. 인도에서는 그람(gram)이라 불리며 식량작물 중 재배 면적이 5위인 중요한 작물이다.

병아리콩

종피를 벗긴 병아리콩은 인도에서 달(dhal)이라고 하며 수프를 하거나 삶거나 볶아서 이용하고, 가루로 만들어 밀가루와 보릿가루를 함께 섞어서 이용한다. 어린 꼬투리와 싹을 낸 것은 채소로 사용된다.

3) 렌즈콩

렌즈콩(lentil, *Lense culinaris* M.)의 원산지는 중동아시아로 7,000년 전부터 재배된 가장 오래된 작물의 하나이고 인도와 지중해 연안에서 많이 생산되며 수프와 각종 음식에 널리 사용된다. 우리나라에서 재배되지 않으나 수입되어 서양음식용으로 사용되며, 세계 5대 식품으로 선정되었다.

렌즈콩

용어설명 **거두(gray small red bean)** 껍질의 색이 푸른 잿빛을 띠는 팥으로 거피하여 흰색 팥고물이나 팥앙금으로 이용한다.

경협종 꼬투리의 껍질이 단단하여 어린 꼬투리의 식용으로는 부적당하여 종실로 수확하여 이용하는 품종이다.

다모종 콩의 꼬투리에 털이 많은 품종이다.

덩굴콩 넝쿨을 이루는 두과작물(pole bean)로 2~3cm 정도로 자란다. 늦게 성숙하며 3~4일 간격으로 여러 번에 걸쳐 수확한다.

배꼽(hilum) 종자가 꼬투리에 부착하는 부분으로 한쪽 끝에는 주공이 있어서 발아시 여기에서 싹이 나온다.

백립중량 낱알 100개의 중량으로 천립중량과 같이 낱알의 크기를 알 수 있다.

무모종 콩의 꼬투리에 털이 없는 품종이다.

사포닌 배당체로 당 함량이 24~27% 정도이며 물이나 에틸알코올에 잘 녹고 기포가 강하다. 시험관 내에서 적혈구의 용혈작용이 있으나 식품으로 섭취할 경우 그대로 배설되므로 문제가 없다.

아마란스 안데스산맥 주위 고산지대에서 재배되고, 현재 우리나라에서도 재배되고 있다. 좁쌀보다 작은 입자로 노란색, 자주색, 주황색, 보라색, 녹색, 검은색 등 다양한 색이 있다. 단백질이 16%로 곡류 중 높은 편이고 칼슘, 인, 철 등 무기질이 많다. 필수아미노산이 풍부하며 특히 타우린이 많이 들어 있다. 폴리페놀, 스콸렌 등의 항산화 성분이 많아서 노화 방지, 면역력 증강, 항암효과가 좋다. 곡물로 밥이나 빵에 사용되기도 하지만 싹을 틔워서 새싹채소나 나물로 이용하기도 하고 꽃과 잎을 말려서 차로 이용하기도 한다.

연협종 꼬투리의 껍질이 연하여 어린 꼬투리는 채소로 이용하는 품종이다.

왜성형콩 직립형의 두과작물(bush bean)로 50cm 정도로 자란다. 빨리 성숙하며 일시에 수확한다.

Memo

채소류

경엽채류 | 근채류 | 과채류 | 화채류

채 소류는 오랜 재배 역사를 가지고 있으며, 세계적으로 800여 종이 존재한다. 채소류의 원산지는 종류에 따라 다르지만 중앙아시아, 지중해 연안 및 아메리카 등이 대부분이다.

채소는 수분 함량이 80~95%로, 비타민과 무기질의 중요한 공급원이며 독특한 풍미와 다양한 색깔로 식욕을 증진시키는 기능성 작용을 한다. 채소류는 주로 이용하는 부위에 따라 경엽채류, 근채류, 과채류, 화채류로 분류된다. 경엽채류는 잎, 줄기, 싹을 주로 식용으로 하는 것으로 배추, 양배추, 상추, 쑥갓, 시금치 등이 이에 속한다. 대부분 클로로필 색소를 가지고 있으며 카로티노이드 색소를 함유한 경우도 많다.

근채류는 땅 밑에 양분을 저장한 뿌리 부분을 식용으로 하는 채소로 무, 당근 등이 있다. 과채류는 1~2년생 초본 식물의 열매를 식용으로 하는 채소로 호박, 가지, 오이, 토마토 등이 있다. 화채류는 꽃을 식용으로 하는 것으로 브로콜리, 콜리플라워, 아티초크 등이 있다.

식물세포의 구성 성분인 세포벽은 섬유질로 구성되어 있고, 물질을 선택적으로 투과시키는데 주요 성분은 셀룰로오스이다. 세포와 세포 사이에는 헤미셀룰로오스와 펙틴이 들어 있다. 헤미셀룰로오스는 알칼리에 의해 쉽게 분해된다.

펙틴은 세포를 결착시켜 주는 역할을 하며 주로 과일에 들어 있다. 세포질은 콜로이드 상태로 되어 있어 물질이 자유롭게 이동할 수 있으며 색소체, 액포 등이 분산되어 있다. 색소체에는 엽록체(chloroplast), 백색체(leucoplast), 유색체

표 4-1 채소류의 원산지

종류	원산지	종류	원산지	종류	원산지	종류	원산지
배추	중국 북부	파	중국	생강	인도, 말레이시아	고추	남아메리카
양배추	유럽, 지중해 연안	쑥갓	지중해 연안	연근	중국	토마토	남아메리카
상추	아시아, 유럽, 북부 아프리카	미나리	아시아	오이	인도	가지	인도
시금치	이란	무	중국	호박	중앙아메리카	브로콜리	지중해 연안
양파	이란	당근	아프가니스탄	부추	중국 북부	콜리플라워	지중해 연안

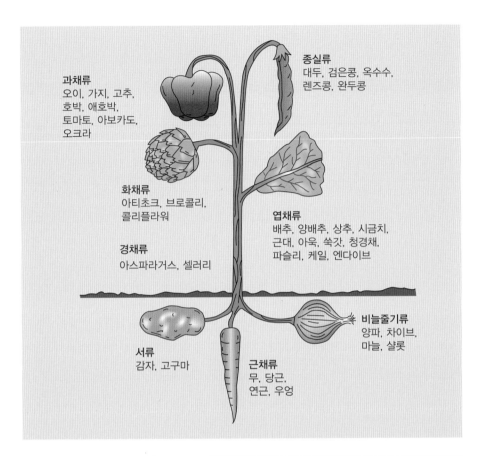

과채류
오이, 가지, 고추,
호박, 애호박,
토마토, 아보카도,
오크라

종실류
대두, 검은콩, 옥수수,
렌즈콩, 완두콩

화채류
아티초크, 브로콜리,
콜리플라워

엽채류
배추, 양배추, 상추, 시금치,
근대, 아욱, 쑥갓, 청경채,
파슬리, 케일, 엔다이브

경채류
아스파라거스, 셀러리

비늘줄기류
양파, 차이브,
마늘, 샬롯

서류
감자, 고구마

근채류
무, 당근,
연근, 우엉

그림 4-1
채소류의 분류

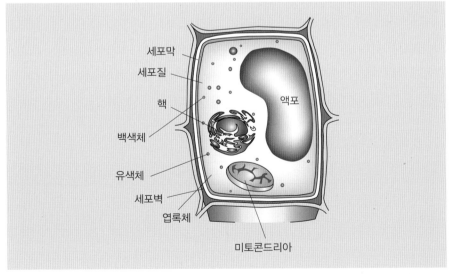

세포막
세포질
핵
백색체
유색체
세포벽
엽록체
미토콘드리아
액포

그림 4-2
식물세포의 구조

(chromatophore) 등이 있다.

엽록체는 녹색 채소에 많은 반면, 유색체는 녹황색 채소에 많이 함유되어 있는데 특히 녹황색 채소에 카로티노이드 색소가 많이 들어 있다.

액포는 세포질에서 큰 비중(약 90% 정도까지)을 차지하며, 어린 식물은 다수의 작은 액포를 가지고 있으나, 성장하면서 합쳐져서 큰 액포가 된다. 액포의 내부에는 세포액이 들어 있는데 세포액은 대부분이 수분이며, 염, 수용성 색소, 당 등이 녹아 있다. 수용성 색소로는 안토시아닌계 색소가 있다.

채소류는 찬물에 담그면 물이 세포벽을 통과하여 액포로 들어간다. 이때 세포벽이 압력을 견딜 만큼 최대로 흡수하여 균형을 이룬 상태를 팽만상태(turgescence)라고 하며 즙이 많고 아삭거리는 질감을 갖게 된다. 그러나 너무 오랜 시간이 경과하면 균형이 깨져 원형을 유지하지 못한다. 채소류는 클로로필(chlolophyll), 카로티노이드(carotenoid), 플라보노이드(flavonoid), 안토시아닌(antocyanin) 등의 색소를 함유하고 있어 식욕을 돋우어 주며, 향미성분과 특유의 질감을 조리에 활용하기도 한다. 클로로필은 지용성 색소로, 엽록체에 들어 있으며, 단백질과 결합되어 있다. 클로로필은 청록색인 a와 황록색인 b가 보통 3:1 정도로 들어 있다. 카로티노이드는 지용성인 황색 색소로, 크로모플라스트에 들어 있거나, 엽록체에 클로로필과 같이 있다. 이때 클로로필과 카로티노이드가 같이 존재하면, 녹색에 가려 황색이 나타나지 않기도 한다. 카로티노이드에는 카로틴, 크산토필이 있다. 카로틴에는 α, β, γ-카로틴과 리코펜이 있고, 크산토필에는 루테인(lutein), 제아잔틴(zeaxanthin), 크립토잔틴(cryptoxanthin) 등이 있다. 카로티노이드 색소가 많아 체내에서 비타민 A 함량 전환율이 높은 채소로는 당근, 부추,

표 4-2 비타민 C가 많은 채소(mg/100g)

채소류	비타민 C	채소류	비타민 C
파프리카(적색)	202.8	두릅	47.0
고추(적색)	170.0	콜리플라워	33.4
갓	135.0	브로콜리	29.2
케일	109.0	연근	28.4
시금치	66.5	배추	24.0

시금치, 상추 등이 있으며 연한 섬유가 많아서 소화기관의 자극으로 정장작용을 하며, 특수 성분이 있어 항산화 영양소로 각광받고 있다.

채소류는 재배 기간 동안의 온도 적응성에 따라 호냉성 채소(cool season crops)와 호온성 채소(warm season crops)로 나누어진다. 호냉성 채소는 월평균 기온 16~18℃에 적응하는 채소로 배추, 양파, 케일, 근대, 무, 시금치, 마늘, 완두, 브로콜리, 아스파라거스 등이 있고, 호온성 채소는 월평균기온 28~30℃에 적응하는 채소로 오이, 호박, 가지, 고추 등이 이에 속한다.

채소는 수분이 90% 정도를 차지하며 에너지는 적으나, 비타민과 무기질이 풍부하다. 특히 무기질 중에서 칼륨, 칼슘, 마그네슘 등이 많아서 대표적인 알칼리성 식품으로 알려져 있다. 비타민 C는 생것에는 많으나 조리 시 상당수가 파괴된다. 채소의 비타민 C와 카로틴 함량은 채소의 색이 진할수록 높아진다. 하우스에서 재배한 채소의 비타민 함량은 노지에서 재배한 양의 절반 정도로 줄어든 것이 되므로, 제철 채소를 섭취하는 것이 영양 면에서도 좋다. 칼륨은 대표적인 알칼리성 영양소로 우리 몸에 좋으나, 신장질환이 있는 경우에는 제한하는 것이 좋다. 칼륨이 많은 채소로는 시금치, 당근, 호박, 브로콜리, 오이, 고사리, 마늘 등이 있다.

채소류는 수확 후에도 호흡작용과 증산작용이 일어나므로 수분이 많은 채소류는 저장 중 내부의 수분증산작용을 억제할 목적으로 예비 건조를 한다. 배추, 양배추 등 잎채소류는 출하 전 1~2% 정도 감량이 발생할 정도로 건조시켜 저장하는 것이 좋다.

표 4-3 채소류의 저장조건

온도(℃)	습도(%)	채소류
0~5	90~95	시금치, 양상추, 아스파라거스, 콜리플라워, 당근, 무, 순무, 양송이, 셀러리, 완두
7~10	85~90	피망, 토마토, 가지, 감자
10~13	70~75	호박

표 4-4 채소류의 영양성분 및 폐기율(100g)

식품명		에너지 (kcal)	수분 (g)	단백질 (g)	지방 (g)	탄수화물 (g)	총 식이섬유 (g)	무기질			비타민					폐기율 (%)
								칼슘 (mg)	철 (mg)	칼륨 (mg)	베타카로틴 (µg)	티아민 (mg)	리보플라빈 (mg)	니아신 (mg)	비타민 C (mg)	
경엽채류	배추	15	94.8	1.25	0.04	3.2	1.4	53	0.36	258	145	0.022	0.052	0.416	15.16	14
	양배추	33	89.7	1.68	0.08	7.92	2.7	45	0.27	241	13	0.035	0.033	0.573	19.56	11
	양상추	19	93.6	1.42	0.28	3.69	2.7	77	1.59	488	1,938	0.027	0.073	0.584	0.17	4
	적상추	16	94.9	0.94	0.09	3.66	1.6	35	0.45	162	412	0.036	0.039	0.449	4.66	1
	시금치	29	89.6	3.35	0.39	4.86	3.1	66	2.49	691	5,164	0.125	0.191	0.707	51.12	5
	파	29	91.4	1.2	0.2	6.7	−	25	1	239	8	0.02	0.04	0.3	11	13
	미나리	21	92.8	2.2	0.2	3.8	−	55	2	382	1,320	0.15	0.16	0.6	15	12
	부추	22	93	1.8	0.3	4.1	−	28	3.4	−	87	0.16	0.08	0.6	5	0
근채류	무	20	94.3	0.67	0.12	4.34	1.1	23	0.16	261	2	0.059	0.021	0.211	8.65	6
	당근	31	91.1	1.02	0.13	7.03	3.1	24	0.28	299	5,516	0.037	0.062	0.882	3.02	3
	양파	29	92	0.95	0.04	6.67	1.7	15	0.2	145	2	0.035	0.011	0.099	5.88	2
	마늘	128	64.8	7.45	0.16	26.42	3.8	12	0.78	531	0	0.145	0.161	0.498	8.45	12
	생강	42	88.2	0.97	0.15	9.82	2.6	18	0.95	337	19	0	0.052	0.497	1.5	−
	우엉	69	81	2.61	0.06	15.29	4.6	46	0.8	406	0	0.019	0.11	0.108	0.61	15
과채류	오이	13	95.7	1.06	0.05	2.79	0.6	18	0.2	196	61	0.021	0.034	0.091	11.25	0
	애호박	22	93.1	1.07	0.09	5.14	2.2	15	0.23	224	270	0.038	0.08	0.348	3.11	4
	풋고추	29	91.1	1.71	0.19	6.42	4.4	15	0.5	270	458	0.008	0.076	0.558	43.95	5
	피망	22	93.2	0.9	0.04	5.36	2.7	14	0.5	187	198	0.013	0.04	0.922	21.52	13
	토마토	19	93.9	1.03	0.18	4.26	2.6	9	0.19	250	380	0.013	0.037	0.311	14.16	0
	가지	19	93.9	1.13	0.03	4.36	2.7	16	0.26	232	52	0.035	0.163	0.366	0	4
화채류	브로콜리	32	89.4	3.08	0.2	6.32	3.1	39	0.8	365	264	0.033	0.143	1.024	29.17	18
	아티초크	47	84.94	3.27	0.15	10.51	5.4	44	1.28	370	8	0.072	0.066	1.046	11.7	60
산채류	고사리(생)	22	92.3	2.9	0.17	3.8	3.4	9	0.88	305	299	0.011	0.137	0.578	2.58	0
	냉이	41	86.2	4.23	0.27	8.06	5.3	193	13.24	271	939	0.07	0.318	0.535	24.29	0

※ −: 수치가 애매하거나 측정되지 않음
자료: 국가표준식품성분표, 10개정판, 국가표준식품성분 DB 10.2. (2024)

경엽채류

경엽채류는 식물의 줄기를 식용으로 하는 경채류와 잎을 식용으로 하는 엽채류를 말한다. 보통 잎과 줄기를 모두 식용으로 하는 경우가 많아서 경엽채류로 분류한다.

1. 배추

1) 주산지

배추(chinese cabbage, *Brassica campestris* L. ssp. *pekinensis*(LouR.) Rupr.)의 원산지는 중국 북부이며 십자화과에 속하는 2년생 초본이다. 고려시대 때부터 우리나라에서 널리 재배되기 시작한 작물로 현재 우리나라에서는 가장 중요한 채소류 중 하나다.

배추는 전국에서 골고루 재배되나 강원, 경기, 전남·전북 지방에서 주로 난다. 봄배추는 김해, 해남 등지에서 주로 재배되며 여름배추는 강원도에서, 김장배추는 당진, 화성, 양주, 서산, 청원 등에서 생산된다.

2) 선별 기준
- 형상이 고르며 녹색잎의 수가 많고 껍질이 얇은 것
- 완전히 결구되어 단단하고 잎의 밀착 등으로 외엽 벌어짐이 적은 것
- 단맛과 고소한 맛이 있고 수분 함량이 적어 보이는 것
- 저장 배추는 푸른 잎이 붙어 있고 싱싱해 보이는 것
- 햇배추는 클수록 상품에 속하고 가을배추는 중간 정도인 것으로 결구가 잘 되어 중량이 무거운 것
- 잎에 병충해 피해반점 등이 없고 잎 끝이 마르거나 변색되지 않은 것
- 크기와 중량이 고르고 한 포기의 무게가 2kg 이상인 것
- 줄기 부분이 억세지 않고 섬유질이 뚜렷하지 않은 것

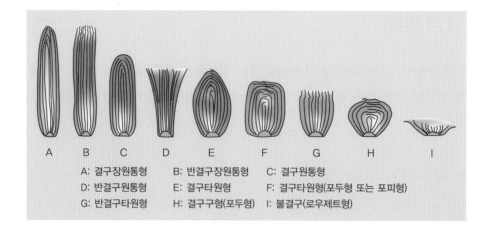

그림 4-3
배추의 결구 형태

A: 결구장원통형   B: 반결구장원통형   C: 결구원통형
D: 반결구원통형   E: 결구타원형   F: 결구타원형(포두형 또는 포피형)
G: 반결구타원형   H: 결구구형(포두형)   I: 불결구(로우제트형)

3) 재료 손질 및 보관

저장 시에는 온도 0~3℃, 습도 95%가 이상적이며 누렇게 변한 겉잎은 떼어내고, 물기를 제거한 뒤 보관하는 것이 좋다. 통배추를 반으로 자를 때는 밑동 부분을 칼끝으로 1/4 정도 자른 뒤 양손으로 잡고 벌려서 부스러지지 않게 한다.

김치를 만들기 위해 배추를 절일 때는 15~20%의 소금물에서 5~6시간, 10%의 소금물에서는 12시간 정도 절인다. 절이는 시간 단축을 위해서는 소금물의 농도를 높여 준다. 그러나 너무 높은 온도에서 단시간에 배추를 절이면 삼투압 증가로 많은 맛성분이 용출되므로 김치의 맛이 떨어진다. 얼갈이배추는 10% 소금물에 30여 분 절여 가볍게 흔들어 씻는 것이 좋다.

4) 성분 및 특성

배추에는 식이섬유소가 많이 들어 있어 장의 운동을 촉진하여 정장작용을 한다.

배추   자른 배추   얼갈이배추

또한 황화합물이 들어 있으며 가열에 의해 황화가스와 기타 황화합물이 발생하여 유황냄새가 난다. 배추에는 칼슘, 칼륨, 나트륨, 염소 등의 무기질이 들어 있다.

배추의 품종은 불결구종(로제트형-봄동), 반결구종(얼갈이배추), 결구종(배추)으로 나누어지며 지금은 주로 결구종이 재배된다. 결구종은 결구 형태에 따라 포합형과 포피형으로 나누어진다.

파종은 2~8월에 하여 2~3개월간 재배하고 4~11월에 수확한다. 호냉성 채소로 여름에는 주로 고랭지에서 재배된다.

2. 양배추

1) 주산지

양배추(cabbage, *Brassica oleracea* L. var *capitata* L.)의 원산지는 서유럽과 지중해 연안으로 품종이 300여 종이며 우리나라에 도입된 것은 20세기 이후 유럽, 미국 등지와 교역이 이루어진 뒤로 본다. 세계적으로 생산량이 5위에 달하는 채소류로 러시아, 중국, 한국, 일본, 폴란드, 미국이 주요 생산국가이다.

주산지는 평창, 홍천, 달성, 남양주, 괴산 등이다. 계절별로 봄양배추는 부산에서, 여름 양배추는 평창에서, 겨울 양배추는 북제주에서 많이 재배된다.

2) 선별 기준
- 겉잎이 깨끗해 보이고 윤기가 흐르며 청색기가 많고 싱싱해 보이는 것
- 겉껍질이 잘 벗겨지지 않고 완전 결구되어 단단하고 크기보다 무거운 것
- 양배추 하나의 중량은 1~4월에는 2.5kg 이상, 5~7월에는 3.0kg 이상, 8~12월에는 3.5kg 이상인 것
- 뿌리와 겉잎이 적절히 제거되어 있고 토사 및 이물 부착이 없는 것

3) 재료 손질 및 보관

양배추는 온도 0~3℃, 습도 95%에서 저장하는 것이 이상적이다. 종이에 싸서 차

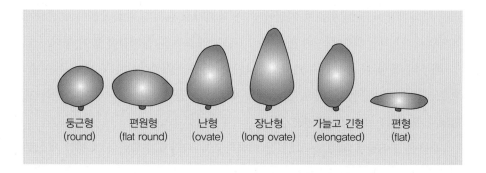

그림 4-4
양배추의 구형

둥근형 (round) 편원형 (flat round) 난형 (ovate) 장난형 (long ovate) 가늘고 긴형 (elongated) 편형 (flat)

가운 곳에 세워 두는데 눕혀 놓으면 부드러운 잎이 손상을 입기 때문이다. 조리 시에는 물기를 제거하고, 절단한 경우 랩 등으로 밀봉하여 보관한다.

4) 성분 및 특성

녹색 양배추에는 클로로필(chlorophyll) 색소가, 자색 양배추에는 안토시아닌 (anthocyanin) 색소가 발달되어 있다. 녹색 양배추의 경우 녹색부는 전체의 85% 정도이며, 백색 부분보다 질기다.

양배추는 황성분의 배당체에 의해 독특한 향미가 나며 리신, 비타민 C가 풍부 하다. 고이트로젠(goitrogen)도 소량 함유되어 있다. 카베진이 들어 있어 위궤양의 예방과 치료에 효과가 있다. 독일에서는 양배추를 이용하여 김치와 유사한 사우어 크라우트(sauerkraut)를 만들어 먹고 있다.

브뤼셀 스프라우트(brussels sprouts, *Brassica oleracea* V.)는 양배추와 유사 한 방울양배추로 유럽 및 미국에서 주로 재배되고, 우리나라에서는 강원도와 제주 도에서 주로 재배된다. 결구가 단단하고 색이 선명한 것이 좋다. 가식부 100g당 칼

양배추   붉은 양배추

륨이 580mg으로 칼륨의 함량이 높다. 5℃ 정도에서 2주 정도 저장 가능하다.

> ### 콜라비
>
> 콜라비는 십자화과 채소로 순무 양배추라고도 하며, 표면의 색이 보라색과 녹색의 두 종류가 있다. 최근 우리나라에서도 널리 재배되고 있으며, 단맛이 약간 나고 육질이 단단하여 주로 생식으로 많이 이용하며 줄기는 샐러드 재료로, 잎은 쌈이나 녹즙용으로 이용한다. 깍두기, 무생채, 나박김치, 동치미 등 다양한 요리에 활용할 수 있다.

3. 상추

1) 주산지
상추(lettuce, *Lactuca sativa* L.)의 원산지는 유럽, 아시아, 북부 아프리카로 1~2년생 초본식물이며, 세계적으로 널리 재배되고 있다. 경기도, 전남·북 및 경남 지방이 주산지이나, 시설(하우스) 상추는 운송상의 어려움 때문에 도시 근교에서 많이 재배된다.

2) 선별 기준
- 부드러우며 깨끗하고 싱싱해 보이며 잎의 크기가 고른 것
- 줄기 부분을 잘랐을 때 우윳빛의 흰 액체가 나오는 것
- 잎이 너무 크지도 작지도 않은 중간형인 것

3) 재료 손질 및 보관
잎상추는 대개 날것으로 섭취하므로 흐르는 물에 세 번 이상 깨끗이 씻어서 이용한다. 상추는 페놀 성분이 들어 있어 칼로 자르면 자른 단면이 갈변되기 쉬우므로 가능한 한 손으로 뜯어서 사용하며, 씻어서 보관하면 물러지기 쉬우므로 씻지 않은 상태에서 비닐이나 젖은 종이에 싸서 보관한다.

4) 성분과 특성

잎상추의 줄기 절단면에서 나오는 흰색 유액은 락투신(lactucin), 락투코피크린(lactucopicrin)으로 쓴맛을 내며 신경안정작용을 한다. 특히 쿼르세틴(quercetin)은 심장, 창자, 위 등의 내장을 보호하는 작용을 한다. 상추의 감칠맛 성분은 아데닐산(adenylic acid)이다.

'로마인의 상추'라는 의미가 포함되어 있는 로메인상추(romaine lettuce)는 코스상추라고도 하며, 배추처럼 잎이 직립하여 포기 형태로 자라 배추상추라고도 한다. 씹는 맛이 아삭아삭하며, 일반 상추와 달리 쓴맛이 적고 감칠맛이 난다.

줄기상추

줄기상추(stem lettuce)는 셀터스(celtuce) 혹은 차이니즈 레터스라고도 한다. 셀터스라는 명칭은 셀러리(celery)와 레터스(lettuce)의 합성어인데 그렇다고 해서 교배종은 아니다. 줄기상추는 두터운 줄기를 먹기 위해 기르지만 잎도 먹는다. 잎은 길고 담록색 또는 갈색을 나타내며, 줄기의 길이는 30cm 정도이다. 어린 잎은 치커리와 비슷한 쓴맛이 나며 쌈채소, 샐러드로 이용된다. 두꺼운 줄기는 겉껍질을 벗기고 초고추장에 찍어 먹거나 샐러드, 볶음, 피클, 수프 등에 활용하면 좋다. 줄기를 익히면 호박과 아티초크의 중간 맛이 나며 생으로 먹으면 아삭한 맛이 난다.

잎상추

포기상추

로메인상추

줄기상추

잎상추(leaf lettuce)는 잎의 가장자리가 오글오글하고 녹색 또는 갈색 바탕에 녹색을 나타내는 것도 있다. 우리나라에서는 잎상추를 가장 많이 재배한다.

4. 양상추

1) 주산지

양상추(head lettuce, *Lactuca sativa* var.)의 원산지는 지중해 연안, 서아시아이다. 국화과에 속하는 작물이다. 우리나라에서는 김해, 평창, 대관령, 경기도의 광주·이천 등 서울 근교에서 주로 재배된다.

양상추

2) 선별 기준

- 잎이 두껍고 연한 녹색인 것
- 줄기가 짧고 결구상태가 좋으며 무거운 것
- 잎의 수가 많고 주름의 수가 많으며 두꺼워 보이는 것

3) 재료 손질 및 보관

양상추를 자를 때 비균질하게 손으로 결대로 뜯는 것이 수분의 유출이 적으며 뜯은 다음에는 얼음물에 담근다. 저장은 물기를 피하여 4~5℃의 습도가 높은 상태로 보관하는 것이 좋으며, 외엽을 벗겼을 때는 랩이나 비닐을 이용하여 밀봉한다. 저온에서 20일간 저장이 가능하다.

4) 성분 및 특성

양상추에는 락투신(lactucin)이 있어 쓴맛이 나고 신경안정작용을 하며 크리스프형(crisp head)과 버터형(butter head)으로 나누어진다. 크리스프형은 현재 우리나라에서 재배되는 품종으로 잎 가장자리가 깊이 패어 들어간 모양이고 물결 모양을 이룬다. 버터형은 유럽에서 주로 재배되며 반결구형으로 잎 가장자리가 물결 모양이 아니다. 크리스프형은 씹을 때 나는 소리에서 유래된 이름의 결구형 상추로 생육기간이 길고, 저온에 견디는 힘도 약하므로 재배시기와 지역이 잎상추보다 제한적이다.

5. 시금치

시금치

1) 주산지

시금치(spinach, *Spinacia oleracea* L.)는 조선 초기에 우리나라에 도입된 채소류로, 페르시아 지방이 원산지인 1년생 초본식물이다. 연중 재배되며, 특히 추위에 잘 견디기 때문에 겨울 채소로 적당하다.

시금치는 전국적으로 재배되고 있으나 경기, 전남, 경남 등지에서 많이 생산되며, 이들 세 개 도에서 생산되는 양만 전국 생산량의 70% 이상을 차지하고 있다. 주산지는 경기도의 남양주와 성남, 전남 무안 등이다.

2) 선별 기준

- 뿌리는 0.5cm 정도가 남아 있도록 하고 같은 크기끼리 묶은 것
- 잎의 수가 많고, 두껍고 싱싱하며 마른 잎, 병충해가 없는 것
- 줄기가 길지 않으며 웃자라거나 꽃대가 올라온 것이 섞이지 않은 것
- 뿌리와 줄기의 아랫부분은 붉은색이 선명한 것

3) 재료 손질 및 보관

시금치는 0~5℃에서 이산화탄소 농도를 −20%로 하여 저장한다. 시금치는 상온 무포장 4일, 상온 포장 14일, 저온 무포장 4일, 저온 포장 32일까지 저장 가능하다. 데칠 때 1% 정도의 소금을 넣으면, 소금이 엽록소의 용출을 줄여주어 채소의 색이 선명해진다.

4) 성분 및 특성

시금치에 들어 있는 성분인 수산(oxalic acid)은 칼슘과 결합하여 칼슘의 흡수를 저해하여 불용해성 수산칼슘인 결석의 요인이 되나 끓는 물에 데치면 상당 부분 제거된다. 노지 재배의 하나인 포항초는 줄기가 짧으며, 뿌리 부분이 붉은색이 진하며 시설 재배보다 영양성분을 많이 함유하고 있고 일반 시금치보다 단맛이 있어 나물에 주로 이용된다.

섬초는 일반 시금치보다 키가 작고 봄동처럼 잎이 바닥에 펼쳐진 모양이며 잎과 줄기가 두꺼워 주로 국에 이용된다.

6. 파

1) 주산지

파(welsh onion, *Allium fistulosum* L.)의 원산지는 중국이며, 백합과에 속하는 다년생 초본으로 세계적으로 널리 재배되고 있다. 열대지방에서는 잎파, 한대지방에서는 줄기파가 주로 재배되며, 온대지방에서는 겸용종이 재배된다. 진도, 부산, 대구, 아산, 남양주 등이 대표적인 주산지이다.

2) 선별 기준

(1) 대파

- 크기와 굵기가 일정한 것끼리 선별, 정선하여 묶은 것
- 잎 끝부분은 시든 것 없이 진한 녹색으로 부드러우며 연하고 탄력이 있는 것
- 마른 잎과 잔뿌리는 적절히 제거되고 선도가 유지된 것으로 토사 부착과 이물질이 없는 것
- 흰 부분의 육질은 치밀하면서도 살이 쪄서 유연하고 곧고 길며 굵은 것
- 분열이 없이 곧고 색상이 일정한 것
- 겉잎을 제거하여 연백부가 깨끗하며 묶음 뿌리 부근이 가지런한 것

- 너무 굵은 것은 안에 심이 있으므로 좋지 않음

(2) 쪽파 · 실파
- 크기와 굵기가 일정한 것끼리 선별, 정선하여 묶은 것
- 잎 끝부분은 시든 것 없이 짙은 녹색으로 부드러우며 연하고 탄력이 있는 것
- 마른 잎과 잔뿌리는 적절히 제거되고 선도가 유지된 것으로 토사가 부착되지 않고 이물질이 없는 것
- 흰 부분의 육질은 치밀하면서도 살이 쪄서 유연하고 곧고 길며 굵은 것
- 잎이 연하고 깨끗하며 신선한 것으로 윤기가 나는 것

3) 재료 손질 및 보관

파는 양념에 사용할 때는 흰 부분만 다져서 사용한다. 잎 부분은 점성이 있으므로 다져서 사용하는 것은 좋지 않다. 따라서 찌개나 국에 어슷썰기로 썰어 넣는다. 육개장처럼 파를 많이 넣는 음식에는 파를 끓는 물에 데쳐 내어 사용하는 것이 좋다.

4) 성분 및 특성

파의 자극 성분은 알릴디설파이드(allyl disulfide)로 살균 · 살충 효력이 있다. 파의 최루성 향기성분인 알리인(alliin)은 체내에 흡수되어 비타민 B_1의 이용을 도와 준다. 일반 채소가 알칼리성인 반면 파는 유황성분이 함유되어 있는 산성 식품이다.

파   대파와 파

(1) 대파의 특징　중생종은 흰 부분의 굵기가 2.5~3.0cm, 중량은 250~330g으로 잎이 부드러우며 탄력이 있다. 만생종은 중생종보다 흰 부분이 굵고 길다.

(2) 쪽파의 특징　조생종은 둥근 뿌리가 담황색으로 소형이며 잎의 색은 진한 녹색이고 잎의 끝이 가는 것이 특징이다. 중생종은 둥근 뿌리가 담자색의 소형이고 잎은 연한 녹색이며 잎이 가늘고 길며, 허리가 약하고 구부러지기 쉽다. 만생종은 둥근 뿌리가 자색을 띤 대형으로 잎은 두껍고 색깔은 진한 녹색에 가깝다.

(3) 실파의 특징　뿌리가 가는 실파는 둥근 뿌리가 없고 매운맛이 적어 조리 시 다양하게 이용된다.

(4) 움파의 특징　겨울에 움에서 자라 엽록소가 퇴화되어 색이 연하다.

7. 미나리

1) 주산지

미나리(water dropwort, *Oenanthe stolonifera* DC.)과에 속하는 아시아 원산 작물로 논, 습지, 물가 등에서 주로 재배된다. 흔히 '미나리꽝'이라고 하는 논에서 재배된다. 종류로는 논미나리와 밭미나리가 있다. 논미나리는 일반적인 미나리로 줄기가 길고 상품성이 좋아 잎을 떼어 내고 사용한다. 반면 밭미나리는 돌미나리라고도 하며, 논미나리보다 줄기가 짧고 잎사귀가 많으며 향이 강하고 씹는 질감이

미나리

돌미나리

좋다. 논미나리는 요리의 부재료와 미나리강회, 김장 재료로 주로 쓰이며 밭미나리는 봄철에 데쳐서 나물로 많이 해 먹는다.

2) 선별 기준

- 시든 잎과 잔뿌리 등을 제거하고 깨끗이 세척한 후 크기와 굵기가 같은 것끼리 가지런하게 묶은 것
- 푸른색 부분과 흰색 부분이 뚜렷하고 선명한 것
- 줄기의 흰색 부분이 굵고 길며 연한 것
- 잔뿌리가 적절하게 제거되고 토사 부착과 이물질 혼입이 없는 것

3) 재료 손질 및 보관

저장은 서늘하고 습한 곳에 보관하는 것이 좋다. 보관 시 뿌리 밑을 젖은 종이로 싸고, 랩으로 밀봉하여 냉장고에 넣어 두면 오래 보관할 수 있다.

미나리는 조리 시 잎을 떼어 버리고 줄기만 이용하나, 돌미나리는 잎과 줄기를 모두 이용한다. 거머리가 붙어 있을 수 있으므로 식초를 넣은 물에 담가 두기도 한다.

4) 성분 및 특성

미나리는 칼슘, 칼륨을 많이 함유한 대표적인 알칼리성 식품이다. 특히 칼륨이 많아 신장질환자는 식사 시 주의해야 한다. 미나리의 독특한 향은 이소람네틴(isoramnetin), 페르시카린(persicarin), 알파피넨(a-pinene), 미르센(myrcene)의 정유성분 때문이며, 이 향 때문에 많은 요리에 다양하게 이용된다.

8. 부추

1) 주산지

부추(Chinese chive, *Allium tuberosum* Rott.)는 백합과의 다년생 초본으로 원산

지는 중국 서북부이며, 우리나라에는 삼국시대에 도입된 것으로 추정된다. 대구 외에도 남제주, 광주, 포항, 영일, 김해 등에서 재배된다. 최근에는 도시 근교에서도 많이 재배되고 있다.

위부터 호부추, 부추, 영양부추

2) 선별 기준

- 잎의 색이 진하고 너무 쇠지 않고 부드러운 것
- 꽃망울이 없고 잎 끝이 누렇게 뜨지 않은 것
- 뿌리의 절단면이 윤기 있고 싱싱하며, 특유의 향취를 지닌 것
- 몸통 줄기가 통통하고 흰 부분이 긴 것
- 길이가 다른 것이 섞이지 않은 것

3) 재료 손질 및 보관

냉장온도인 5℃ 정도에서 보관하는 것이 좋다. 부추는 잎이 연하고 부드러워 빨리 사용하는 것이 좋다. 종이에 넓게 펴서 잎이 눌리지 않도록 말아서 보관하는 것이 좋다.

4) 성분과 특성

부추의 특유한 냄새성분인 알릴디설파이드(allyl disulfide)는 비타민 B_1의 흡수를 돕고, 살균력이 있다. 중국부추라고도 하는 호부추는 굵고 길며 잡채에 주로 이용된다. 가늘고 탄력성이 있는 영양부추는 샐러드에 이용된다.

9. 갓

1) 주산지

갓(mustard leaf, *Brassica juncea* var. *integritolia*)의 원산지는 중앙아시아이며, 우리나라와 중국에서 주로 재배된다. 호냉성 채소이므로 겨울 채소로 이용된다.

갓

2) 선별 기준

- 잎이 싱싱하고 중간 정도의 크기인 것
- 줄기는 연하고 가는 것

3) 재료 손질 및 보관

녹색 갓을 청갓, 자색을 띠는 갓을 홍갓이라고 한다. 자색 갓은 수용성인 안토시안 색소를 지니고 있으므로, 동치미 등 맑은 색의 음식을 만들 때는 녹색 갓을 사용하는 것이 좋다.

4) 성분과 특성

갓의 매운맛 성분은 시니그린(sinigrin)이다. 갓의 씨인 겨자는 우리 음식에 이용된다. 돌산갓은 따뜻한 해양성 기후와 알칼리성 사질토에서 재배하여 섬유질이 적고 부드러우며 매운맛도 적다.

갓은 용도에 따라 향신료, 채소용, 착유용으로 쓰인다. 향신료로는 종자에서 겨자를 만들어 음식에 이용하며 일본에서 품종이 발달되었다. 채소용은 중국을 중심으로 아시아 지방에서 많이 재배되며 우리나라에서도 재배된다. 착유용은 인도, 유럽, 아시아에서 주로 재배된다.

10. 죽순

죽순

1) 주산지

대의 어린 줄기인 죽순(bamboo shoot, *Phyllostachys* spp.)은 동남아시아 및 중국, 일본, 한국 등에서 주로 이용된다. 국내에서는 담양산이 특히 좋다.

2) 선별 기준

- 외피는 담갈색이며, 재료 부분은 순백색인 것

- 어린 대의 순인 것

3) 재료 손질 및 보관

죽순은 쌀뜨물을 넣고 껍질째 오랜 시간 삶으면 부드러워지고 떫은맛이 다소 제거된다. 봄철에만 나오므로 삶아 껍질을 벗겨서 채를 썰어 말리거나, 냉동 또는 통조림으로 가공하여 보관한다. 죽순 통조림을 이용할 때는 빗살무늬 사이에 흰 앙금이 있으므로 잘 헹구어 제거한 후 조리한다.

4) 성분과 특성

죽순 통조림의 백색 결정체는 회분 55%, 탄수화물 30%, 단백질 14% 정도로 구성되어 있으며 옥살산, 칼슘, 티로신 함량이 높다. 죽순의 아린 맛은 호모젠티딘산(homogentidic acid)과 수산에 의한 것이다.

11. 셀러리

1) 주산지

셀러리(celery, *Apium graveolens* L.)의 원산지는 남부 유럽, 남아시아, 북아메리카 등이며 미나릿과에 속하는 1~2년생 초본이다. 최근 서양요리가 보급됨에 따라 생산량이 늘고 있다. 주산지는 남제주, 김해, 평창, 서울 근교 등이며, 최근에는 태백, 평창, 홍천, 원성 등의 고랭지 재배가 증가하고 있는 실정이다. 여름 재배지역으로는 의창, 광산, 밀양, 안양 등이 있다. 경기지역에서 봄과 가을에 전국 생산량의 15% 정도를 재배한다.

셀러리

2) 선별 기준
- 줄기가 시들지 않고 녹색이 선명한 것
- 밑동 부분이 갈변되지 않은 것

- 잎은 담녹색 또는 녹색으로 윤기가 있는 것
- 품종 고유의 향이 뛰어난 것

3) 재료 손질 및 보관

셀러리는 습도 90~95%, 온도 0℃로 저장하며 잎과 줄기를 따로 떼어 보관하는 것이 좋다. 셀러리를 구입하면 밑동과 잎을 모두 떼어 내고 줄기만 사용하는 경우가 많다. 그러나 줄기보다 잎에 영양분이 많으므로 버리지 말고 이용한다. 특히 셀러리의 향미성분은 육류의 누린내, 생선의 비린내 제거에 유용하다. 잎은 튀김을 만들거나 상추와 함께 쌈채로 이용하기도 하며 줄기는 필러로 껍질을 벗기고 적당한 크기로 썰어 조림, 볶음 등에 다양하게 이용한다.

4) 성분과 특성

셀러리 특유의 방향 성분인 세다놀리드(sedanolide), 세다놀(sedanol)은 신경 안정, 두통, 식욕 증진에 효과가 있다. 아피인(apiin)에는 혈액순환 개선 효과가 있다.

아스파라거스

12. 아스파라거스

1) 주산지

아스파라거스(asparagus, *Asparagus officinalis* L.)의 원산지는 지중해 동부 및 소아시아 지방이며, 백합과에 속하는 다년생 초본이다. 보령, 김해 등에서 주로 재배된다.

2) 선별 기준

- 줄기가 연하고 굵으며, 수염 뿌리가 나와 있지 않은 것
- 잎은 녹색이 진하고 싱싱한 것

3) 재료 손질 및 보관

생 아스파라거스는 젖은 종이에 말아 랩으로 씌워 냉장 보관(4~5℃)하는 것이 좋다. 데칠 때는 충분히 물을 넣고 소금을 넣어 줄기의 굵은 부분을 세워서 먼저 넣고 어느 정도 시간을 두고 가열 후 나머지 부분을 눕혀서 데친 후 바로 얼음물에 담가 식혀야 아삭한 질감을 유지할 수 있다. 보관성이 떨어지기 때문에(1주일 이내 사용) 양이 많을 때는 데쳐서 밀봉하여 냉동 보관하였다가 필요할 때 해동하여 사용한다. 시판되고 있는 냉동 아스파라거스는 한 번 데쳐서 냉동시킨 것으로 구입 후 해동하여 씻어서 바로 요리에 사용한다.

4) 성분과 특성

단백질 함량이 높으며, 아스파라거스의 함질소화합물인 아스파라진(asparagine)은 신진대사를 촉진시키고 단백질 합성을 높여 자양강장의 효과가 좋다. 혈압을 낮추고 심장맥박수를 고르게 하며, 피로 회복에도 도움이 된다.

13. 쑥갓

쑥갓(crown daisy, *Chrysanthemum coronarium* L.)의 원산지는 지중해 지역이다. 이 지역에서는 관상용으로 이용되나 아시아 지역에서는 식용으로 이용되고 있다. 우리나라에서는 하우스에서 재배되며 90% 이상이 수도권에서 이루어진다.

쑥갓

잎이 푸르고 싱싱하며 꽃대가 올라오지 않은 것으로 줄기가 짧고, 너무 굵지 않은 것이 좋다. 쑥갓은 연하여 저장이 어렵다. 쑥갓은 발아와 생육이 빠른 호냉성 채소로 잎의 크기에 따라 대엽종, 중엽종, 소엽종으로 나누어지며, 우리나라에서는 중엽종 쑥갓이 가장 소비자 선호도가 높다. 엽채류 중에서 병충해가 가장 적게 발생한다.

14. 근대

근대(chard, *Beta vulgaris* L. var. *cicla* L.)의 원산지는 유럽 남부이며, 한국을 비

근대

롯한 북부 온대에서 아열대에 걸쳐 분포하며 더위에 견디는 힘이 강하여 주로 여름철에 재배된다.

잎이 넓고 부드러우며, 광택이 있는 것으로 줄기가 연하고 지나치게 길지 않은 것이 좋다. 근대가 성숙하여 뻣뻣한 것은 줄기의 껍질을 살짝 벗겨 사용하고 풋내와 흙내가 나기 쉬우므로 끓는 소금물에 살짝 데쳐서 이용한다.

소엽종은 잎이 가늘고 길며, 줄기 부분이 적색을 띠고, 연한 것은 쌈용으로 이용한다. 대엽종은 잎이 넓고 크며, 줄기 부분이 흰색이고 주로 국이나 나물 요리에 이용된다.

15. 아욱

아욱

아욱(whorled mallow, *Malva verticillata* L.)의 원산지는 유럽 북부지역이며, 한국을 비롯한 북부 온대에서 아열대에 걸쳐 분포되어 있다. 연한 줄기와 잎을 이용하며, 억센 것은 주물러서 풋내를 빼고 이용한다. 비타민 A와 비타민 C가 많고 시금치보다 단백질과 칼슘이 2배 정도 더 들어 있다.

16. 깻잎

깻잎

깻잎(perilla, *Perilla frurescens* L.)의 원산지는 인도와 중국이며, 우리나라 전역에서 재배되는 작물이다. 생육 적온은 20℃ 전후로 서늘한 기후에서 잘 자란다.

잎은 짙은 녹색으로 부드럽고, 줄기가 마르지 않은 것이 좋다. 들깻잎에서는 독특한 향이 나는데, 이는 페릴 알데히드(peril aldehyde), 리모넨(limonene) 페릴라 케톤(perilla ketone) 등이 함유되어 있기 때문이며 생선·고기의 불쾌한 냄새를 제거하는 데 유용하다. 특히 깻잎에는 칼슘과 철분, 비타민 A와 비타민 C가 많아 쇠고기의 부족한 영양성분을 보충해 준다.

17. 엔다이브

엔다이브(endive, *Cichorium endivia* L.)의 원산지는 지중해 연안이며, 유럽과 미국에서 주로 재배된다. 잎의 바깥쪽이 안쪽보다 쌉쌀한 맛이 좀 더 강한 경향이 있다. 시들지 않고 싱싱하며 독특한 맛과 향기가 뛰어난 것이 좋다. 비닐포장하면 냉장온도에서 10일 정도 저장 가능하다.

엔다이브

18. 청경채

청경채(pakchoi, *Brassica campestris* var. *chinensis*.)의 원산지는 중국이며, 우리나라에서도 연중 재배된다. 잎은 둥글고 얇은 초록색을 띠며 아랫부분은 두껍고 단단하다. 잎은 선명한 녹색이 좋으며, 연하므로 데칠 때 밑동부터 넣는 것이 좋다. 공기가 통하도록 종이에 싸서 냉장고에 보관하는 것이 좋다.

청경채

맛경채

양배추와 배추를 교배시킨 품종이다. 잎자루가 넓은 통쌈추로 청경채와 유사하며 질감이 아삭하고 맛이 더 달다. 김치로 이용할 수 있으며, 일반 배추보다 칼슘과 철분이 3배 더 많이 함유되어 있고 배추에 부족한 마그네슘, 아연, 티아민이 다량 함유되어 영양적으로 매우 좋다. 국, 볶음요리, 샤브샤브, 물김치, 샐러드, 스무디 등 다양한 요리에 활용된다.

© 한국농수산대학 채소학
연구실 이관호 교수

19. 산채류

산채류(wild edible greens)는 산과 들에서 야생하는 초본식물이다. 식용으로 이용하는 것에는 냉이, 두릅, 고사리 등이 있다.

1) 냉이

냉이(sheperd's purse, *Capsella bursa-pastoris* Mep.)는 우리나

냉이

라 전역에 분포하는 초본식물로 봄에 이용되는 대표적인 봄나물이다. 잎은 녹색이 진하고 너무 피지 않은 것으로 뿌리가 질기지 않고 향이 진한 것이 좋다. 단백질이 많고(4.2%) 비타민 A, 비타민 C가 풍부하다.

두릅

2) 두릅

두릅(Japanese angelica tree, *Aralia elata* Seem.)은 한국, 중국, 일본에 분포되어 있는 관목으로 4~5월경에 어린 순을 따서 이용한다. 순이 연하고 굵은 것이 좋으며, 잎이 퍼지지 않고 향기가 강한 것이 좋다. 섬유질이 2.5g 정도 함유되어 있으며 무기질이 풍부하다. 어린순은 부드러워 나물로 무쳐 먹거나 데쳐서 초고추장에 찍어 먹는 것이 보편적이다.

고사리

3) 고사리

고사리(bracken, *Pteridium aquilinum* Kuhn.)는 양치식물로 세계적으로 분포되어 있고, 줄기가 연한 순을 식용으로 하며 우리나라에서는 구황식품으로 이용해 왔다. 고사리는 잎이 너무 퍼지지 않고 대가 통통하고 연하며 부드러운 것이 좋다. 생 고사리에는 티아미나아제(thiaminase)가 들어 있어 비타민 B_1 을 파괴하므로 충분히 삶아서 조리해야 한다.

고비

4) 고비

고비(royal fern, *Osmunda japonica* Thunb.)는 우리나라, 중국, 일본, 필리핀, 인도 등에 주로 분포하고 있는 다년생 초본 식물의 어린싹을 식용으로 한다. 고비는 새싹이 돌아 있고 끝이 말려 있으며, 굵고 짧으며 어리고 부드러운 것이 좋다. 고사리와 마찬가지로 티아미나아제(thiaminase)가 있어 비타민 B_1 을 파괴하므로 충분히 삶아서 조리해야 한다.

5) 취

취(wild plant, *Aster scaber* Thunb.)는 한국, 일본, 중국 등 동북
아시아에 분포하는 국화과에 속하는 다년생 초본으로 어린잎을
이용한다. 연하고 부드러우며, 고유의 푸른색을 띠는 것이 좋다. 칼
륨 함량이 높아 알칼리성 식품이나 신장질환 환자는 피하는 것이
좋다.

취

6) 참나물

참나물(wild plant, *Pimpinella brachycarpa* Nakai.)은 만주 일
대와 우리나라에 분포하는 다년생 초본으로 어린잎과 줄기를 식
용으로 이용한다. 잎은 짙은 녹색을 띠는 것이 좋고, 줄기는 가늘
고 연하며, 참나물 특유의 향이 나는 것이 좋다. 칼슘과 칼륨이
풍부하고 비타민 A도 다량 함유되어 있다.

참나물

7) 원추리

원추리(daylily, *Hemerocallis fulva* L.)는 우리나라, 중국, 인도, 이란, 유럽 등지에
분포하는 백합과에 속하는 다년생 초본이다. 잎이 가늘고 연하며, 어린 것이 좋다.
데쳐서 나물로 이용하거나 국에 넣기도 한다. 무기질로는 칼륨과 인이 풍부하며,
비타민으로는 비타민 A와 C가 풍부하다.

8) 쑥

쑥(foremost mugwort)은 한국, 일본, 중국 등 초목지에서 흔하게
볼 수 있는 다년생 식물이다. 100g당 열량이 약 18kcal이고 60cm
에서 최대 1.2m까지도 자란다. 쑥에 속한 식물 중 쑥과 겉모습이
비슷한 식물을 모두 쑥이라고 부르기도 하므로 헷갈리지 않게 주
의해야 한다.

쑥

　　생명력도 강해서 쉽게 구할 수 있기 때문에 식용·약용으로 널리 쓰이며, 고대

부터 서민에게 가장 대중적인 약초였다. 약간 쓴 독특한 향과 맛이 나는데, 5월에 수확한 어린 쑥순이 가장 향과 맛이 우수하다고 한다.

어린 순은 된장국에 넣거나 떡을 만드는 데 쓰고, 말려서 뜸을 뜨는 데 사용하거나 태워서 모기를 쫓는 데 사용하기도 하였다. 산에서 상처가 났을 때 쑥을 찧어 상처에 발라 초기 감염을 막는 민간요법도 있다. 어떤 의미에서는 식물계의 완전체로, 한국인의 생활 곳곳에 밀접해 있는 식물이다. 다만 꽃가루가 날리는 것이 흠이다. 자란 것은 약용으로 쓴다고 한다.

9) 고구마줄기

고구마줄기(sweet potato stalks)는 고구마순이라고도 하며 봄에 파종하여 여름에 줄기 부분을 수확하여 식용으로 한다. 줄기가 연하고 굵으며 싱싱하고 잎이 제거된 것이 좋다. 고구마순 나물은 껍질을 벗겨서 끓는 물에 삶아서 이용한다.

10) 고춧잎

고춧잎(red pepper, leaves)은 어린 것을 수확하여 식용으로 이용한다. 비타민 A와 비타민 C가 풍부하며 칼슘이 많이 들어 있으나 흡수율이 떨어진다.

11) 비름나물

비름나물(*Amaranthus mangostanus* L.)은 어린잎과 줄기 부분을 식용으로 하며, 줄기는 가늘고 연하며 잎은 작고 옅은 녹색을 띠는 것이 연하다.

고구마줄기

고춧잎

비름나물

12) 케일

케일(kale)은 십자화과에 속하며, 지중해가 원산지이다. 잎을 식용으로 하며, 진한 녹색의 잎이 좋다. 쌈이나 샐러드로 이용되며, 녹즙으로 만들어 먹기도 한다.

케일

13) 치커리

치커리(chicory)와 적치커리는 국화과에 속하는 다년생 작물로 북유럽이 원산지이다. 어린잎을 쌈이나 샐러드로 이용하며, 뿌리는 커피 대용으로 사용하기도 한다. 쌉싸름한 맛이 특징이며, 줄기가 붉은색인 적치커리도 있다. 종류에 따라 로사 이탈리아나(rossa Italiana) 또는 민들레잎과 유사하여 민들레 치커리라고도 한다.

치커리

14) 기타

- 쌈채소: 당귀잎, 겨자잎, 적겨자잎
- 특수채소: 시소, 레디치오, 루꼴라, 플라스타, 레드사라다잎, 알파파, 적치커

당귀잎

겨자잎

적겨자잎

시소

레드치오

루꼴라

플라스타

레드사라다잎

알파파

적치커리

비트잎

로메인레터스

식용화

식용화(황국화)

식용화(장미)

      리, 비타민, 비트잎, 로메인레터스

- 식용화: 국화, 장미

근채류

근채류는 뿌리를 식용으로 하는 채소류이며 대표적인 것으로 무, 당근, 생강, 우엉
등이 있다.

1. 무

1) 주산지

무(radish, *Raphanus sativus* L.)의 원산지는 중국이며, 겨자과에 속하는 1년생 초본으로 배추와 함께 우리나라의 2대 채소 중 하나다. 김장무는 강원, 경기, 전남, 전북지방에서 주로 재배되며 봄무는 부산, 김해, 양산, 나주, 완주 등 남부지역의 도시 근교에서 주로 재배된다. 고랭지무인 여름무는 강원의 평창, 홍천, 정선, 삼척 등 고랭지 지역에서 재배된다. 최근 고랭지무 생산지역이 전국으로 확대되고 있으며, 도시 근교에서 점차 산간지역으로 확대되고 있다.

2) 선별 기준

- 크고 모양이 바르며 흠이 없고 깨끗이 정선된 것
- 몸매가 곱고, 신선하며 윤택이 있고 바람이 들지 않은 것
- 육질은 단단하면서 치밀하고 연한 것
- 잔뿌리가 적절히 제거되고 토사 부착이 없는 것
- 매운맛이 적고 감미가 있는 것
- 너무 건조되어 쭈글거리지 않는 것
- 머리 부분에 새싹이 없고 속살이 경질화되어 질기며 검은 심줄 등이 없는 것

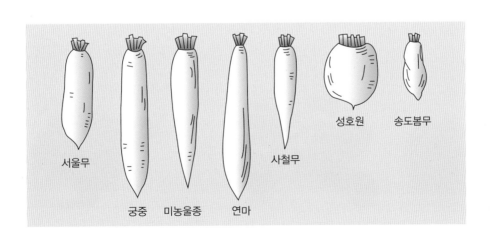

서울무　궁중　미농울종　연마　사철무　성호원　송도봄무

그림 4-5
무의 품종

CHAPTER 04 채소류　　97

무　　　　　　　　　　　　　　순무

3) 재료 손질 및 보관

온도 0℃, 습도 90~95%에서 약 3개월간 저장이 가능하다. 보관 시 수분 증발이 심하므로, 비닐에 싸거나 종이에 싸서 보관한다. 뭇국을 끓일 때는 볶아 주어야 황화알릴류가 휘발되어 떫은맛이 없어진다.

4) 성분과 특성

아밀라아제(amylase)가 들어 있어 소화를 도와 준다. 메틸메르캅탄(methyl mercaptan), 머스터드 오일(mustard oil)은 무 특유의 매운맛과 향기 성분이다. 알타리무와 열무, 순무 등은 김치 조리에 많이 이용되며, 래디시(radish)와 비트(beet)도 음식에 널리 사용된다.

　래디시는 유럽에서 사용되기 시작하였으며 조직이 단단한 것이 최상품이다. 겉은 적색이고 안은 흰색인 작은 무로 매운맛이 거의 없어 샐러드나 가니시(garnish)로 쓰인다.

비트　　　　　　　래디시　　　　　　　열무

비트(beet)는 고대 그리스 시대부터 먹기 시작한 채소로 지중해 연안에서 처음 사용되었으며 빨간무로도 불린다. 너무 크지 않은 것으로 껍질이 매끄럽고 단단한 것이 좋으며 겉은 갈색이고 속은 적자색으로 베타시아닌(betacyanine) 색소가 들어 있어 각종 음식의 색을 내는 데도 이용된다. 단맛이 있어 샐러드나 스프에 주로 사용한다.

순무는 유럽 및 아시아에서 널리 재배되며, 국내에서는 강화도에서 주로 재배된다. 보라색을 띠는 것은 안토시아닌 색소 때문이다. 단단하고 둥근 것, 순무 하부에 달린 뿌리가 가늘고 곧은 것이 좋다.

2. 당근

1) 주산지

당근(carrot, *Daucus carota* L. var. *sativa* DC.)의 원산지는 아프가니스탄이다. 미나릿과에 속하는 2년생 초본으로 수천 년간 재배되어 왔으나, 우리나라에서는 재배 역사가 비교적 짧다. 강원, 제주, 경남, 전남지방이 대표적인 산지이나 주로 부산, 남제주, 정선, 해남에서 많이 재배된다.

당근

2) 선별 기준

- 크기와 모양이 균일한 것
- 굴곡이 적으며 표면이 매끈하고 싱싱해 보이면서 윤택한 것
- 선홍색이 심부까지 곱게 착색된 것
- 육질이 연하고 단단하며 심이 거의 없는 것

3) 재료 손질 및 보관

저장온도 0℃, 상대습도 93~98%에서 6개월까지 저장 가능하다. 당근은 데쳐 낸 뒤 볶으면, 기름을 적게 넣고도 고운 색을 유지할 수 있다.

4) 성분과 특성

당근에 들어 있는 아스코르브산 옥시다아제(ascorbic acid oxidase)는 비타민 C
의 산화효소이다. 비타민 C가 많이 들어 있는 무 등과 같이 섞어서 즙을 만들면
비타민 C를 파괴한다. 카로틴(carotene)은 당근에 많이 들어 있는 지용성 색소로,
체내에서 비타민 A로 전환된다. 주요 산지별 상품의 특성은 다음과 같다.

- 제주산은 외형이 매끈하고 잔뿌리가 없으며, 저장력이 강해 시장점유율이
  높다. 토질의 영향으로 출하품 전량에 검은 흙이 묻어 있는 것이 특징이며,
  최우수품으로 평가되고 있다.
- 김해·밀양·부산 근교에서 재배하는 것은 농번기와 겹치는 6~7월경에 주로
  출하하며, 외형이 비교적 고르면서 몸체가 매끄러운 것이 특징으로 제주산
  다음으로 선호된다.
- 옥계, 강릉산은 8~9월에 주로 출하된다. 재배지역이 대체로 해안이어서 배
  수가 잘되어 가뭄의 피해를 받아 타 지역산보다 외형이 다소 작은 편이다.
- 대관령(고랭지)산은 9~10월에 주로 출하하며, 이 시기에는 타 지역산이 출
  하되지 않아 시장 점유율이 매우 높다. 머리 부분에 푸른색이 없으며 품질
  이 우수하다.
- 황지(태백)산은 10월부터 원주 및 경기산과 같이 출하하되며, 품질은 경기산보
  다 다소 우수한 것으로 평가된다.
- 경기산은 연작 피해로 전체 재배 면적이 감소 추세이며 근중·근형이 고르
  지 못하여 품질이 다소 떨어지는 편이다.

3. 양파

1) 주산지

양파(onion, *Allium cepa* L.)의 원산지는 이란으로 백합과에 속하는 2년생 초본식
물이다. 조선 말기에 우리나라에 도입되어 이용되고 있다. 전남, 경남, 경북, 제주

지방에서 재배되며 주로 무안, 창녕, 영천, 북제주에서 많이 난다.

양파

2) 선별 기준

- 크기와 모양이 균일하고 표피가 윤택한 것
- 얇은 껍질이 여러 겹 싸여 있으며 잘 벗겨지지 않는 것
- 햇양파는 신선하고 구가 커야 하며, 저장용은 원통형으로 구의 밑부분이 약간 볼록한 한지형이 좋음
- 선명한 적황색을 띠며 육질이 단단한 것
- 건조가 잘된 것

3) 재료 손질 및 보관

저장 시에는 온도 2℃, 습도 70~80%를 유지하며, 냉장 저장하는 것이 좋다.

4) 성분과 특성

퀘르세틴(quercetin)은 양파 껍질에 있는 황색 색소로 고혈압 예방에 좋으며, 알릴설파이드(allyl sulfide)는 비타민 B_1의 흡수와 이용률을 증대시킨다. 안토시아닌 색소가 들어 있는 자색 양파(purple onion)는 맵지 않고 달아서 샐러드용으로 사용된다. 샬롯(shallot)은 마늘과 양파의 중간형으로 직경 2~3cm 내외의 작은 양파이다.

4. 마늘

마늘

1) 주산지

마늘(garlic, *Allium sativum* L.)의 원산지는 서부아시아이며, 백합과에 속하는 다년생으로 우리나라에서는 단군 신화에 나올 정도로 오랜 역사를 가진 채소이다.

주산지는 충남, 전남, 경남, 경북 지방이다. 조생종은 난지형으로 무안, 남해, 해남 지역에서 주로 재배되며, 만생종은 한지형으로 서산, 의성, 단양, 삼척에서 재배된다. 난지형은 표피색이 백색이고 저장성이 떨어지며, 한지형은 표피색이 갈색이나 담적색을 띠며, 저장성이 좋다. 논마늘은 수분이 많아 저장성이 낮으나, 밭마늘은 수분이 적고 겉껍질과 속껍질이 강하게 부착되어 있어 저장용으로 좋다.

2) 선별 기준

- 크기와 모양이 균일한 한지형 육쪽 마늘을 선별한 것
- 표피가 담갈색·담적색인 것
- 쪽수가 적고 짜임새가 단단하며 알차 보이는 것
- 겉껍질과 속껍질이 강하게 부착된 것
- 외형이 둥글고 깨끗하며 고유의 매운맛이 강한 것
- 줄기와 뿌리가 제거되고 외피의 건조상태가 양호하며 토사가 묻어 있지 않은 것
- 햇마늘은 건조가 양호하여 저장성이 강한 것이 좋고 저장 마늘은 싹이 돋지 않고 육질이 견고하며 변색되지 않은 것
- 구의 지름이 5cm 이상은 특대, 4~5cm는 대, 3~4cm는 중, 2~3cm는 소로 분류

3) 재료 손질 및 보관

장아찌를 담글 때는 햇마늘을 이용하는 것이 좋다. 마늘을 다져서 오래 보관할 때는 황화알릴류의 냄새 성분이 생겨 불쾌취를 만들어낸다.

4) 성분과 특성

아릴설파이드(arylsulfide)는 생마늘의 주요 향미성분이다. 알리신(allicin)은 마늘 고유의 중요한 물질로 기능성 작용을 한다. 스콜디닌(scordinin)은 항혈전작용을 하며, 대장암 발생인자의 하나인 아질산염 생성을 억제하여 발암물질인 니트로자민(nitrosamin) 생성을 차단하는 효과가 있다. 비타민 B_1과 결합하여 흡수를 촉진시킨다. 마늘종은 마늘의 줄기로 장아찌나 볶음 요리에 이용된다.

5. 생강

1) 주산지

생강(ginger, *Zingiber officinale* Rosc.)의 원산지는 인도, 말레이시아 등의 아시아로 생강과에 속하는 다년생 초본이다. 우리나라에는 고려 이전에 도입된 것으로 보인다. 주산지는 충남의 서산과 당진, 전북의 완주와 익산, 경남의 산청 등이다.

생강

2) 선별 기준

- 크기와 모양이 일정하고 섬유질이 적으며 연하고 싱싱한 것
- 발이 적고(6~7개) 황토 흙에서 재배한 재래종으로 육질이 단단하고 크며 저장성이 강한 것
- 토사 부착 및 이물질 혼입이 없는 것으로 건조상태가 좋은 것
- 발이 넓고 굵으며 껍질이 잘 벗겨지고 고유의 매운맛과 향기가 강한 것
- 개당 중량이 재래종은 80g 이상, 개량종은 150g 이상인 것

3) 재료 손질 및 보관

생강을 조리에 사용할 때는 편이나 채를 썰어 사용하며, 양념으로 할 때는 즙을 짜서 넣으면 음식이 깨끗해진다. 생강가루를 이용하기도 한다.

4) 성분과 특성

진저론(zingerone), 진저롤(gingerol), 쇼가올(shogaol)이 매운맛 성분이다. 쇼가올은 진해작용을 하며 시트랄(citral), 리나롤(linalool)은 생강의 향기 성분이다. 진저롤은 소화액 분비를 촉진하여 식욕증진 효과가 있고 진통작용을 하며, 진저론은 혈전 예방작용을 한다.

우엉

6. 우엉

1) 주산지

우엉(burdock, *Arctium lappa* L.)의 원산지는 지중해 연안에서 서아시아 일대로 국화과에 속하는 2년생 초본식물이다. 대표적인 주산지는 경남의 진주, 전남의 나주, 충남의 대덕, 경기의 여주·이천 등이다.

2) 선별 기준

- 성숙도가 좋고 색상이 고른 것
- 굵기가 균일하며, 모양이 곧은 것으로 잔뿌리가 없는 것
- 바람이 들지 않고 껍질에 흠이 없으며 직경이 3cm 정도인 것
- 건조하지 않고 잘랐을 때 부드러운 것

3) 재료 손질 및 보관

종이에 싸서 냉장 보관하는 것이 좋다. 껍질을 벗기면 갈변이 심하므로 물에 담가 둔다.

4) 성분과 특성

우엉에는 식이섬유가 많아 정장작용을 돕는다. 특히 우엉에 들어 있는 대표적인 탄수화물인 이눌린(inulin)은 혈당량에 영향을 미치지 않는다. 우엉을 잘랐을 때 갈변되는 것은 산화효소인 폴리페놀옥시아제에 의해 폴리페놀 화합물이 산화되기 때문이다. 우엉은 껍질을 벗기면 물이나 식초물에 담가야 갈변이 덜 되게 할 수 있다.

7. 연근

연근

1) 주산지

연근(Indian lotus root, *Nelumbo nucifera* Gaertn.)의 원산지는 중국과 북아메리카이며, 수련과에 속하는 다년생 초본이다. 연못이나 늪에서 자라며, 논에서도 재배된다. 최근에는 재배하는 농가가 늘고 있다. 주산지는 전남의 송정·함평, 전북의 익산, 경북의 경산, 경남의 김해 등이다.

2) 선별 기준

- 길이가 길고 굵은 것
- 몸통에 흠이 없고 깨끗한 것
- 흙 등 이물질을 완전히 제거한 후 크기와 모양이 균일한 것끼리 선별한 것
- 잘랐을 때 속이 희고 부드러운 것
- 무겁고 상처가 없으며 휘거나 건조하지 않은 것
- 하나의 무게가 800g 이상인 것은 특대, 600~800g은 대, 400~600g은 중, 200~400g은 소라고 함

3) 재료 손질 및 보관

0~5℃에서 저장한다. 갈변이 되기 쉬우므로 껍질을 벗긴 다음에는 물에 담가둔다.

4) 성분과 특성

탄닌(tannin)은 갈변의 원인물질이 되기도 하지만, 점막 조직의 염증을 가라앉히는 소염 효과를 내기도 한다.

8. 도라지

통도라지

1) 주산지

도라지(Chinese bellflower, *Platycodon grandiflorum* A. DC.)
의 원산지는 한국, 중국, 일본이다. 배수와 통풍이 잘되는 양지바른
곳에서 자라며 2~3년째에 수확한다.

2) 선별 기준

- 원뿌리로 갈라진 것으로 껍질을 벗기면 연한 노란색을 띠는 것
- 부드러운 질감을 나타내며, 단단한 섬유질이 적은 것
- 통도라지의 경우 껍질이 마르지 않은 것
- 찢은 도라지의 경우 수분 함량이 많아 돌돌 말리지 않은 것

3) 재료 손질 및 보관

흙이 묻은 도라지는 물에 씻어 껍질을 돌려 가며 벗겨낸 후 용도에 맞게 자른다.
쓴맛이 있어 소금물에 담그거나 잘게 쪼개 소금을 넣고 주물러서 씻은 후 사용
하는 것이 좋다. 통째로 종이에 싸거나 비닐에 넣어 냉장 보관하는 것이 좋다.

4) 성분과 특성

도라지의 쓴맛은 알칼로이드 성분으로 수용성이므로 물에 담가서 우려 낸다. 섬
유소가 2.4% 정도 함유되어 있고, 칼슘이 많은 대표적인 알칼리성 식품이다. 도라
지는 한방에서 가래 등을 제거하는 약재로 사용되며, 사포닌의 일종인 플라티코
사이드(platycoside)는 염증을 감소시키는 작용을 한다.

9. 더덕

더덕

1) 주산지
더덕(bonnet bellflower, *Codonopsis lanceolata* Trautv.)은 해발 300m 이상에서 자라는 것이 우수하다. 주로 2월과 8월에 채취하며 우리나라, 중국, 일본의 숲에서 자란다.

2) 선별 기준
- 굵기가 일정하고, 향이 진한 것
- 잔털이 없고, 껍질이 트지 않은 것
- 3~4년 정도 묵은 부드러운 것

3) 재료 손질 및 보관
껍질은 흙을 잘 씻어 내고 잔뿌리를 제거한 다음, 살짝 구워서 수분을 제거한 뒤 결대로 옆으로 돌려 가며 벗기는 것이 좋다.

4) 성분과 특성
더덕에는 사포닌이 함유되어 있다. 무기질로는 칼슘이 많이(90mg) 들어 있고 철분(2.1mg)도 함유되어 있다.

10. 달래

달래

달래(wild onion, *Allium monanthum* Max.)는 동북아 지방에 주로 분포하는 백합과의 초본식물로, 양지바른 산야 및 논밭가에서 자생한다. 과거 우리나라 전역에서 야생초로 자생하였으나 최근에는 재배하여 이용한다.

　신선하고 잎이 짙은 녹색이며, 향이 진하고 뿌리 주변에 윤기가 있으며 매끄러운 것이 좋다. 주산지는 제주, 홍성, 서산, 당진 등이다.

충분히 성숙한 달래를 캐어 1~2일 동안 햇볕에 말린 후 바람이 잘 통하는 서늘한 곳에 겹치지 않게 펴서 저장한다.

11. 수삼
수삼(*Panax ginseng* C.A. Meyer.)의 껍질 부분에는 쓴맛 성분인 사포닌이 많이 분포되어 약리작용을 나타낸다. 보통 엄지손가락 정도의 크기가 좋으며 보관할 때는 마르지 않도록 주의한다. 주로 중국과 우리나라의 개성, 강화, 풍기, 금산 등의 것이 유명하다.

수삼

과채류

과채류는 1~2년생 초본식물의 열매를 식용으로 하는 채소류이다. 대표적인 과채류로는 고추, 오이, 호박, 가지, 토마토, 수박, 딸기, 참외 등이 있다. 수박, 딸기, 참외는 주로 후식류로 이용되므로 과일에 대한 내용에서 다루도록 한다.

1. 오이

1) 주산지 및 특화지역
오이(cucumber, *Cucumis sativus* L.)의 원산지는 동남아시아이며, 박과에 속하는 1년생 덩굴형 초본으로 주로 미숙과를 이용하나 성숙과를 이용하기도 한다. 주산지는 경기 광주, 화성, 안성, 전남 여천, 충남 서산, 경남 부산, 김해 등지이며 시설오이는 구례, 승주, 고흥, 진양, 진주 등지에서 난다.

2) 선별 기준
- 크기와 모양이 균일한 것
- 처음과 끝의 굵기가 일정하고 구부러지지 않고 곧은 것

오이(조선오이, 취청오이, 노각)   오이꽃

- 색깔이 선명하고 육질이 단단한 것
- 끝부분에 쓴맛이 없고, 표면에 주름이 없는 것
- 가시를 만졌을 때 아플 정도의 것이 싱싱한 것

3) 재료 손질 및 보관

보관온도는 5℃가 적당하다. 구입 즉시 촉촉한 종이나 구멍이 난 비닐에 싸서 냉
장고에 보관하는 것이 좋다. 온도 10~13℃, 습도 90~95%로 15일간 보관 가능하
다. 오이는 칼끝으로 가시를 긁어 제거하거나 굵은 소금으로 문질러 씻어 손질하
기도 한다. 쓴맛이 나는 오이의 경우, 꼭지 부분은 제거하고 조리한다.

4) 성분과 특성

주로 오이소박이나 오이지에 이용하는 백다다기오이와 푸른색을 이용하는 취청오
이, 가시오이 등이 있으며 노과를 이용하는 노각도 있다. 최근에는 오이꽃이 식용
으로 이용되기도 한다. 오이는 비타민 C가 풍부하며 특히 칼륨, 인이 많이 함유되
어 있다. 쿠쿠르비타신(cucurbitacin)은 오이의 쓴맛 성분으로, 오이 꼭지의 청록
부분에 많다. 오이의 쓴맛은 재배 기간 중 질소 비료의 과다 사용이나 고온 일조
시 심하게 나타난다. 이 성분은 열에 강하므로 가열해도 쓴맛이 파괴되지 않는다.
대표적인 오이의 향기 성분은 큐컴버알코올(cucumber alcohol)이다.

2. 호박

1) 주산지

호박(pumpkin, squash, *Cucurbita* spp.)의 원산지는 멕시코 남부 및 중앙아메리카이다. 기온과 습도에 적응한 결과 동양계 호박, 서양계 호박, 페포계 호박 등으로 다양하게 발전하였다. 경기·경남 지방이 주산지이며 주로 충주, 광주, 안성, 서울, 부산 등 도시 근교 지역에서 재배된다.

2) 선별 기준

(1) 애호박

- 크기와 모양이 균일하고 신선한 것
- 껍질이 연하고 감촉이 부드러우며 육질이 치밀하고 단단한 것
- 과피색이 연한 녹색으로 선명하게 보이는 것

호박(쥬키니호박, 애호박, 둥근 호박)

청둥호박(늙은 호박)

단호박

호박꽃(식용화)

- 육질이 과숙되지 않고 씨가 적은 것
- 머리 부분과 꼭지 부분의 굵기가 비슷한 것

(2) 쥬키니호박
- 과피색이 진한 녹색으로 선명한 것
- 육질이 과숙되지 않고 씨가 적은 것
- 처음과 끝의 굵기가 거의 비슷하며 구부러진 정도가 2cm 이내인 것

(3) 단호박
- 크기와 모양이 균일한 것
- 과피색이 진한 녹색으로 선명하게 보이는 것
- 잘랐을 때 과육의 색이 진하고 씨가 많은 것

(4) 청둥호박
- 과피색이 진한 주황색으로 분이 많은 것
- 잘랐을 때 과육의 색이 진한 주황색이며, 씨가 잘 발달한 것
- 과피 부분에 골이 잘 패여 있는 것

3) 재료 손질 및 보관
온도 10℃, 습도 85%에서 2개월간 저장 가능하다. 청둥호박은 일반적으로 저온보관보다 상온보관이 좋다.

4) 성분과 특성
호박은 전이나 선에 이용되는 미숙과인 애호박이 있으며 된장찌개, 나물 등에 주로 이용되는 둥근호박과 쥬키니호박이 있다. 또한 늙은호박이라고 하는 청둥호박은 과육이 주황색으로 카로티노이드 색소를 지니고 있으며 죽·떡 등에 다양하게 이용된다. 영양성분 중에서는 비타민 A가 특히 풍부하다. 호박씨는 단백질과 지방

이 풍부하여 식용으로 가치가 크며 호박꽃도 식용으로 이용한다. 서양호박인 단호박은 찌거나, 호박죽 등을 만들어 먹는다. 애호박을 말린 것은 호박오가리라고 하며, 청둥호박을 말린 것은 호박고지라고 한다.

3. 고추

1) 주산지

고추(red pepper, *Capsicum annuum* L.)의 원산지는 남아메리카이며, 가지과에 속하는 1년생 초본으로 우리나라에는 조선 중기에 전래되었다. 고추의 주산지는 충북, 경북(개량종), 전북(재래종)이다. 풋고추 노지는 전남과 강원 일대에서 주로 재배되며, 시설재배 풋고추는 광산, 진주, 밀양 등에서 주로 생산된다.

2) 선별 기준

(1) 풋고추
- 크기와 모양이 균일하게 선별된 것
- 과형은 크고 깨끗하며 윤택한 것
- 매끈하고 짙은 녹색을 띠며 두꺼우면서도 연한 것
- 1~7월 생산품은 매운맛이 강하고, 8~12월의 출하품은 매운맛이 약한 것

(2) 홍고추
- 색이 고르고 크기가 균일한 것
- 모양이 매끈하며 밝은 적색으로 광택이 강하며 꼭지의 신선도가 좋은 것
- 과피가 두껍고 통통하며 속씨가 적은 것

3) 재료 손질 및 보관
풋고추는 씨를 빼고 조리해야 음식이 깨끗하다. 홍고추는 건조시켜서 통으로 사용

고추(꽈리고추, 청양고추, 청·홍고추·단고추)　　고추피클

하거나 주로 가루를 내어 고추장이나 조리에 활용한다. 건고추는 가늘게 썰어 실고추로도 이용한다. 고춧가루는 냉동실에 보관하여 사용하는 것이 좋다.

4) 성분과 특성

캡사이신(capsaicin)은 고추의 매운맛 성분으로 식욕증진·소화촉진 작용을 한다. 캡산틴(capsanthin)과 카로틴(carotene)은 고추의 빨간색 성분으로 고춧가루의 색깔 및 품질에 관여한다. 청양고추는 작고 끝이 뾰족하며 매운맛이 강하고 비타민 함량이 높다.

4. 피망

피망(sweet pepper, *Capsicum annuum* var. *angulosum* L.)은 중남미가 원산지인 과채류로 고추보다 통이 굵고, 매운맛이 거의 없는 채소이다.

피망(파프리카)

1) 주산지 및 특화지역

주산지는 전남, 경남, 강원 등이며 강원도 고랭지산이 가장 우수하다.

2) 선별 기준

* 개당 무게가 60~80g 정도의 크기가 적당하고 형상·색이 고르며 양호한 것
* 표피가 두껍고 광택이 있는 것
* 꼭지의 길이는 2cm 정도 남겨 두고 절단된 청결한 것

3) 재료 손질 및 보관

온도를 8℃ 정도 유지해 주면 10일 정도 보관이 가능하다. 적색 피망에는 안토시 아닌 색소가 들어 있는데, 습열조리 시에 색소가 빠질 수 있으므로 조리 마지막 단계에 넣는 것이 좋다.

4) 성분과 특성

녹색 피망에는 클로로필 색소, 주황색 피망에는 카로티노이드 색소, 적색 피망에 는 안토시아닌 색소가 들어 있다.

5. 토마토

토마토

1) 주산지

토마토(tomato, *Lycopersicon esculentum* Mill.)의 원산지는 남아 메리카 안데스 산맥이다. 가지과에 속하는 1년생 초본으로 대표적 인 주산지는 경기, 충남, 경북, 경남지방이다. 시설재배는 주로 부 여, 부산, 밀양, 김해, 달성에서 이루어지며 서울, 대구 등의 도시 근교에서는 주로 노지 재배가 이루어진다.

2) 선별 기준
- 중간 정도의 크기에 착색이 2/3 정도로 매끈한 것
- 크기, 모양이 균일한 것으로 착색상태가 양호한 것
- 선별이 잘되고 선도가 높은 것
- 꼭지가 마르지 않고 신선한 것

3) 재료 손질 및 보관

씨가 적고 과육이 많은 것이 좋다. 토마토의 껍질은 열십자로 자른 뒤 끓는 물에 데쳐서 찬물에 담그면 잘 벗겨진다.

4) 성분과 특성

리코펜(lycopene)은 토마토의 적색 색소로 20~30℃의 맑은 날에 잘 나타나며 저온 다습한 환경에선 카로틴계의 주홍색이 발현된다. 토마토는 암 예방에 좋은 파이토케미컬(phytochemical)을 함유한 식품으로 가열하여 섭취하면 흡수율이 높아진다. 펙틴(pectin)은 함량이 3% 정도로 높아서 다양하게 이용할 수 있다.

토마토 가공품(통조림)

시판되고 있는 토마토에는 방울토마토, 줄기토마토 등이 있으며 토마토를 가공해서 만드는 제품으로는 홀토마토 통조림(whole tomato), 토마토퓨레 통조림(토마토 고형분 8~24%), 페이스트(토마토 고형분 24% 이상), 토마토소스, 토마토케첩, 토마토주스 등이 있다.

6. 가지

1) 주산지

가지(eggplant, *Solanum melongena* L.)의 원산지는 인도이며, 가지과에 속하는 1년생 초본으로 우리나라에 오래전에 도입되어 널리 새배되고 있다. 경기, 경북, 경남지방이 주산지이고 대구, 김해, 남양주, 광주, 평택, 경산 등에서도 많이 재배된다.

가지

2) 선별 기준

- 크기가 균일하고 모양이 곧으며 통통한 것
- 껍질이 얇고 매끈하며, 육질이 연하고 씨가 없고 단단한 것
- 색이 흑자주색으로 선명하고 광택이 있는 것
- 꼭지에 비해 열매가 큰 것

3) 재료 손질 및 보관

저장은 상온 무포장 2일, 상온 포장 3일, 저온 무포장 5일, 저온 포장은 11일간 가

능하다. 가지는 색깔이 진한 것이 좋으며, 조리 시 안토시아닌 색소가 변색되기 쉬우므로 주의한다.

4) 성분과 특성

나스닌(nasnin), 히아신(hyacin)은 안토시아닌(antocyanin)계 색소이며, 나스닌(nasnin)의 자색, 히아신(hyacin)은 황갈색으로 산성에서 적변한다. 최근에는 품종이 개량되어 가지고추, 쌀가지 등 모양과 색이 다양한 가지가 생산되고 있다.

오크라

7. 오크라

오크라(okra, *Hibiscus esculentus*)의 꼭지에는 쓴맛이 있어 잘라버리고 사용한다. 소금으로 표피를 문질러 씻으면 솜털이 제거되므로 먹기에 좋다. 풋고추와 유사하나 매운맛이 없고 평이한 맛이 난다. 독특한 점액질이 있으며 이 점액질은 갈락탄(galactan), 펙틴(pectin)과 같은 식이섬유로 정장작용과 콜레스테롤 감소효과가 있다. 점액을 살리려면 살짝만 익혀야 좋다.

공심채

8. 공심채

1) 주산지

공심채(water-convolvulus, *Lpomoea aquatica*)는 중국 남부에서 동남아시아가 원산지이며 메꽃과에 속하는 1년생 경엽채소이다. 우리나라에서는 중부 지역에서 주로 재배한다.

2) 선별 기준

- 줄기를 반으로 갈랐을 때 단면이 깨끗하고 색이 누렇게 변하지 않은 것
- 잎사귀와 줄기에서 생생한 탄력이 느껴지는 것
- 색감이 전체적으로 파릇파릇한 것

3) 재료 손질 및 보관

상온에서 저장 시 하루가 지나면 잎이 시들기 때문에 공기를 차단한 후 물기를 함유한 채로 냉장고에 저장한다. 그러나 오래되면 잎이 냉해를 입고, 데쳐서 냉동 보관하면 오래 쓸 수 있다.

줄기와 잎 부분을 잘라 분리한 후 3~5cm 길이로 줄기를 썰고, 두꺼운 줄기는 반으로 가른다. 잎은 칼 대신 손으로 잘라야 무르지 않는다.

4) 성분 및 특성

칼슘이 85mg으로 시금치보다 1.5배 함유되어 있으며, 섬유질은 2.8g 함유되어 있다. 비타민 A가 풍부하고 철분이 많아 빈혈 예방에 효과적이다.

화채류

화채류는 초본식물의 꽃봉오리, 꽃잎, 꽃받침 등을 식용으로 하는 것이다. 종류로는 브로콜리, 콜리플라워, 아티초크 등이 있다.

1. 브로콜리

1) 주산지 및 특화지역

브로콜리

브로콜리(broccoli, *Brassica oleracea* var. *italica* Plen.)의 원산지는 지중해 연안이다. 우리나라에서는 평창, 태백, 남제주 등에서 주로 재배된다. 미국의 경우 생산량의 반 정도는 냉동 처리되며, 반 정도는 생것으로 시장에 유통된다.

2) 선별 기준

- 조생종은 400g 정도, 중만생종은 450g 정도의 무게가 나가는 것

- 진한 푸른색이며, 꽃봉오리의 작은 꽃들이 조밀하고 쌀알 크기인 것
- 줄기는 연하며 단단한 것

3) 재료 손질 및 보관

온도 0.5℃, 습도 90%에서 3주 정도 저장이 가능하나, 일반적인 상온에서는 저장성이 거의 없으므로 구입 후 최대한 빨리 이용하는 것이 좋다.

4) 성분과 특성

칼슘, 철분 등의 무기질과 비타민 A, 비타민 C의 함량이 많다. 조리된 브로콜리 1컵에는 오렌지 2개 정도의 비타민 C가 들어 있다. 또한 바이오플라보노이드 (bioflavonoid)가 풍부하고, 칼륨의 좋은 급원이다. 암세포의 증식을 억제하는 설포라판(sulforafane)이 있어 항암작용을 하며, 갑상선기능저하증을 유발하는 고이트로젠(goitrogen)도 소량 포함되어 있다.

2. 콜리플라워

콜리플라워

1) 주산지 및 특화지역

콜리플라워(cauliflower, *Brassica oleracea* L. var. *acephla* DC.) 의 주산지는 지중해 지역이며, 이탈리아와 프랑스의 지중해 연안에서도 발달하였다.

우리나라에서는 1970년대 말부터 재배되기 시작하였다. 주산지는 평창, 남제주, 용인, 대전, 김해 등이다.

2) 선별 기준

- 꽃봉오리의 색이 연노란색인 것
- 꽃 덩어리가 단단하고 꽃눈 분화와 성숙이 균일한 것
- 꽃눈이 벌어지지 않은 것

- 꽃 덩어리가 갈색으로 변하지 않은 것
- 줄기를 5cm 이하로 자른 것

3) 재료 손질 및 보관

콜리플라워는 0℃ , 습도 90%에서 4~6주간 저장 가능하다. 온도 4~5℃ 냉장에서는 2주 정도 저장 가능하며 가을에 재배한 것은 8주 정도 저장 가능하다. 저장할 때는 사과와 함께 저장하지 않도록 한다. 사과에서 나오는 에틸렌가스에 의해 황화현상이 일어나면서 표면이 변질되기 쉽기 때문이다. 콜리플라워의 특유의 향을 내는 성분은 이소시아네이트(isocyanate)이다.

4) 성분 및 특성

콜리플라워는 양배추를 품종 개량한 것으로 가열해도 파괴되지 않는 비타민 C가 풍부해서 바이러스에 대한 저항력을 키워 주며 감기 예방에 좋다. 암을 예방할 수 있는 파이토케미컬(phytochemical)을 함유하고 있다. 데쳐서 피클, 그라탕, 볶음, 스튜, 샐러드 등 다양하게 이용한다.

3. 아티초크

아티초크

1) 주산지 및 특화지역

아티초크(artichoke, *Cynara scolymus* L.)의 주산지는 지중해 연안, 서남아시아 지역으로 미국에는 유럽 이민자들에 의해 19세기에 소개되었다.

2) 선별 기준

- 짙은 녹색이며, 크기에 비해 무거운 것
- 잎이 조밀하게 붙어 있는 것

3) 재료 손질 및 보관

개화 직전의 꽃봉오리를 수확해서 식용으로 사용하며, 꽃봉오리의 겉 부위를 잘 깎아 내고 속 부분만 이용한다. 조리 시에는 비늘을 제거하거나 속잎을 칼로 썰어서 바로 식초를 떨어뜨려 놓아야 변색이 일어나지 않는다.

4) 성분과 특성

비타민 C가 많으며, 특히 식이섬유소와 엽산의 좋은 급원식품이다.

고이트로젠(goitrogen) 식품에서 발견되는 물질로 티록신에 길항제로 작용하여 갑상선종을 일으킨다. 주로 양배추, 케일, 브뤼셀 스프라우트, 콜리플라워, 브로콜리 등에서 발견된다.

나스닌 안토시안의 델피니딘(dephinidin)계 색소로 흑자색을 띤다. 산성에서 적색으로, 알칼리성에서는 청색으로 변하는 매우 불안정한 색소이다.

리코펜 카로티노이드계의 색소 중의 하나로 붉은색을 띤다. 그러나 체내에서 비타민 A로 전화되지는 않는다.

빨강배추 빨강배추는 유전자 조작이 아닌 적색 양배추와 일반 배추를 전통 육종법으로 교잡하여 개발한 것이다. 항산화 기능성 물질인 안토시아닌 색소가 많이 들어 있음이 과학적으로 증명된 바 있다(농림식품기술평가원, 2018).

샬롯 샬롯(charlotte)은 고대 팔레스타인 도시 에스칼론에서 유래되었다. 통째로 오븐에 굽거나 잘게 다진 후 볶아 향을 내는 데 쓰이며, 각종 소스나 생선요리, 육류요리에 곁들이는 채소구이, 다양한 샐러드드레싱의 재료로 사용된다. 추위에 잘 견디며, 토양이 좋은 곳이면 어느 곳에서나 잘 자라고 이른 봄에 심어 가을에 비늘줄기를 거둬들인다.

시니그린(sinigrin) 겨자의 매운맛 성분으로 겨자씨를 갈 때 효소에 의해 분해되어 향미 성분을 형성한다.

이눌린 과당의 복합체로 다당류이다. 그러나 우리 몸에서는 분해시킬 수 있는 효소가 없다. 돼지감자, 우엉 등에 많이 들어 있다.

퀘르세틴(quercetin) 양파의 껍질에 주로 존재하며, 유지의 산패를 막아 주는 천연 항산화물이다.

쿠쿠르비타신 오이의 쓴맛 성분으로 배당체이다.

티아미나아제 비타민 B_1의 분해효소로 민물생선이나 생고사리에 들어 있으며, 가열하면 파괴된다.

펙틴 식물체의 세포막 사이에 들어 있으며, 세포를 결합시키는 작용을 하는 다당류의 한 종류

포피형 배추나 양배추에서 잎의 끝이 겹쳐지는 결구 형태

포합형 배추나 양배추에서 속이 완전히 결구되더라도 잎이 서로 마주 보고 가까워지는 결구 형태

호모젠티딘산(homogentidic acid) 티로신이 산화되어 생성되는 물질로 아린 맛이 있다.

과일류

인과류 및 준인과류 | 핵과류 | 장과류
과채류 | 열대과일 | 견과류

FRUITS

전 세계적으로 이용되는 과일의 종류는 약 2,500종이며, 재배되는 것만 해도 300여 종에 달한다. 과일은 종류에 따라 원산지가 유럽, 아시아, 아메리카로 다양하다.

과일은 꽃의 씨방이나 주변 부위가 과육으로 발달된 것으로, 과육의 발달 형태에 따라 인과류 및 준인과류, 핵과류, 장과류, 과채류, 열대과일류, 견과류 등으로 나누어진다.

- 인과류 및 준인과류는 꽃받침이 발달하여 과육부가 된 것으로 사과, 배 등이 이에 속한다.
- 핵과류는 씨방이 발달하여 과육이 된 것으로 내과피가 단단한 핵을 이루고 있으며 안에 종자가 들어 있고 복숭아, 매실, 살구 등이 이에 속한다.
- 장과류는 중과피와 내과피가 유연하고 즙이 많은 육질로 이루어져 있으며 포도, 무화과 등이 이에 속한다.
- 견과류는 외과피가 단단한 과일류로 밤, 호두 등이 이에 속한다

과일은 수분이 80% 이상이고 당분과 유기산을 함유하고 있으며 비타민과 무기질이 풍부한 알칼리성 식품으로, 갈증 해소 및 피로 회복에 도움이 된다. 과일의 대부분은 지방이 없으나 아보카도와 올리브는 각각 18.7%, 24.8%의 지방을 함유하고 있다. 과일은 온도에 따라 맛의 차이가 많이 생기며, 10℃ 전후가 과일의 맛을

표 5-1 과일류의 원산지

종류	원산지	종류	원산지
사과	유럽, 서아시아	밤	중국
배	동북아시아	호두	중동
감귤	동남아시아	바나나	열대아시아
감	동북아시아	파인애플	브라질
복숭아	중국	포도	아시아, 아메리카
자두	미국, 유럽, 아시아	키위	동아시아

표 5-2 과일의 영양성분 및 폐기율(100g)

| 식품명 | 에너지 (kcal) | 수분 (g) | 단백질 (g) | 지방 (g) | 탄수화물 (g) | 총 식이섬유 (g) | 무기질 | | | 비타민 | | | | | 폐기율 (%) |
							칼슘 (mg)	철 (mg)	칼륨 (mg)	베타카로틴 (μg)	티아민 (mg)	리보플라빈 (mg)	니아신 (mg)	비타민 C (mg)	
사과	52	85.5	0.26	0.07	13.96	1.8	3	0.11	116	10	0.017	0.011	0.3	2.03	17
배	45	86.9	0.29	0.04	12.24	1.1	2	0.06	124	0	0.022	0.063	0.139	2.65	15
감	51	85.6	0.41	0.04	13.66	6.4	6	0.15	132	81	0.057	0.051	0.305	13.95	15
귤	39	89.1	0.53	0.1	10.04	1.6	13	0.12	101	52	0.175	0.023	0.372	30.69	20
오렌지	47	86.5	1.15	0.11	11.86	1.3	44	0.17	152	36	0.134	0.039	0.321	55.9	28
복숭아(황도)	49	86.1	0.4	0.04	13.03	4.3	5	0.09	188	105	0.018	0.022	0.233	1.67	16
자두	26	93.2	0.5	0.6	5.3	–	3	0.2	164	–	0.04	0.03	0.3	5	–
대추(건)	276	20.9	3.73	0.25	72.57	9.5	39	0.75	805	42	0.14	0.815	1.027	18.79	9
살구	30	90.9	1.2	0.05	7.12	1.9	15	0.45	249	2,280	0.078	0.032	0.157	–	7
매실	41	89.4	1.1	1.1	7.8	–	28	3.7	301	14	0.06	0.02	0.5	11	–
포도 (캠벨얼리)	57	83.9	0.5	0.1	15.08	1.4	3	0.11	180	29	0.113	0.026	0.274	2.42	30
무화과	47	86.5	0.79	0.15	12.12	1.3	41	0.33	176	24	0.131	0.029	0.195	1.12	1
딸기(개량종)	36	89.7	0.8	0.2	8.9	–	7	0.4	167		0.03	0.02	0.5	71	–
수박(적육질)	31	91.1	0.79	0.05	7.83	0.2	6	0.18	109	853	0.024	0.03	0.285	–	28
참외	45	86.5	1.33	0.04	11.23	2.9	4	0.22	456	1	0.005	0.084	0.168	21	24
바나나	77	78	1.11	0.2	20	2.2	6	0.25	355	21	0.049	0.052	0.299	6.6	48
파인애플	53	84.9	0.46	0.04	14.32	2.5	16	0.09	97	62	0.052	0.087	0.137	45.43	46
그린키위	66	81.6	0.93	0.63	16.08	2.6	30	0.32	284	84	0.175	0.057	–	86.51	10
파파야	40	88.5	0.7	0.08	10.24	1.9	16	0.26	220	203	0.045	0.042	0.377	63.48	14
아보카도	160	73.23	2	14.66	8.53	6.7	12	0.55	485	62	0.067	0.13	1.738	10	26
망고	59	83.5	0.73	0.12	15.36	1.5	7	0.24	142	560	0.024	0.039	0.318	21.62	29
밤	151	61.5	3.28	0.5	33.39	5.4	16	0.84	439	29	0.082	0.065	1.638	15.98	27
호두(건)	688	2.9	15.47	71.99	7.92	6.7	81	2.49	353	26	0.047	0.282	2.872	0	–
잣	630	3.3	15.96	59.28	19.38	4.1	18	6.07	500	10	0.355	0.062	0.979	0	0
은행	203	49.6	4.69	1.53	42.78	2.2	7	0.9	684	270	0.119	0.033	2.887	16.89	0

※ –: 수치가 애매하거나 측정되지 않음
자료: 국가표준식품성분표, 10개정판, 국가표준식품성분 DB 10.2. (2024)

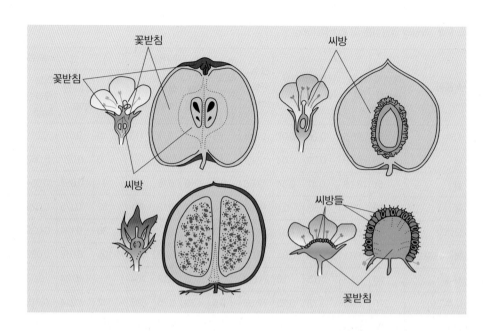

그림 5-1
과일 내부의 구조

가장 좋게 하는 온도이다.

　과일의 성분은 크게 맛성분과 향기성분으로 대별되며 과일의 대표적인 맛성분은 당분과 유기산이다. 과당, 포도당, 설탕이 당분의 주된 성분이며 익으면서 전분이 분해되고 포도당과 과당이 생성되면서 단맛이 증가한다. 유기산에는 구연산, 사과산, 주석산, 호박산 등이 있다. 과일의 맛은 과당과 유기산 함량으로 나타내는

표 5-3　과일의 산당비

종류	품종	당분(%)	유기산(%)	산당비
사과	홍옥	11.1	0.62	18
	후지	14.6	0.38	38
	딜리셔스	12.7	0.42	30
	인도	14.5	0.18	80
포도	델라웨어	17~25	0.7~0.8	24~31
	캠벨	9~15	0.3~1.3	11~30
귤	귤	9.8	0.8	12
	자몽	8.0	1.3	6
	레몬	2.2	6	0.4

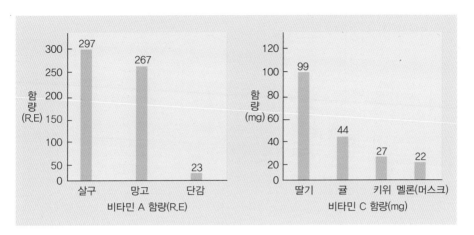

그림 5-2
비타민 A와 비타민 C가
많은 과일(100g당)

산당비에 따라 달라진다. 과일의 향기는 일반적으로 알코올류, 에스테르류, 휘발성 산류가 많으며, 여러 휘발성 향기성분이 혼합되어 있다. 또한 카보닐화합물이 검출되며 그 외 펙틴물질 등이 있다. 어떤 과실은 성숙도에 따라 산의 함량이 감소하고 당 함량이 증가하기 때문에 당과 산의 비율이 과일의 성숙도를 아는 데 쓰인다.

과일의 색소에는 클로로필(chlorophyll), 카로티노이드(carotinoid), 안토시아닌(anthocyanin), 플라보노이드(flavonoid)가 있다. 미숙과에는 클로로필이 많으나, 익어가면서 클로로필은 감소하고 다른 색소량이 많아져서 고유의 색을 형성한다. 과일에는 채소류와 달리 세포벽과 세포 사이에 펙틴이 들어 있다. 펙틴은 미숙과일 때 불용성 물질인 프로토펙틴 상태로 들어 있다. 그러나 미숙과인 경우에는 떫은맛이 나며 과일이 성숙되면서 가용성의 펙틴으로 변화되어 조직이 부드럽고 식감이 좋아지므로 숙성시킨 후 먹어야 좋다.

과일의 세포 속에는 여러 종류의 효소가 들어 있다. 사과의 갈변에 관련된 효소인 폴리페놀라아제, 일부 과일에는 단백질 분해효소가 함유되어 있다. 과일의 단백질 분해효소로는 파인애플의 브로멜린(bromelin), 파파야의 파파인(papain), 무화과의 피신(ficin), 키위의 액티니딘(actinidin)이 있다. 과일의 선별 기준은 다음과 같다.

- 품종 고유의 특성을 가지며 모양이 고른 것

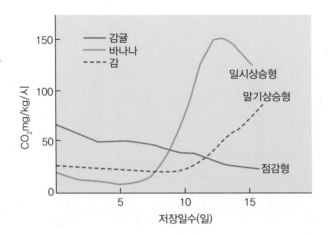

그림 5-3
수확된 과일의 호흡형

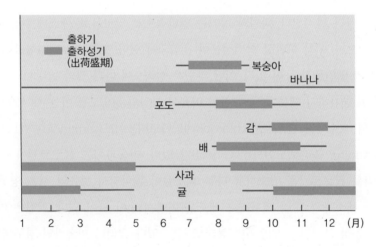

그림 5-4
과일류의 출하시기

- 품종 고유의 색을 유지하며 윤기가 나는 것
- 병충해와 흠집이 없고 신선한 것

　과일은 저장과정 중에 증산작용, 호흡작용, 후숙이 일어난다. 과일은 수확 후에도 호흡과 대사작용이 일어나서 과일에 있는 수분의 일부가 증발하므로 상품가치가 저하된다. 이때 미숙한 과일을 수확하여 일정 온도에서 후숙시키면 완숙 과일에 가까운 상태가 된다.

　과실의 호흡작용이 일정 시간이 지나면 급격히 증가하는 현상을 호흡률 급상승(climacteric rise)이라고 한다. 이러한 현상이 나타나는 대표적인 과일로는 사과,

표 5-4 과일의 저장조건

온도(℃)	습도(℃)	과일
0	90 내외	사과, 배, 포도, 복숭아, 앵두
4~10	80~85	수박
7~10	85~90	올리브, 파인애플
10~14	85~90	레몬
13~22	85~90	바나나

표 5-5 과일의 저장방법

종류	저장 특징
상온 저장	가능한 한 적온에 가깝도록 시설하여 저장하는 방식으로 우리나라에서는 대부분의 농가가 상온저장고를 이용하여 사과, 배 등을 주로 저장하고 있다.
저온 저장	저장고 내의 온도를 저장 적온인 0~3℃로 조절하므로 과실의 신선도를 오랫동안 유지할 수 있는 방법이다.
폴리에틸렌 필름 저장	필름 속에 과일을 밀봉 저장하면 CA 저장효과가 있고 수분 증발이 억제되어 과실을 장기간 저장할 수 있다.
환경조절(CA) 저장	원리적으로 가장 이상적인 과실 저장방법으로 온도, 습도, 공기 조성 3자를 조절한다.

배, 아보카도, 살구, 감, 바나나, 복숭아 등이 있다. 이와 반대로 호흡량에 큰 차이를 보이지 않는 경우를 비호흡률 급상승(nonclimacteric rise)이라고 한다. 이러한 현상이 나타나는 과일은 나무에서 완전히 익도록 하며 레몬, 포도, 오렌지 등이 있다.

과일은 잘랐을 때 시간이 지나면 갈변하는 현상이 나타난다. 이러한 과일의 갈변은 외관과 향미를 저하시킬 뿐만 아니라 비타민이나 어떤 아미노산의 분해를 수반하여 상품가치나 영양가를 저하시킨다. 갈변에 관여하는 효소는 산소를 직접 결합시키는 산화효소가 주체이지만 다른 탈수소효소 또는 가수분해효소도 관여하게 된다.

대표적인 갈변효소는 페놀라아제로 산소를 통해 페놀류를 산화하는 효소적 갈변반응의 주체이다.

인과류 및 준인과류

1. 사과

우리나라 기후는 사과(apple, *Malus pumila* M.) 재배에 유리한 조건이어서 일부 산간 고지대를 제외하고는 전역에서 사과를 재배할 수 있다. 주산지는 영풍, 안동, 영천, 봉화, 의성, 청송, 예산, 이천 등이며 경북·충남·충북지방에서 전국 생산량의 60% 이상을 담당하고 있다.

맛있는 사과를 선택하기 위해서는 꼭지 반대 부위의 녹색기가 빠진 담황색이며, 껍질 색이 고르고 밝은 느낌을 주고 너무 크지 않은 것을 고른다. 또 가볍게 두드렸을 때 탄력감이 있고 과즙이 많으며 단맛이 많은 것이 좋다.

사과의 껍질을 벗기면 사과 속의 폴리페놀 물질이 폴리페놀 옥시다아제에 의

부사

산사

아오리

표 5-6 사과의 품종별 특성

품종	숙기	중량(g)	모양	과피색	당도(%)	산도(%)	특징
후지 (부사)	만생종	300	원형	담홍색 장원형	14.6	0.38	과육은 단단하고 과즙이 많다.
홍옥	중생종	180~200	장원형	선홍색	12.2	0.62	육질이 연하며 향기가 좋으나 산미가 강하다.
아오리	중생종	200~300	장원형	담녹색	12.8	0.29	과육이 연하고 즙이 많다.
골든 데리셔스	종생종	200~250	장원형	선화색	12.7	0.42	향기가 좋으나 저장성이 떨어진다.
스타킹	중생종	200~250	원추형	농적색	13.7	0.23	향기가 좋으나 저장성이 떨어진다.
국광	만생종	110~190	원추형	녹황색	10.4	0.72	과피가 두껍고 육질이 단단하며 저장성이 강하다.
세계일	만생종	350	원추형	갈홍색	15.4	0.3	—

해서 갈변물질을 형성하게 된다. 폴리페놀 옥시다아제는 산화효소이므로 갈변을 억제하기 위해서는 설탕물이나 레몬을 한 조각 넣은 물에 담가 둔다.

사과의 성분 중 중요한 것은 당분, 유기산과 펙틴이다. 당분은 10~15%가량 들어 있는데 대부분이 과당과 포도당이다. 유기산은 0.5%가량 들어 있으며 사과산이 주체이고 구연산, 주석산 등이 들어 있다. 이들 산은 우리 몸에 쌓인 피로물질을 제거하는 역할을 한다. 펙틴은 채소에 들어 있는 섬유질과 같이 장의 운동을 도와 정장작용을 하며 유독성 물질의 흡수를 막고 장 안에서 이상 발효를 방지한다. 사과에는 펙틴이 1~1.5% 함유되어 있으며 잼을 만드는 원료로 적당하다.

사과의 품종별 특성은 표 5-6과 같으며 그 외에도 산사, 세계일 등의 종류가 있다. 사과를 이용한 요리에는 사과조림, 사과탕, 사과강정, 구운 사과, 사과파이, 애플버터, 사과잼 등이 있다.

2. 배

배(pear, *Pyrus communis* L.)의 주산지는 전남 나주, 경기 안성, 평택, 아산, 남양주, 경북 상주, 충남 천안 등지이다. 최근에는 상주 등 경북 북부 지방으로 재배지역이 확장되고 있다.

배는 고유의 특성을 가지고 과실은 크며 모양, 색이 균일한 것, 수분 함량이 많고 당도가 높으며 싱싱한 것, 품종 고유의 색을 유지하며, 윤기가 나고 깨끗한 것, 또한 과피가 얇은 것을 선별 기준으로 하여 고르는 것이 좋다.

배

표 5-7 배의 품종별 특성

종류	중량(g)	모양	과피색	당도(%)	숙기	특징
신고	450~500	원형	황갈색	11	만생	석세포가 다소 있고 과피 두께는 얇은 편이다.
황금배	400~450	원형	황금색	14.9	중생	석세포가 거의 없으며 과피 두께가 매우 얇다.
영산배	540~700	긴원형	황갈색	13	중생	과육이 약간 조잡하고 과즙이 다소 적은 편이다.
장십랑	350	원, 편형	적갈색	12.5	중생	종석세포가 많으며 감미가 높고 과즙이 적다.
만삼길	400~450	첨원형	담황갈색	10.6	만생	석세포가 많아 품질이 좋지 않다.

당분은 7~10%로 서당, 포도당, 과당이 주요 성분이며 유기산은 미량 들어 있다. 배의 과육에 까칠까칠한 촉감은 펜토산(petosan)과 리그닌(lignin)으로 이루어진 두꺼운 세포막으로 석세포(stone cell)가 있기 때문이다. 배에는 단백질 분해효소가 들어 있어 고기를 재울 때 배즙을 첨가하면 연화작용에 의해 고기가 부드러워진다.

3. 감

감(persimmon, *Diospyros kaki* L.)의 주산지는 경남의 김해, 밀양, 의창, 의령, 경북의 청도, 전남의 승주, 담양, 경기 화성 등이다. 단감은 비교적 한랭한 기온에 약하기 때문에 남부지방에서 재배하며, 떫은 감은 중북부지방에서 많이 재배된다. 과실 표면에 과분이 피어 있으며 과육이 치밀하면서도 연하고 단맛이 나는 것이 좋다.

곶감은 떫은 감의 껍질을 벗겨 말린 것으로, 곶감의 표면에 있는 하얀 가루는 과육 표면의 당분이 건조되는 과정에서 나타나며 주성분은 과당과 포도당이다.

감의 윗부분을 자세히 보면 네 개의 홈이 있는데, 이 홈을 따라 자르면 감의 씨에 닿지 않게 나눌 수 있다.

감의 주성분은 탄수화물이며 13.7%가 함유되어 있고 서당, 포도당 및 과당이 주를 이루며, 카로티노이드 색소가 많아 비타민 A의 좋은 급원이 된다. 특히 비타민 C(50mg%)가 풍부하다. 감잎에는 비타민 C가 과육보다 10~20배 정도 많이 들어 있다.

미숙한 감에서는 떫은맛이 나는데 이러한 떫은맛은 탄닌의 일종인 시부올(shibuol) 때문이다. 시부올은 수용성으로 세포 내에 존재하며, 먹을 때 혀에 녹

단감

푸른 단감

아 떫은맛을 낸다. 그러나 감이 익으면, 호흡에 의해서 생긴 알데히드와 시부올이 결합하여 불용성인 콜로이드를 이루어 혀에 녹지 않으므로 떫은맛이 감소된다. 감의 떫은맛을 제거하는 것을 탈삽이라고 하는데 탈삽을 하는 방법에는 여러 가지가 있다. 그중 한 가지 방법은 감을 35% 정도의 알코올액에 넣어 20℃ 전후에서 4일간 방치하여 떫은맛을 없애는 것이다. 이것의 원리는 알코올이 과육에 스며들면 알코올 디하이드로제나아제(alcohol dehydrogenase)의 작용으로 알데히드가 되고 이것이 시부올과 결합하여, 불용성 콜로이드가 되어 떫은맛을 없애는 것이다.

4. 감귤류

감귤류(citrus fruits)는 인도, 미얀마 등 아시아 동남부에 자생하는 교목으로 밀감 오렌지, 왕귤나무, 향산감귤로 분류된다.

1) 귤

귤(unshiu orange, *Citrus unshiu* M.)은 원산지인 중국 남부지방과 인도차이나 반도를 비롯하여 세계 각지의 온난지대에서 널리 재배되며 우리나라는 제주도에서 대부분이 재배되고, 이를 온주밀감이라고 한다.

귤

중간 정도의 크기에 껍질이 얇고 쪽수가 적으며, 쪽 짜임새가 탄력이 있어 단단한 것으로 껍질과 과육이 밀착되어 있으면서도 분리가 잘되는 것이 좋다.

귤의 과피를 약간 건조시켜 표면의 기공을 줄여야 호흡량이 감소되고 증산작용이 억제되어 부패를 방지할 수 있다. 비타민 C의 함유량은 30.7mg%로 매우 높으며, 카로틴의 함량도 높다. 저온에서 장기간 저장하는 동안에도 영양소의 잔존율이 비교적 높다.

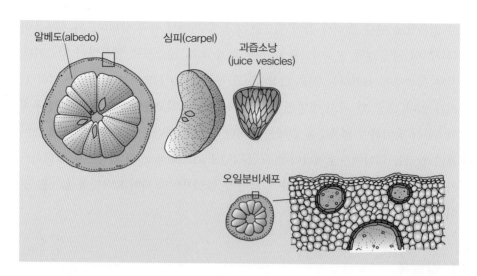

그림 5-5
감귤류의 구조

표 5-8 감귤류의 품종별 특성

종류		특징
밀감 오렌지	온주밀감 (mandarine)	둥근형이고 직경은 8~9cm이며 중량은 80g 내외이다. 10~11월에 수확하여 12~3월경에 대부분 식용한다.
	오렌지(navel orange)	과육은 부드러우며 즙이 많고 씨가 없으며 향기가 좋다. 쓴 물질인 리모노이드를 많이 함유한다.
왕귤나무 (잼보아)	여름밀감 (summer orange)	봄부터 초여름의 과일로 상큼한 맛을 낸다. 산도 저하가 빠르고 조생화한 품종으로 생식용이 중심이지만 과즙으로도 이용한다.
	그레이프후르트 (grape fruits)	중량 400g 내외로 과피는 담황색을 띠고 윤기가 있으며 즙이 많고 신맛이 강하며 약간의 쓴맛도 있다. 과육의 종류가 노란빛, 핑크빛이며 생식 또는 주스로 이용한다.
향산감귤	유자(yuzu)	무게 130g 내외로 표피는 요철이 심하다. 껍질은 양념, 머멀레이드, 과자 등에 이용한다.
	레몬(lemon)	청량음료나 파이, 케이크의 향기를 내는 데 사용되며 육류나 생선의 냄새를 제거하기 위해서 사용하기도 한다.
	금귤(kumguart)	과실은 12g 내외이고 등황색에 윤기가 나며 낑깡이라고도 한다.
	라임(lime)	산미종과 감미종이 있으나 산미종이 중요하다. 즙 함량은 32% 이상이다.

오렌지

2) 오렌지

오렌지(navel orange, *Citrus sinensis* O.)의 모양은 구형 또는 타원형으로, 과피는 윤기가 있고 정상부에 배꼽이 클수록 단맛이 있다. 과육은 즙이 많고 부드러우며 씨가 없다. 껍질은 얇게 벗겨 채 썰거나 갈아서 제스트를 만들어 소스나 제과에 이용한다.

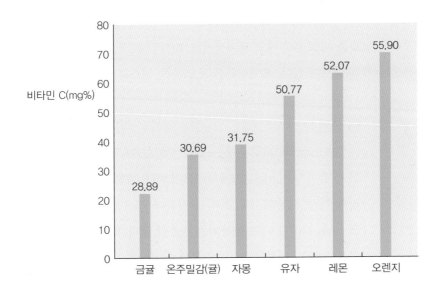

그림 5-6
감귤류의 비타민 C 함량
(생것, 과육 기준)
자료: 농촌진흥청.
www.rda.go.kr

3) 한라봉

한라봉(hanrabong, *Citrus reticulata* 'Shiranui')은 제주도에서 주로 재배되고 귤과 오렌지를 접목시킨 개량종으로 오렌지와 비슷하나 꼭지의 튀어나온 부분이 배꼽 모양이다. 오렌지보다 신맛이 덜하고 향이 순하며 단맛이 나는데 오렌지보다 껍질이 두꺼우며 잘 벗겨진다.

한라봉

4) 천혜향

천혜향(cheonhyehyang)은 한라봉이 나온 이후, 최근에 개발된 품종으로 한라봉에 비해 산도가 낮으며 감귤류 중 가장 단맛이 강한 고급품종이다.

5) 유자

유자(citron, yuja)의 원산지는 중국의 양자강 상류로 사천성, 호북성, 운남성 및 티베트 등지에 야생하며 한반도에는 신라시대에 전래되었다. 제주도를 포함하여 고창, 거창, 완도, 장흥, 강진, 거제 및 남해 등의 남해안에 걸쳐 재배되어 온 것으로 전해진다.

유자

유자는 신맛과 향기가 강한 편이다. 열매는 크고 껍질은 울통불통하다. 유기산이 풍부하여 노화와 피로 방지에도 효과적이고, 비타민 B 및 탄수화물, 단백질 등이 다른 감귤류 과일보다 많다. 모세혈관을 보호하는 헤스페리딘이 들어 있다.

6) 레몬

레몬

레몬(lemon)의 과즙은 시트르산(구연산)이 많아 산성을 띠고, 강한 신맛이 나며, pH는 2에서 3 정도이다. 과즙·껍질·과육 모두 요리에 자주 사용되는데, 특히 고기류와 생선류의 비린내를 제거하고 맛을 살리기 위해 사용되는 경우가 많다. 레모네이드 등의 음료수를 만드는 데도 쓰이고, 소주에 레몬즙을 섞어 맛을 좋게 만들기도 한다. 강산성이라는 점 때문에 치즈를 만들 때도 쓰이는 경우가 있다. 잼을 만들 때도 펙틴의 겔화를 위한 산이 부족한 과일에 레몬즙을 넣는다. 특히 딸기잼을 만들 때 레몬은 필수다. 제과 분야에서는 레몬 껍질의 겉부분을 긁어내서 사용하기도 한다.

7) 자몽

자몽

자몽(grapefruit)은 아열대가 원산지인 운향과(芸香科) 귤속의 나무 또는 그 열매다. 나무는 상록수로 높이가 5~6m 정도 되는 것이 많지만, 계속 자라면 13~15m까지도 자란다. 열매는 10~15cm 정도의 크기로 노랗고, 울통불통한 공처럼 생겼다. 속살은 하얀색이나 빨간색이 널리 재배되고 있다. 첫 맛은 시고, 중간 맛은 달고, 끝 맛이 씁쓸하여 한 번에 여러 맛을 느껴 볼 수 있다. 자몽은 주스로 많이 먹는다.

핵과류

씨방이 발달하여 과실을 맺은 것으로 안에 딱딱한 핵이 있고 그 속에 종자가 들어 있다.

1. 복숭아

복숭아(peach, *Prunus persica* S.)의 원산지는 중국이다. 우리나라에서는 경북의 청도·영덕·경산, 충남의 논산·연기, 전북의 완주·전주·김제 등이 주산지로 대개 백도가 재배되고 있다.

육질이 연하고 과즙이 많으며 단맛이 좋은 것으로 핵(씨) 주변에 섬유질이 적은 것이 좋다. 차가우면 단맛이 떨어지기 때문에 먹기 2~3시간 전에 냉장고에 넣어 둔다. 복숭아의 단맛은 80% 이상이 수크로오스(sucrose)로 이루어져 있어 낮은 온도에서는 감미가 약하게 느껴진다.

방향성분은 주로 포름산에틸(ethyl fomate)이고 과일 중 펙틴질 함유량이 높아서 잼이나 젤리에 이용된다. 핵이 과육과 잘 분리되는 이핵종(free stonepeach)

복숭아

백도

황도

천도복숭아

과 분리되지 않는 점핵종(cling stone peach)이 있으며, 이핵과는 주로 생식하고, 점핵과는 조리가공하여 통조림이나 주스 등의 원료로 쓴다. 핵 주변의 과육부에 안토시안 색소가 있으며 그 부분이 빨간 복숭아는 통조림을 만들고 자색으로 변하면 상품가치가 떨어진다. 황도는 카로티노이드(carotenoid) 색소가 풍부하여 비타민 A의 좋은 급원이 된다.

천도복숭아는 백도·황도와 달리 껍질에 털이 없고 조직이 단단하여 저장성이 좋으며, 신맛이 더욱 강하다.

2. 자두

자두(plum, *Prunus salicina* L.)의 원산지는 중국이다. 우리나라에서는 경북의 금릉·상주, 충북의 영동·옥천, 충남의 대덕·연기 등에서 재배된다. 우리나라의 자두는 황색과 적색을 띠고, 주로 생과로 이용하며 신선도가 쉽게 저하되므로 주의 깊게 다루어야 한다.

피자두의 속은 안토시아닌 색소가 함유되어 적색을 띠며, 껍질 부분에 하얀 분이 많은 것이 좋고 조직이 단단하여 저장성이 높다. 연보라색의 타원형을 띤 서양자두는 신맛이 강하여 말리거나 잼, 젤리, 통조림 등으로 많이 이용한다.

자두

피자두

3. 대추

대추(jujube, *Zizyphus jujuba* Miller)의 원산지는 유럽과 아시아의 동남부이다. 우리나라에서는 경북의 경산·청송·봉화 등이 주생산지이고, 이외에 경남의 밀양, 전북의 완주, 충북의 보은에서 생산된다.

대추는 날것보다는 주로 말려서 먹는데, 자연건조가 좋으나 대체로 햇볕에 사흘쯤 말린 후 50℃에서 화력건조를 하는 것이 좋다.

열매가 많이 열리는 대추에는 풍요와 다산의 의미가 함축되어 있다. 이는 관혼상제의 필수 과일로 다남(多男)을 기원하는 상징물로 폐백에 쓰인다. 9월에 따서 말린 건조대추는 떡, 약식 등의 요리에 이용한다. 생대추에는 비타민 C가 100g당 86mg, 건조대추에는 18.8mg이 함유되어 있다.

대추

4. 살구

살구(apricot, *Prunus armeniaca* L.)의 원산지는 중국 동북부이며, 현재는 미국의 캘리포니아가 최대 생산지이다.

색이 노랗고 살이 부드러운 것이 좋으며 열매의 약 90%가 과육이다. 일반적으로 짙은 노란색에서 노란빛이 도는 오렌지색을 띠며, 비타민 A가 풍부하고 당분이 적고 유기산 함량이 많아 생과보다는 가공용으로 쓰인다. 행인이라고 하는 살구씨에는 청산 배당체인 아미그달린(amygdalin)이 함유되어 있으며 약재로 이용되기도 한다.

살구

5. 매실

매실(Japanese apricot, *Prunus mume* S.)의 원산지는 일본과 중국이며, 우리나라에서는 경남의 창령군, 전남, 전북, 충북, 경기, 황해도 등지에서 생산된다.

특히 덜 익은 매실의 과피를 벗겨 핵을 제거하고 연기 중에 건조시킨 '오매'는 한약재로 쓰인다. 생매실에는 청산 배당체인 아미그달린(amygdalin)이 들어 있어 중독을 일으키므로 생식을 하기보다는 즙, 장아찌, 술이나 매실 엑기스로 가공하여 먹는다.

매실

체리

6. 체리

체리(cherry)의 원산지는 유럽 중남부와 소아시아이며, 보존성이 낮으므로 구입 후 바로 먹는 것이 좋다. 과실이 크고 단단하며 과즙이 풍부하고 적갈색을 띠는 것이 좋다. 체리는 흐르는 물에 씻어서 냉장보관하거나 냉동보관하는 것이 좋다.

생식하거나 셰이크, 머핀, 빙수, 케이크, 데커레이션 등에 이용한다. 저장기간이 짧기 때문에 병조림이나 통조림 등의 가공품을 만들 때도 쓴다. 단맛이 나는 체리는 잼을 만드는 데 사용되고 신맛이 나는 체리는 파이를 만드는 데 이용된다.

올리브

7. 올리브

올리브(olive)는 지중해 지역이 원산지이고 잎이 작고 단단하며 비교적 건조에 강하기 때문에 스페인과 이탈리아 등에서 널리 재배된다. 올리브는 그냥 먹지 않고 소금이나 소다, 식초 등에 절여서 먹는다. 이는 생올리브에 올유로핀(oleuropein)과 기타 페놀성 물질들이 함유되어 있어 매우 쓴맛이 나기 때문이며, 절이는 방법에 따라 짧게는 2주에서 길면 3달까지 절여 쓴맛을 제거한다.

장과류

켐벨

1. 포도

포도(grape, *Vitis* spp.)의 원산지는 카스피해 남부와 서아시아이며, 우리나라의 주산지는 충남, 충북, 경북의 경산, 금릉, 영천, 옥천, 영동 등이다. 신선한 포도는 꼭지와 속 줄기가 싱싱하고 알과 알 사이의 공간이 없이 밀집된 것으로 송이가 크며 과피가 얇고 당도가 높다. 포도는 겉에 묻어 있는 하얀 분이 많을 수록 달고

표 5-9 포도의 품종별 특성

품종	특성
캠벨얼리 (campbell early)	완숙되면 감미와 산미가 적당하고 특유의 풍미가 있어서 우리나라 사람의 기호에 잘 맞는다.
거봉 (巨峰)	과립은 진한 자녹색 장타원형으로 15g 이상의 대립이며, 육질이 좋고 단맛이 많아서 품질은 우수하나 착립이 극히 좋지 않은 단점이 있다.
머스킷 베리에이 (muscat bailey A.)	과립(顆粒)은 자흑색으로 원형(圓形)에 가깝다. 묽은 와인의 주 원료가 되며 머스킷 향기가 있어 맛이 좋다. 당도는 19~20 정도로 좋으며 완숙되면 산미가 적다.
네오머스킷 (neo muscat)	보관성, 수송성이 우수하고 양조용으로 좋다. 육질은 단단하고 과즙은 적은 편이며 과분은 적고 약간의 머스킷 향기가 나서 풍미는 좋으며 당도는 16~17도가 되고 산미는 적어 품질이 좋다.
델라웨어 (delaware)	과립은 원형 소립으로 완숙되면 자홍색을 띠며 과육은 암녹색으로 유연하고 과즙이 많다. 보통 꿀포도로 알려질 만큼 당도가 높고 내한성이 강하다. 건포도를 만드는 종이다.
머루포도	만생종으로 과육은 감미가 높아 20도에 달하고 육질은 점질이고 다즙이며, 과립은 자흑색이다.
청포도	조생종으로 껍질과 과육이 청색이고 씨가 없어 껍질째 먹는다.

맛있으며, 위쪽이 가장 달고 아래로 내려갈수록 신맛이 강하다. 0.17~0.27% 정도 들어 있는 탄닌(tannin) 때문에 떫은맛이 나며 포도 껍질부에는 펙틴류가 들어 있어 질 좋은 젤리를 만들 수 있다. 과피의 색은 안토시안으로 레드와인의 색소가 된다. 씨 없는 품종은 건조하여 건포도로 만들며, 알맹이가 큰 것은 시럽 통조림을 만든다.

델라웨어

청포도

거봉

무화과

2. 무화과

무화과(fig, *Ficus carica* L.)의 원산지는 서남아시아이며 우리나라에서는 전남과 경남의 남부지방에서 주로 재배되고 있다. 생것으로 사용하거나 저장기간이 짧아서 건조하여 보관하기도 하는데 무화과의 건조는 완숙된 과실을 따서 끓는 소금물에 넣었다가 꺼내 햇볕에 말리고 그늘에서 2차 건조한다. 무화과의 흰 유즙 속에는 단백질 분해효소인 피신(ficin)이 많아서 고기를 연화시키는 작용을 한다.

석류

3. 석류

붉은 보라색의 석류(pomegranate, *Punica granatum* L.) 열매 껍질은 두 개의 부분으로 나누어져 있는데, 바깥쪽의 단단한 과피와 내부에 부드러운 중세포(흰색 알베도)가 있다. 과즙을 함유하고 있는 종유석은 씨앗의 표피 세포에서 유래된 얇은 막으로 형성된다. 석류에서 씨앗의 수는 200개에서 약 1,400개까지 다양하다. 성숙한 과일에서 종과 종자를 압축하여 얻은 과즙은 pH가 낮고 폴리페놀 함량이 높다. 석류 과즙의 대표적인 색소는 안토시아닌이다.

오미자

4. 오미자

오미자(omija, *Schisandra chinensis*) 열매는 약으로 쓰거나 술과 차의 재료로 이용한다. 이 열매는 단맛, 짠맛, 쓴맛, 신맛, 매운맛의 다섯 가지 맛을 고루 갖추고 있다고 하여 오미자라고 하는데, 그중에서도 신맛이 가장 강하다. 신맛의 성분으로서는 말산·타르타르산 등이 알려지고 있다. 오미자를 우려낸 물은 화채의 기본 베이스로 사용된다.

과채류

채소 중에서 과실과 씨를 식용으로 하는 것으로, 대개 일년초이며 수확하기까지 많은 노력이 필요하다.

1. 딸기

딸기(strawberry, *Fragaria grandiflora* E.)의 원산지는 남미지역으로 우리나라에는 19세기 중엽 이후에 도입되었다. 산딸기는 야생으로 서식하는 나무에서 열린 것으로 건조한 것은 복분자라고 하며, 한방에서 약재로도 쓰인다.

딸기

수확된 딸기는 수송 중 품질 저하나 손실량이 많기 때문에 원거리 수송이나 장기저장이 어렵고, 과립에 물이 묻으면 더욱 빨리 상한다. 딸기의 장기저장을 위해서는 급속 동결하여야 한다. 특히 딸기에는 비타민 C가 82mg% 들어 있다.

2. 수박

수박(watermelon, *Citrullus vulgaris* S.)의 원산지는 아프리카이다. 우리나라에서는 경북의 성주·고령, 경남의 밀양, 전남의 나주·영암, 전북의 고창·부안, 경기의 화성·파주 등에서 주로 재배된다. 껍질이 얇고 탄력이 있으며 꼭지 부위의 줄기가 싱싱한 것이 좋으며 수박의 외과피를 벗겨내고 난 껍질 부분을 생채로 이용하기도 한다.

수박과 복수박

수박은 수분 함량이 많고 고형분이 적어서 워터멜론(water melon)이라고도 한다. 과육은 적색, 황색, 백색을 띠는데 일반적으로 적색, 황색이 많이 이용된다. 수박의 과육 중에 있는 성분인 시트룰린(citrulline), 아르기닌(arginine)은 이뇨작용을 하여 부종 등에 효과적이다. 또한 리놀레산(linoleic acid)은 수박씨에 많이 들어 있는 필수지방산으로 동맥경화 예방에 효과가 있다.

3. 참외·멜론

참외(oriental melon, *Cucumis melo* L. var. *makuwa*)의 원산지는 이집트 북부 또는 인도지방이라는 설과 열대 아프리카설이 양립되어 확실하지 않으나 생물학계의 분류학상 학명(*Cucumis melo*. L.)이 멜론과 동일한 품목으로 본래 조상은 하나로 본다.

우리나라에서는 삼국시대에 만주를 걸쳐 들어온 것으로 추정되며 경북의 성주, 경남의 진주, 경기의 성환에서 주로 재배된다. 육질이 단단하며 색이 진하고 골이 깊은 것이 좋다. 참외 꼭지의 쓴맛 성분은 쿠쿠비타신(cucurbitacin)이다.

멜론(melon)의 원산지는 북아프리카이며, 세계적으로 100여 종이 재배되고 있다. 멜론은 꼭지 반대편을 눌러 보았을 때 살짝 들어가며 부드러운 것과 선이 촘촘하고 줄이고른 것이 좋다. 멜론은 후숙성 과일이므로 실온에 3~4일 두어 숙성시킨 후 먹는다. 또한, 너무 차가워지면 단맛이 떨어지므로 냉장고에 오랫동안 넣어 두지 않는 것이 좋다. 멜론은 꼭지 반대 부분이 매우 달며, 칼륨도 100g당 374mg으로 매우 많다. 멜론의 종류로는 백설멜론, 머스크멜론 등이 있다.

최근에는 겉모양은 일반 그물무늬의 머스크멜론과 같지만 과육은 붉은색을 띠는 '붉은멜론'도 웰빙 과일로 각광받으며, 일반 멜론보다 한 차원 개선된 맛을 내고 있다. 이 멜론은 과육이 다른 멜론보다 부드럽고 당도가 높은 게 특징이며, 과즙이 입안에 가득 찰 정도로 풍부하고 달다.

멜론과 참외

백설멜론

붉은멜론

4. 블루베리

블루베리(blueberry)의 원산지는 북아메리카이다. 열매의 크기가
고르고, 표면에 흰 가루(당분)가 골고루 많이 있으며 열매 꼭지 부
분이 짙은 청색인 것이 좋다. 탄력이 없고 물기가 많은 블루베리는
과숙한 것이고, 붉은빛이 돌면 덜 익은 것이다. 오래 저장하면 수
분이 빠져, 쭈글쭈글해진다. 달고 신맛이 약간 있기 때문에 날것으
로 먹기도 하고 저장기간이 짧아 잼, 주스, 통조림, 아이스크림 등
으로 만들어서 먹는다.

블루베리

　　블루베리 안의 보라색 성분인 안토시아닌은 강력한 항산화 효과를 내는 물질
로 사과보다 3배 정도 많이 함유되어 있다.

열대과일

열대나 아열대 지방에 분포하는 과일로 생산지역의 기후 특성 때문에 실온에 보
관하여야 한다.

1. 바나나

바나나(banana, *Musa* spp.)의 원산지는 동남아시아이고, 우리나라의 주산지는
제주도로 전체 생산량의 90% 이상을 차지하고 있다. 빨간 바나나 '모라도'는 고산
지대나 섬에서 재배되는 것으로 보통 바나나보다 당도가 높고 칼륨과 탄수화물,

바나나

몽키바나나

비타민 A가 많아 웰빙 식품으로 인기가 좋다. 몽키바나나는 당도가 높아 아이들이 좋아한다. 유럽에서는 전분 함량이 많은 요리용 바나나 전체를 플랜테인(plantain)이라고 하는 데 반해, 동남아에서는 일부만 플랜테인이라고 한다. 과육이 단단하여 껍질째 쪄서 굽거나, 껍질을 벗겨서 굽거나 튀기며, 때로는 조려도 좋고, 건과로 하거나 건조 분말로 사용하기도 한다. 요리용 바나나는 아프리카에서 주로 이용한다.

바나나는 미숙한 것을 수확하여 후숙하여 식용하는데, 후숙하면 전분이 당화하여 과당, 포도당 등으로 변화하므로 단맛이 증가한다. 또한 바나나는 냉장고에 넣어 두면 냉해가 발생하여 껍질이 단시간에 검게 변색되므로, 종이에 싸서 햇빛을 피해 실온에 보관하는 것이 좋다. 껍질에 검은 점이 생기면 오래 저장할 수 없지만 당도는 가장 높은 상태가 된다. 바나나는 탄수화물이 20%로 열량이 높은 과일에 속하며, 칼륨이 355mg%로 많다.

2. 파인애플

파인애플

파인애플(pineapple, *Ananas comosus* M.)의 원산지는 브라질이며, 우리나라의 주산지는 제주의 남제주군, 경남 하동, 진주, 충무 등지이다. 주 재배품종은 대농과 스페셜로 소비자들은 잎이 넓고 가시가 없는 대농을 선호한다. 고유의 색상을 갖고 외피가 노르스름하며 후숙이 잘된 것으로 손으로 눌렀을 때 과육이 부드러운 것이 좋다. 파인애플은 실온에서 충분히 익혀 냉장고에 저장하는 것이 좋다.

비타민 C의 함량은 45.4mg%로 매우 높으며, 브로멜린(bromelin)이라는 단백질 분해효소가 들어 있어 고기의 연화를 돕는다. 파인애플 통조림은 브로멜린이 열에 의해 불활성화되므로 효소가 단백질의 분해를 위한 역할을 충분히 하지 못한다. 그러므로 육류 연화를 위해서는 생파인애플을 쓰는 것이 좋다.

3. 키위

키위(kiwi, *Actinidia chinensis* planch.)의 원산지는 중국이며, 우리나라에서는 양

골드키위   그린키위

다래, 참다래라고 부르기도 한다. 현재 전남, 경남, 제주지방에서 주로 재배하고 있다. 금방 먹을 것은 손으로 눌렀을 때 약간 말랑말랑하고 표면에 솜털이 깨끗하게 정리되어 있으며 상처가 없는 것이 좋다.

키위는 수확한 후 후숙하여 먹는 전형적인 과일로 완숙과에는 털이 없다. 먹기 좋은 과실의 당도는 14% 이상, 산 함량은 0.8~1.2%이며 식이섬유가 바나나의 5배나 포함되어 있다. 종류로는 골드키위, 그린키위가 있으며 골드키위는 그린키위보다 신맛이 훨씬 약하고 비타민 C 함량이 높다. 키위에 들어 있는 단백질 분해효소는 액티니딘(actinidin)이다.

4. 파파야

파파야(papaya, *Carica papaya* L.)의 원산지는 열대 아메리카로 열대와 아열대 지역에서 재배되고 있다. 파파야 과육은 부드러우나 당도와 과즙이 적다. 껍질을 벗기고 레몬을 뿌려 먹거나 씨를 제거한 후 가운데에 요구르트와 아이스크림을 넣어 살살 긁어 먹으면 간식으로 더 없이 좋다. 껍질 색이 초록에서 노랑으로 바뀌

파파야

고 손에 쥐어 봤을 때 부드러움이 느껴지면 잘 익은 것이다. 유기산이 적어서 신맛보다는 단맛이 강하며 비타민 C가 풍부하다. 어린 열매의 과육에는 단백질 분해효소인 파파인(papain)이 들어 있어 고기를 연하게 한다.

5. 아보카도

아보카도(avocado, *Persea americana*)의 원산지는 멕시코와 남아메리카이며, 중

아보카도

앙아메리카와 서인도, 미국의 캘리포니아와 플로리다 등지에서 많이 생산되고 있다. 진초록의 울퉁불퉁한 모양으로 '숲속의 버터'라고 불릴 정도로 지방이 풍부하여 고소한 맛이 난다. 손바닥으로 눌러 보았을 때 잘 눌리는 것과 흠집이 없으며 크기에 비해 무거운 것이 좋다. 변색을 막기 위해서는 음식을 만들 때 아보카도를 제일 마지막에 손질하여 넣는 것이 좋으며, 미리 썰어 놓을 경우에는 우유에 담그거나 레몬즙을 뿌려 놓는다.

과육은 수분 73.2%, 지방 14.7%를 함유하며 지방 함량이 많아 생과로 이용하기보다는 다른 식품과 함께 사용하면 좋다. 덜 익은 것은 짙은 청녹색을 띠며 살이 단단하고 맛이 무미하다. 반면에 완숙되면 약간 말랑말랑하며 구수한 맛이 나고 검보랏빛이 된다.

6. 망고

망고(mango, *Mangifera indica* L.)의 원산지는 인도, 말레이반도, 미얀마로 아열대에서 널리 재배되고 있다. 표면이 매끄럽고 검은 반점이 없으며 깨끗한 것이 좋다. 낮은 온도에서는 저온장해를 일으키므로 13℃로 상온 저장한다. 과육은 황색이고, 주로 β-카로틴이므로 비타민 A의 좋은 급원이며, 비타민 A 함량이 국내에 나와 있는 열대과일 중 가장 높다. 망고는 과피가 담황등색의 망고와 적황색의 애플망고가 있으며 즙이 많고 특유의 향기를 가지며, 단맛이 많아 풍미가 좋다.

망고

애플 망고

7. 코코넛 야자

코코넛 야자(coconuts, *Cocos nucifera* L.)의 주산지는 말레이시아이며 신선한 것은 겉껍질이 녹색을 띠고 들어서 흔들어 봤을 때 소리가 찰랑찰랑 나는 것이 좋다. 어린 열매는 껍질의 색이 녹색이며 속의 주스는 약간 달면서 신맛이 난다. 껍질 안쪽에 하얀 젤리 상태의 과육이 두껍게 붙어 있으며 완전히 익으면 갈색으로 변하면서 젤리 상태의 과육이 2~3cm의 두께로 딱딱한 층을 이루는데 이것을 건조시킨 것이 코코넛가루이다. 코코넛밀크는 미숙배유로 음료용으로 이용한다. 또한 코코넛의 지방은 식물성 유지이면서도 90% 정도가 포화지방산으로 되어 있다.

코코넛

코코넛가루

8. 용과

용과(dragon fruite, *Hylocereus undatus*)는 제주도에서 주로 재배되며, 영어권에서는 '피타야(pitahaya)'라고 불린다. 선인장의 열매에 해당하는데 단맛은 거의 없고 약간 새콤한 맛이 난다. 과육은 하얀색으로 미네랄 성분과 효소성분을 많이 함유하고 있어 그냥 잘라서 먹거나 믹서에 약간의 우유와 레몬 등을 넣고 갈아서 주스로 만들어 먹으면 좋다.

용과

9. 구아바

구아바(guava, *Psidium guajava*)는 태국이 원산지로 초록색은 신맛이 나며, 잘 익은 것은 노란색으로 단맛이 진하다. 과육은 백색, 황색, 담황색 등으로 단맛과

구아바

연한 신맛이 있으며 방향이 있다. 비타민과 칼륨이 풍부하고 주로 주스나 잼, 젤리 등으로 가공되며 다량의 칼륨은 나트륨 배출을 촉진시킨다. 보관 시에는 10~15℃ 온도를 유지하고 직사광선을 피하는 것이 좋다. 껍질의 농약을 제거하기 위해 소금물에 담갔다 사용한다.

10. 리치

리치

리치(litchi)는 '여지'라고도 하며 원산지는 중국 남부의 광동지방이다. 양귀비의 과일로 알려져 있으며, 껍질의 색은 빨갛고 속은 반투명의 백색이다. 리치에 있는 폴리페놀계 화합물은 항산화작용이 뛰어나며 시력 보호, 혈류의 흐름을 개선하는 효과가 탁월하다. 중국요리에서 후식으로 많이 이용된다. 생식하거나 얼려서 먹으며 그 외 건과나 통조림으로도 이용한다. 대표적인 저열량·저지방 식품이다.

11. 두리안

두리안

두리안(durian)의 원산지는 말레이시아를 비롯한 인도, 미얀마 등이며 동남아시아의 적도 부근에서 재배된다. 과실은 사람 머리만한 구형 또는 장구형으로 표면에 가시가 있다. '천국의 맛과 지옥의 향기'라는 말처럼 맛은 좋으나 양파의 부패취와 같은 특이한 불쾌취가 나서 싫어하는 사람도 많다. 만져 보았을 때 단단한 것이 좋으며 너무 익은 것은 껍질이 갈라지기 쉽다. 손질할 때는 두리안을 잡고 꼭지에서 아래로 칼집을 깊게 내어 손으로 벌려 가며 벗기며 생식 외에 아이스크림이나 잼 등에 이용하고, 냉동 보관한다.

12. 람부탄

람부탄(rambutan)은 말레이시아가 원산지이며 털 모양의 부드러운 돌기가 과피로 덮여 있다. 타원형의 열매가 10~12개씩 모여 달리고 작은 달걀만 한 크기로 7~8

월에 붉은색으로 익는다. 과육은 흰색으로 과즙이 많으며 달고 신
맛이 난다.

람부탄

13. 패션후르츠

패션후르츠(passion fruit)는 시계꽃 종류(Passiflora속)의 열매 중
식용이 가능한 것들을 통틀어 지칭하는 단어이다. 일반적으로는
브라질 남부가 원산지인 에듈리스 시계초(passiflora edulis)를 의
미한다. 한국에서는 백향과(百香果)로 불린다. 석류처럼 종자를 둘
러싸고 있는 가종피가 식용 부위이며, 형태도 얼핏 유사하고, 향기
가 매우 좋다. 베타 카로틴, 철분, 비타민 C와 칼륨이 많이 함유되
어 있다. 껍질을 설탕에 재워 차처럼 마실 수도 있다. 맛은 새콤달
콤하며 신맛과 단맛이 강하다. 소스, 스무디, 술, 치즈케이크, 주스
나 아이스크림으로 다양하게 가공하여 사용한다.

패션후르츠

견과류

1. 밤

우리나라에서 재배하는 밤(chestnut, *Castanea crenata* var. *dulcis*
Nakai)은 대부분 일본에서 도입된 것으로 주산지가 남부지방에
편재되어 있다. 주산지는 경남의 하동·함양·산청·진주, 전남의 광
양·보성·순천·구례·전주·남원·장수, 충남의 공주·부여·청양 등
이다.

밤

　밤은 주름이 없으며 윤기가 나는 것과 개당 무게가 25g에 크
기가 균일한 것이 좋다. 수분 함량이 60% 내외이기 때문에 쉽게 건조되며 썩기
쉽다. 전분이 30%가량이고 지방과 단백질이 거의 없어 얼면 변질·부패된다.

　밤은 저장성이 없어 빨리 부패하므로 말려서 보관하거나, 통조림 혹은 병조림

을 하여 보관한다. 밤을 말린 것을 '황률'이라고 하며 약재로도 사용된다. 밤의 속껍질에는 탄닌이 들어 있어 이를 율추숙수로 만들어 건강음료로 사용한다. 물밤(water chastnut)은 중국음식 재료로 사용하는데, 이는 우리가 먹는 밤과는 다른 것이다.

2. 호두

호두(walnut, *Juglans* spp.)는 중국에서 도입된 것으로 우리나라의 중부 이남지역에서 모두 재배 가능하고 충청북도, 강원 남부지역이 재배의 적지이다. 충북 영동·보은, 충남 천안·공주·청양, 전북 무주, 경남 양산 등지에서 많이 재배된다.

껍데기까지 있는 호두의 경우 외피가 깨끗하고 골이 얕은 것이, 알호두는 속피가 노랗게 윤기가 있고 깨끗한 것이 좋다. 호두의 속껍질은 떫은맛이 강하므로 조리에 사용할 때는 벗겨서 사용한다. 호두의 속껍질은 뜨거운 식초물에 잠깐 담가 두면 잘 벗겨진다. 너무 오래 담가 두면 껍질을 벗겼을 때 조직감이 떨어져 상품가치가 하락한다.

호두는 지방 함량이 많아 기름을 짜서 사용하기도 하나 오래 보관하면 지방 중 불포화지방이 많이 들어 있어 빨리 산패가 일어나므로 산패취의 원인이 된다. 미국산 호두인 피칸은 우리나라의 호두와 성분은 비슷하나 모양이 약간 길쭉하다.

깐 호두살

피칸(미국산 호두)

3. 잣

잣(pine nut, *Pinus koraiensis* S.)은 우리나라 경기도의 포천·가평·양평, 강원도

의 홍천·춘천·횡성 등지에서 주로 생산된다. 품종 고유의 특성을 갖고 크기가 균일한 것과 고유의 색택이 있고 윤기가 나며 건조상태가 양호한 것이 좋다.

잣

잣은 꼭지 부분에 있는 잣고깔을 반드시 떼어낸 후 그대로 쓰거나 비늘잣이나 잣소금을 내어 사용한다. 비늘잣이란 잣을 반으로 갈라놓은 것을 말하며 떡이나 약과의 장식에 사용된다. 잣소금은 잣을 곱게 다져놓은 것이다. 잣에는 기름기가 많아 그냥 다지면 기름과 엉겨서 잣가루가 잘 만들어지지 않으므로 도마 위에 종이나 한지를 깔아 기름이 종이로 배어들게 해야 한다. 특히 잣에서 나오는 기름으로 인해 보관 시 산패가 빨리 되고 냄새를 흡수하므로 잘 밀폐하여 냉동 보관해야 한다.

잣에는 올레인산(oleic acid), 리놀레산(linoleic acid), 리놀렌산(linolen acid) 등 불포화지방산이 함유되어 있다. 잣에 들어 있는 아밀라아제는 전분을 분해시키기 때문에 잣죽을 끓일 때 묽어지는 원인이 된다.

4. 은행

은행나무는 암수 두 그루로 나누어지며 10월에 암그루에 달린 열매가 황색으로 익는다. 중국이 원산지이다. 은행(ginkgo nut, *Ginkgo biloba* L.) 겉의 딱딱한 껍데기는 제거한 후 알맹이를 사용하는데, 이 알맹이에 붙어 있는 속껍질은 벗긴 후 음식에 이용한다. 속껍질은 기름을 약간 두른 프라이팬에 은행을 볶아서 익혀

은행

뜨거울 때 벗기거나 물에 불린 후 벗긴다. 떡에 이용할 때는 익히지 않은 상태로 넣어야 은행의 향이 많이 나서 좋다.

햇은행에는 청산배당체가 들어 있어 많이 먹으면 독성이 나타난다. 오래된 은행을 구우면 색깔이 노랗게 변하고 독성도 사라진다. 은행은 진해와 거담에 효능이 있고 해수, 천식, 잦은 소변에 이용되며 은행의 잎은 심장병의 치료약으로 추출하여 사용되고 있다.

5. 기타

기타 견과류로는 아몬드, 피스타치오, 캐슈넛, 헤이즐넛, 마카다미아, 브라질잠두 등이 있다. 이들 모두 보관하는 동안 견과류에 많이 들어 있는 불포화지방산이 산패되기 때문에 구입 시 신선한 것을 골라야 한다.

1) 아몬드

아몬드

아몬드(almond)는 아시아에서 처음 재배되었다. 속껍질이 붙은 채로 그대로 이용하거나 얇게 편으로 썰어서 이용한다. 비타민 E 가 많이 들어 있어 항산화력이 높은 견과류로 담백하고 고소한 맛 이 나며 주로 샐러드나 제과용으로 이용한다.

2) 피스타치오

피스타치오

피스타치오(pistachio nut)는 중앙아시아에서 기원전부터 이용되 기 시작한 핵과류로, 익으면 저절로 껍질 한쪽이 벌어진다. 껍질 속의 초록빛이나 노란색을 띠는 열매를 아이스크림, 과자 등에 이 용한다.

3) 캐슈넛

캐슈넛

캐슈넛(cashew nut)은 브라질이 원산지이며, 콤마 모양으로 구부 러진 것이 특징이다. 카르돌(cardol)이나 아나카르드산(anacardic acid) 등의 자극물질이 들어 있으므로 볶아서 자극물질을 제거한 후 이용한다. 종자는 샐러드, 볶음요리에 주로 이용되며 꽃받침 부 분은 술을 담그는 데 이용된다.

4) 헤이즐넛

헤이즐넛(hazelnut)은 개암나무 열매로 불포화지방산과 비타민 E가 풍부해 항산화력이 높아 과자, 아이스크림의 제조에 사용된다. 미국, 터키, 이탈리아, 스페인 등에서 생산되는데 그중 터키가 전체 생산량의 75% 이상을 재배하고 있다.

헤이즐넛

5) 마카다미아

마카다미아(macadamia nut)는 견과류 중 지방 함량이 가장 많아 열량이 높고 보관 시 산패가 빠르므로 보관에 주의해야 한다. 초콜릿, 아이스크림, 과자 등에 이용된다.

마카다미아

6) 브라질너트

브라질너트(Brazil nut)는 브라질의 아마존강 유역이 원산지로, 야생수에서 생산된다. 견과류 중에서 단백질과 비타민 B_1, B_2가 비교적 많이 함유되어 있다.

브라질너트

버섯류

MUSHROOM

버섯은 균사라는 세포로 구성되어 있으며, 곰팡이의 무리로서 식물의 셀룰로오스 등을 썩혀 그 영양분으로 살아간다. 버섯은 균류 중에서 눈으로 식별할 수 있는 대형의 자실체를 형성하는 무리의 총칭으로, 독특한 향미가 있어 식용으로 널리 사용되거나 약용으로 쓰이지만 목숨을 앗아 가는 독버섯도 있다. 소나무에 기생하면 송이버섯, 팽나무에 기생하면 팽이버섯이라고 한다. 식용버섯의 종류로는 표고버섯, 느타리버섯, 송이버섯, 양송이버섯, 목이버섯, 석이버섯, 싸리버섯, 만가닥버섯, 팽이버섯 등이 있다.

버섯이 생육하려면 온도, 습도, 흙의 습도, 빛, 흙 속의 양분 등이 적정해야 가능한데, 버섯 종류에 따라 조건의 범위, 한계가 서로 다르다. 균사의 발육은 온도에 따라 다음 세 가지로 나눌 수 있다.

- 첫째, 저온 발육성(최적온도 22~26℃, 최고 30℃)에는 팽이버섯이 있다.
- 둘째, 중간온 발육성(최적온도 22~28℃, 최고 32℃)에는 표고버섯 등이 있다.
- 셋째, 고온 발육성(최적온도 24~32℃)에는 느타리버섯, 알버섯, 잎새버섯이 있다.

표 6-1 버섯류의 영양성분 및 폐기율(100g)

식품명	에너지 (kcal)	수분 (g)	단백질 (g)	지방 (g)	탄수화물 (g)	총식이섬유 (g)	무기질			비타민				폐기율 (%)
							칼슘 (mg)	철 (mg)	칼륨 (mg)	나트륨 (mg)	티아민 (mg)	리보플라빈 (mg)	니아신 (mg)	
표고버섯(건)	178	8.9	22.42	2.14	61.81	26.4	21	2.43	1,873	12	0.385	1.392	7.096	0
송이버섯	21	89	2.05	0.15	8.12	4.6	1	1.85	317	1	0.016	0.402	3.758	5
양송이버섯	15	91.9	3.12	0.23	3.89	2.1	2	0.62	382	5	0.057	0.349	3.404	0
느타리버섯	15	91.9	2.6	0.14	4.7	2.9	0	0.78	256	2	0.134	0.15	5.127	1
목이버섯(건)	169	12.9	11.88	1.26	69.66	43.5	694	5.1	1,085	108	0.147	0.897	2.047	0
팽이버섯	21	89.2	2.41	0.51	7	3.7	1	1.02	369	3	0.097	0.262	1.277	15
석이버섯(건)	165	12.9	11.75	0.96	68.47	60.9	47	54.6	403	6	0	0.284	2.277	0

자료: 국가표준식품성분표, 10개정판, 국가표준식품성분 DB 10.2. (2024)

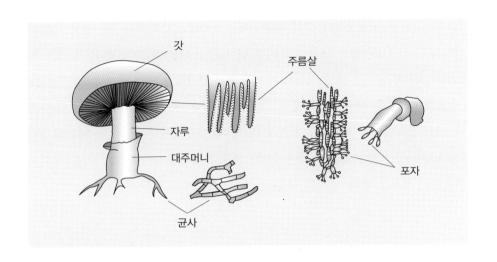

갓

주름살

자루

대주머니

포자

균사

그림 6-1
버섯의 구조

식용버섯은 70~95%가 수분이고 나머지 5~30%가 유기 및 무기 성분으로 되어 있다. 말린 버섯은 15~30%가 단백질, 2~10%가 지방, 50%가 가용성 무기질로 되어 있고 5~10%가 기타 무기질을 함유하고 있다.

버섯은 갓과 자루로 되어 있으며, 갓의 안쪽에 주름이 있고 포자가 들어 있다. 버섯은 자실체의 주름살에서 생긴 포자가 옮겨져 발아되면 균사를 형성하고, 이 균사가 퍼져서 균사체를 이루고, 여기에서 번식기관인 자실체가 자란다. 이것이 식용버섯으로 이용된다. 균사체의 생육온도는 자실체보다 높다.

1. 표고버섯

표고버섯(shiitake fungus, *Lentinus edodes* B.)은 주로 산간지역에서 자생하며 주산지는 경북 상주·금릉, 충남 보령·홍성, 전북 무주, 강원 원주, 충북 영동, 제주도 등이다.

원형·타원형으로 모양이 고르고 일정하며 갓이 70% 정도로 피어 있고 고유의 모양을 갖추었으며 연갈색 바탕에 거북이 등처럼 갈라진 흰 줄무늬가 있는 것으로 적당한 육질과 광택이 있고 전체가 오그라드는 모양의 두꺼운 것이 좋다. 또한 봄·가을에 생산된 것으로 건조가 잘되고 수분이 13% 정도이며 갓의 크기가 5~7cm인 것이 좋다.

생표고버섯은 저장성이 약해 여름철에는 1~2일, 그 외에는 3일 정도 저장이 가능하고, 건표고버섯은 보관이 용이한 편이다. 건조방법에는 일광건조법, 화력건조법이 있으며 습기가 없는 어둡고 서늘한 곳에 보관하는 것이 좋다.

표고버섯에는 에르고스테롤이 많아 자외선을 쪼이면 비타민 D가 많아진다. 에르고스테롤은 버섯의 갓 부분에 많이 함유되어 있다. 또한 에리타데닌(eritadenine)이라는 성분이 있어 콜레스테롤의 대사를 촉진하고 그것을 체외로 배출하는 작용을 한다.

생표고버섯

건표고버섯(백화고, 동고)

표 6-2 건표고버섯의 상품 특성

등급	품종	상품 특성
특품	화고	• 갓: 피지 않은 상태이다. • 모양: 고유의 모양을 갖추었다. • 색: 연갈색 바탕에 거북이 등처럼 갈라져 흰 줄무늬가 있다. 줄무늬가 많으면 백화고, 검은 바탕이 많으면 흑화고라고 한다.
1등품	동고	• 갓: 50% 미만으로 피지 않은 상태이다. • 모양: 둥근 모형이며, 갓의 지름이 3cm 미만이고 오므라져 있다. • 색: 봄·가을에 생산되는 버섯은 짙은 흑갈색이며, 여름 버섯은 고온 및 우천으로 빛바랜 갈색을 띤다.
2등품	향고	• 갓: 동고보다 다소 핀 상태이다. • 모양: 두께가 얇고 고유의 형태를 갖추지 못하였다. 동고보다 다소 큰 편이다. • 색: 약간 노란 빛이다.
3등품	향신	• 갓: 90% 이상 피었다. • 모양: 넓고 크며 얇다. • 색: 누런 빛이다.
4등품	등외	• 갓: 만개하였다. • 모양: 옆으로 퍼지고 일정한 형태가 없으며, 두께가 가장 얇다.

버섯의 감칠맛은 핵산 조미료 성분의 하나인 구아닐산과 만니톨, 트레할로스 등의 당유도체에 의한 것이다. 품종의 이름은 채취상태에 따라 달라지며 상태에 따라 동고, 향고, 향신, 등외로 나누어진다. 화고는 표고버섯과 다른 품종이다.

2. 송이버섯

송이버섯(pine mushroom, *Tricholoma matsutake* I.)은 우리나라를 비롯한 일본, 북한, 중국 대륙에 분포한다. 우리나라에서는 경상북도가 전국 수확량의 약 65%, 강원도가 약 27%를 차지하고 있으며, 경상북도의 울진·봉화·영덕과 강원도의 양양 등에서 많이 생산된다. 살아 있는 소나무 실뿌리에서 자라면서 소나무로부터 포도당을 얻어 성장하고, 소나무에게는 물을 제공하며 공생하고 있다.

송이버섯

색상이 자연스럽고 광택이 있는 것으로 갓이 둥글며 갓 모양으로 피어나지 않은 것이 좋다. 또한 향미가 양호하고 육질의 경연도가 적당하며 득유의 향이 나는 것이 좋다. 송이버섯은 선도가 가장 중요하므로 운반이나 저장에 특히 신경 써야 한다. 송이는 신선한 수송을 위해 호흡작용을 방해하여 발육을 억제하는 방법을 이용한다. 송이는 솔잎과 같이 저장하는 것이 좋은데 향이 날아가는 것을 방지하기 때문이다. 송이는 향이 달아나지 않도록 흙만 살살 털어 내거나 물에 살짝 씻어 사용한다.

송이버섯은 위암, 직장암의 발생을 억제하는 항암성분인 빈크리스틴(vincristine)을 함유하고 있으며 송이버섯의 향기성분은 계피산메틸(methyl cinnamate)과 마츠타케 알코올(matsudake alcohol)이 혼합된 것이다.

3. 양송이버섯

양송이버섯(mushroom, *Agaricus bisporus* S.)은 진균식물인 갓균목 송이버섯과의 담자균류에 속하는 식용버섯으로, 맛과 향기가 뛰어나서 세계적으로 널리 소비되고 있다. 우리나라는 충남의

양송이버섯

부여·논산·강경, 경북의 월성·구미, 전북의 김제·옥구, 전남의 순천·광양이 주산지이다.

신선한 양송이버섯은 색상이 크림색이며 광택이 있는 것으로 갓이 피어나지 않고 둥근 갓 모양이며 단단하고 균체가 고르며 알맞게 자란 것, 향미가 좋고 육질이 적당한 것, 손상이 없고 이물질의 부착이 없는 것이 좋다. 주름살은 백색에서 점차 갈색을 거쳐 검은색으로 변한다.

여름에 양송이버섯을 실온에 방치하면 1~2일 내 변질·부패되고, 0℃ 이하에서는 균체가 동결되어 사용할 수 없으므로, 5~6℃에서 저장하는 것이 좋다. 요리에 사용할 때는 겉껍질째 데친 후에 사용한다.

4. 느타리버섯

느타리버섯(oyster mushroom, *Pleurotus ostreatus* F.)은 미루나무 등과 같은 연한 재질의 활엽수 고사목 및 자른 그루터기에 자생하는 식용버섯이다. 우리나라에서 제일 많이 생산되는 버섯으로 경기의 연천·포천·가평·양평, 전북의 정읍, 전남의 담양에서 주로 재배된다.

느타리버섯은 표면에 윤기가 나며 대의 길이나 갓 등이 균일하고 크기가 다른 혼입이 10% 이내인 것으로 갓의 형상이 품종 고유의 모양으로 균일하며, 두께가 두꺼운 것, 신선하고 탄력이 있는 것으로 고유의 향기가 뛰어나며 육질이 부드러운 것, 병충해나 흠집이 없는 것이 좋다.

말려서 저장하며, 사용 시 살짝 데친 후 꼭 짜서 사용하면 더 쫄깃하다. 짙은 회색이 상품이며 맛이 좋아서 버섯 샤브샤브, 조림, 볶음 등에 널리 이용된다. 최

느타리버섯

애느타리버섯

근에는 느타리버섯을 개량한 애느타리버섯도 생산되는데 이것의 영양이나 맛은 느타리버섯과 비슷하다.

5. 목이버섯

우리나라의 자연 목이버섯(wood ear, Chinese ear fungus, *Auricularia auricula-judae* B.)은 강원, 전북, 경북에서 난다. 여름부터 가을까지 활엽수의 고목에서 자라며 뽕나무, 참나무에서 인공재배가 이루어지고 있다.

목이버섯

목이버섯에는 검은 목이버섯과 흰 목이버섯이 있으며 버섯 표면이 한천질로 되어 있어 습할 때는 아교질로서 부드럽고 탄력성이 있으나 건조하면 오그라들어 수축된다. 목이버섯은 자실체가 귀 모양이고 주름이 있다.

목이버섯은 찬물에 불려 사용하는 것이 좋고 불린 후 잎을 한 잎씩 떼고 기둥을 잘라낸 후 사용하며 주로 중국요리에 많이 사용된다.

6. 팽이버섯

팽이버섯(enoki mushroom, *Flammulina velutipes.*)은 송이과에 속하며 감나무, 팽나무, 느티나무, 뽕나무에서 야생하나 주로 병에 톱밥을 넣고 비료를 주어 인공재배를 한다.

팽이버섯, 황금팽이버섯

갓이 백색이고 중심부가 담갈색이며 살이 두꺼울수록 좋은 품종이다. 먹을 때는 밑동을 자르고 생으로 먹거나 국, 찌개, 구이로 해서 먹기도 한다.

7. 석이버섯

석이버섯(manna lichen)은 균류와 조류가 복합체가 되어 공생하는 지의류로, 주로 나무줄기나 바위에 붙어서 자라며, 말려서 보관한다. 사용할 때는 미지근한 물에 10~20분 정도 불린 후 두 손으

건석이버섯

로 비벼 씻고 뒷면의 돌을 잘 제거하여 물로 씻어 낸다. 씻은 석이버섯은 물기를 짜고 돌돌 말아 채를 썰어 사용한다. 말린 석이버섯을 잘 빻아서 석이버섯 가루를 만들어 떡과 지단 등에 사용하기도 한다.

송로버섯

8. 송로버섯

송로버섯(Truffle, *Tuber melanosporum*)은 주로 프랑스, 이탈리아, 독일 등지에 분포한다. 떡갈나무 주변 땅속에 자라나 지상에서는 발견하기가 어렵기 때문에 훈련된 동물의 후각을 이용하여 찾아내어 채취한다.

표면은 흑갈색이고 내부는 처음에는 백색이나 적갈색으로 변한다. 갓이 깨끗하고 기둥이 단단하며 향이 있는 것이 좋다. 마른행주로 표면의 이물질만 제거하여 사용한다. 매우 강하면서도 독특한 향을 가지고 있어 다른 재료에 향을 옮기므로 소량만 요리에 이용한다. 흑송로는 오믈렛, 리소토, 트러플소스 등에 사용되며, 백송로는 부드러운 향미가 있어 파스타나 치즈요리 위에 신선한 것을 갈아서 뿌린다.

9. 기타

• 새송이버섯은 큰 느타리를 품종 개량한 것으로, 자루가 굵은 것이 특징이다. 맛이 쫄깃쫄깃하고 담백하여 구이나 전 등에 이용된다.
• 만가닥버섯은 균모가 회색 계통의 밤색이고, 주름살과 자루가 백색이다.
• 싸리버섯은 싸리 빗자루 모양과 비슷하며, 약간 노란색을 띠고 독특한 향이

새송이버섯

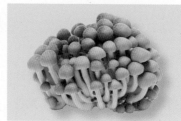
만가닥버섯

싸리버섯

나는 것이 특징이다. 여름부터 가을에 걸쳐 활엽수림의 땅에 군생하며, 가지 끝이 연한 홍색이나 자색을 띠고 가지는 흰색인 대형 버섯이다.

용어설명	**자실체** 균류에 있어서 포자를 만드는 영양체로, 고유의 형태를 띤다.
	송로버섯 둥근 모양의 버섯으로 유럽의 떡갈나무숲의 땅속에서 8~30cm가량 자란다.
	영지버섯 자실체가 광택이 나는 버섯으로 난형이고 활엽수의 뿌리 밑동에 군생하며, 약용으로 이용된다.
	능이버섯 연한 갈색을 띠는 버섯으로 자루의 길이는 3~6cm 정도이고 표면은 매끄럽다. 살은 두껍고 육질이 질기다.
	동충하초 봄에서 가을에 거쳐 숲속의 죽은 나비나 나방 등의 번데기 가슴 부위에서 1~2개 나오는 버섯으로, 약용으로 쓰이며 재배되기도 한다.
	초고버섯 버섯 모양의 둥근 주머니에 싸여 있는 것처럼 생겼으며 버섯 중에 비타민 C가 가장 많이 들어 있다. 주로 통조림이나 염장 상태로 시판된다.

육류

쇠고기 | 돼지고기 | 양고기 | 사슴고기 | 말고기 | 닭고기
오리고기 | 꿩고기 | 칠면조고기 | 거위고기 | 타조고기

MEAT

식용으로 이용되는 가축에는 소, 돼지, 닭, 양, 오리, 칠면조, 꿩, 토끼, 노루, 말, 사슴 등이 있다. 우리나라에서 주로 이용되는 육류는 쇠고기, 돼지고기, 닭고기 등이다. 육류는 국민소득이 증가함에 따라 지속적으로 수요가 증가하여 2015년 육류의 자급률을 보면 쇠고기 46%, 돼지고기 73%, 닭고기 87%이다.

육류의 연간 소비량을 살펴보면 돼지고기가 가장 많으며, 쇠고기의 경우는 수입량이 생산량과 비슷하다. 가축을 도살하여 방혈한 다음 가죽을 벗기고 머리, 다리 하부, 꼬리, 내장을 제거한 것을 도체(carcase) 또는 지육이라고 하며 지육에서 뼈를 제거한 살코기 부분을 정육(fresh meat)이라고 한다. 소, 돼지, 닭의 지육률은 각각 50~57%, 60~65%, 70% 정도이며, 지육으로부터의 정육률은 72%, 70%, 75% 정도이다.

표 7-1 육류 식품의 수급

식품명	국내 생산(M/T)	수입(M/T)	수출(M/T)	1인당 연간 공급량(kg/year)
쇠고기	2254.9	298.8	-	10.4
돼지고기	848.6	357.9	2.1	22.4
닭고기	585.2	118.6	26.4	10.3

자료: 식품수급표. 2015.

$$\text{도체율(dressed carcase, \%)} = \frac{\text{도체(지육) 무게}}{\text{생체 무게}} \times 100$$

$$\text{정육률(meat, \%)} = \frac{\text{정육 무게}}{\text{도체 무게(생체 무게)}} \times 100$$

육류의 근육조직은 결합조직, 지방세포, 근육세포, 혈관, 신경 등으로 구성되어 있다.

• 근육조직은 우리가 보통 먹는 부분으로 미오신과 액틴이 결합조직에 싸여 있다.

- 결합조직은 콜라겐으로 구성되어 있으며 운동을 자주 하는 부위에 많이 발달되어 있다(쇠머리, 쇠족의 힘줄이 많은 질긴 고기의 조직).
- 지방조직에는 포화지방산이 다량 함유되어 있어 조직을 부드럽게 하고, 촉감과 풍미를 좋게 한다.
- 골격조직은 칼슘과 인을 공급하고 많은 인지질을 함유하고 있으며, 어린 골격에 콜라겐이 더 많이 발달되어 있다.
- 간을 포함한 내장조직은 무기질과 비타민(철, 비타민 A, 비타민 B_1)을 다량 함유하고 있다.

식용으로 이용하는 육류의 대부분은 주로 골격근이며 식육의 70% 내지 75%는 수분이고 수분을 제외하면 대부분이 단백질로 약 20%를 차지한다. 식육은 이외에도 탄수화물, 지방, 각종 무기질이 함유되어 있으며 특히 철분의 좋은 급원이 되며, 비타민 B 복합체가 많이 들어 있다.

육류는 양질의 동물성 단백질 급원으로, 필수아미노산이 골고루 함유되어 있다. 철분은 혈색소나 근육색소의 구성성분으로 육류에는 철분의 양이 많고(쇠고기 4~5mg/100g), 소화·흡수율도 뛰어나다.

가축 도살 후에는 근육이 굳어지고 신전성이 없어지는 사후강직이 일어난다.

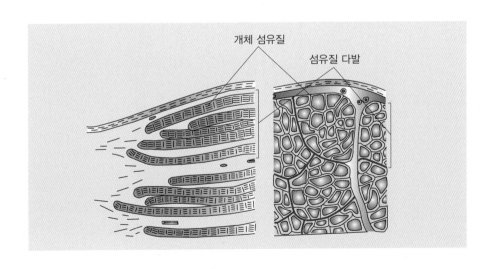

개체 섬유질

섬유질 다발

그림 7-1
근육 단면의 구조

이러한 사후강직의 속도는 가축의 종류, 나이, 영양수준, 도살 시의 흥분상태, 피로, 도살 후 근육온도에 따라 달라지는데, 쇠고기는 사후 12~24시간, 돼지고기는

표 7-2 육류의 영양성분 및 폐기율(100g)

식품명		에너지 (kcal)	수분 (g)	단백질 (g)	지방 (g)	탄수화물 (g)	총식이섬유 (g)	무기질			비타민				폐기율 (%)
								칼슘 (mg)	철 (mg)	칼륨 (mg)	나트륨 (mg)	티아민 (mg)	리보플라빈 (mg)	니아신 (mg)	
쇠고기	갈비	406	51.2	13.86	36.93	0	0	7	2.39	122	210	0.109	0.157	1.491	0
	등심	349	52.7	15.76	30.03	0	0	4	2.26	120	218	0.232	0.098	2.518	0
	목심	217	64.8	20.24	13.96	0	0	7	3.2	163	298	0.078	0.09	2.933	0
	사태	174	68.6	21.37	8.91	0	0	5	3.15	171	298	0.111	0.154	2.619	0
	설도	217	64.4	19.63	14.21	0	0	5	2.89	171	294	0.183	0.111	2.334	0
	안심	268	63.8	17.4	20.63	0	0	4	2.67	151	268	0.164	0.094	3.121	0
	양지	288	58.2	16.81	23.08	0	0	7	2.42	142	256	0.124	0.106	3.51	0
	우둔	191	67.4	20.4	11.11	0	0	5	2.78	183	330	0.038	0.095	4.661	0
	채끝	360	52.4	16.48	30.84	0	0	4	2.09	129	230	0.161	0.079	3.354	0
돼지고기	갈비	236	65	17.77	17.06	0	0	9	0.73	185	287	0.61	0.176	3.092	13
	뒷다리	135	72.6	20.88	4.97	0	0	5	0.68	189	339	0.666	0.067	5.724	0
	등심	142	71.1	23.33	4.58	0	0	4	0.43	222	370	0.627	0.147	3.168	0
	목심	227	62	17.21	16.36	0	0	8	0.73	183	301	0.66	0.293	3.119	0
	사태	156	72.4	19.78	7.72	0	0	10	0.83	178	289	0.522	0.301	3.064	0
	삼겹살	372	52.2	13.9	33.31	0	0	8	0.49	147	239	0.479	0.163	1.737	0
	안심	123	74.4	22.21	3.15	0	0	3	0.78	211	373	0.868	0.298	3.954	0
	앞다리	159	71.3	20.21	7.87	0	0	5	0.76	179	326	0.556	0.11	5.139	0
닭고기	가슴살	106	76.2	22.97	0.97	0	0	4	0.28	251	371	0.203	0.054	10.815	0
	날개	178	70.8	18.78	10.53	0	0	17	0.56	155	195	0.132	0.072	5.681	35
	넙적다리	190	69.6	18.59	11.83	0	0	9	0.54	176	251	0.156	0.12	4.529	0
양고기	다리	201	67.17	18.58	13.49	0	0	8	1.71	178	261	0.13	0.23	6.22	20
	살코기	143	72.55	20.88	5.94	0	0	12	1.91	190	276	0.13	0.23	6.51	46

자료: 국가표준식품성분표, 10개정판, 국가표준식품성분 DB 10.2. (2024)

8~12시간 정도, 닭은 6~12시간이 걸린다. 이러한 강직은 식용에 적당하지 않으나 강직의 해제, 즉 숙성의 과정을 거치면서 근육의 장력이 감소되고 연화가 일어나며 근육 내 단백질 효소에 의해 결체조직이 분해되는 자가소화가 일어나 육즙이 풍부해지고 연해져서 식용하기에 적합한 고기로 변하게 된다. 숙성기간은 가축의 종류, 가금류의 종류, 숙성온도에 따라 달라진다. 쇠고기 경우 보통 0℃에서 8~14일이 걸린다.

1. 쇠고기

소는 인도, 페르시아, 바빌로니아 등지에서 가축화되어 인도, 미국, 브라질, 멕시코, 아르헨티나 등지에서 사육되고 있다. 우리나라에서 기르는 소는 육우, 젖소, 역우 및 병용종으로 구분되며 육우는 한우, 유럽종, 아세아종으로 구분된다.

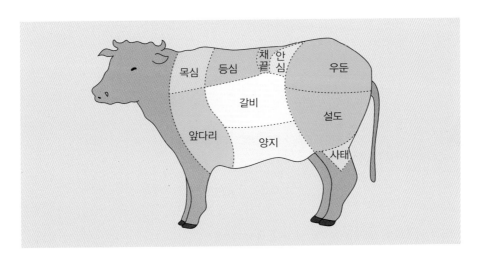

그림 7-2
쇠고기의 부위별 명칭

한우는 암소가 체중이 370kg 정도 나가고, 수소는 460kg 정도이며, 털은 황갈색으로 뿔이 나 있고 성질이 온순하고 비육성과 육질이 좋다. 그러나 도체율은 50~55% 정도다. 최근에는 한우의 브랜드화로 축산 경영이 중요시되고 있다. 수입 쇠고기(Beef, Bos spp.)는 미국, 호주, 뉴질랜드 등의 지역에서 수입되고 있다.

쇠고기는 부위에 따라 맛과 특징이 다르다(표 7-3).

표 7-3 쇠고기의 부위별 특징 및 이용

대분할 부위 명칭	소분할 부위 명칭 및 특징	이용
안심	**안심살** • 등심 안쪽에 위치한 부위로 가장 연하다. • 고깃결이 곱고 지방이 적어 담백하다. • 쇠고기 중 양이 적은 부위로 귀하다. • 얼룩지방과 근막이 형성되어 있는 최상급 고기이다.	고급 스테이크, 로스구이, 전골
등심	**윗등심살, 아랫등심살, 꽃등심살, 살치살** • 갈비 위쪽에 붙은 살로 안심, 채끝과 함께 상급 고기이다. • 육질이 곱고 연하며 지방이 적당히 섞여 있어 맛이 좋다. • 결조직이 그물망 형태로 연하여 풍미가 좋다.	등심구이, 스테이크, 전골, 불고기
채끝	**채끝살** • 등심과 이어진 부위의 안심을 에워싸고 있다. • 육질이 연하고 지방이 적당히 섞여 있다. • 등심보다는 지방이 적고 살코기가 많다.	로스구이, 샤브샤브용, 불고기, 국거리
목심	**목심살** • 등심보다 약간 질기다. • 운동량이 많기 때문에 지방이 적고 결합조직이 많아 육질이 질기며 젤라틴이 풍부하다.	스테이크, 구이, 불고기, 장조림
앞다리	**꾸리살, 갈비덧살, 부채살, 앞다리살, 부채 덮개살** • 설도, 사태와 비슷한 특징이 있다.	육회, 스튜, 탕, 장조림, 불고기, 카레소스
우둔	**우둔살, 홍두깨살** • 지방이 적고 살코기가 많다. • 다리살의 바깥쪽 부위로 살결이 거칠고 약간 질기나 지방 및 근육막이 적은 살코기로 맛이 좋고 젤라틴이 풍부하다.	산적, 장조림, 육포, 불고기, 육회

(계속)

대분할 부위 명칭	소분할 부위 명칭 및 특징	이용
설도	**보섭살, 설깃살, 도가니살, 설깃머리살, 삼각살** • 다리, 사태와 비슷하다.	육회, 산적, 장조림, 육포, 편육, 불고기, 전골
양지	**양지머리, 업진살, 업진안살, 차돌박이, 치마살, 치마양지, 앞치마살** • 어깨 안쪽 살부터 복부 아래까지의 부위로 육질이 질기고 근막이 형성되어 있다. • 오랜 시간에 걸쳐 끓이는 조리를 하면 맛이 매우 좋다. • 업진육은 옆구리 늑골을 감싸고 있는 부위로 근육조직과 지방조직이 교대로 층을 이룬다. 치마살은 섬유질이 길게 발달되어 있어 육개장에 결대로 찢어서 사용한다.	국거리, 스튜, 분쇄육, 장조림, 구이
사태	**앞사태, 뒷사태, 뭉치사태, 아롱사태, 상박살** • 다리오금에 붙은 고기로 결합조직이 많아 질긴 부위이다. 콜라겐이나 엘라스틴 등이 많아 질기지만 가열하면 젤라틴이 되어 부드러워진다. • 장시간 물에 넣어 가열하면 연해진다. • 기름기가 없어 담백하면서도 깊은 맛이 난다. • 사태 부위에서 가장 큰 근육을 아롱사태라고 한다.	육회, 탕, 스튜, 찜, 장조림
갈비	**갈비, 마구리, 토시살, 안창살, 제비추리, 불갈비, 꽃갈비, 참갈비, 갈빗살** • 조금 질길 수도 있으나 맛이 좋다. • 갈비 안쪽에 붙은 고기로 육질이 가장 부드럽고 연하다. • 고기의 두께가 조금 얇고 얼룩지방과 근막이 형성되어 있는 최상급 고기이다.	갈비구이, 찜, 탕, 구이

쇠고기는 보통 2~3년 사육된 암소나 거세한 수소를 이용한다. 그러나 4~12주된 송아지를 사용하는 요리도 있다. 송아지고기의 빌(veal)은 '어린 소의 고기'라

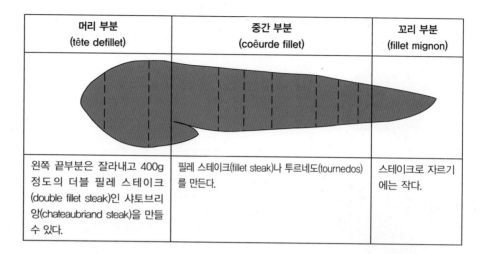

머리 부분 (tête defillet)	중간 부분 (coêurde fillet)	꼬리 부분 (fillet mignon)
왼쪽 끝부분은 잘라내고 400g 정도의 더블 필레 스테이크(double fillet steak)인 샤토브리앙(chateaubriand steak)을 만들 수 있다.	필레 스테이크(fillet steak)나 투르네도(tournedos)를 만든다.	스테이크로 자르기에는 작다.

그림 7-3
서양요리에 사용되는
안심의 부위별 명칭

는 뜻이고, 칼프(calf)는 '어린 소'라는 뜻이며, 육색은 담적색을 띠고 근섬유가 가늘고 지방이 적은 편이다. 수분이 많고 육질이 부드럽고 담백한 맛이 나지만 엑기스분이 적어 풍미는 떨어진다.

쇠고기는 선홍색을 띠며 탄력이 있고 근육 사이에 흰색 지방이 낀 마블링(marbling)육을 형성하는데 이렇게 마블링되어야 부드럽고 상품가치가 높다. 소의 부산물로는 쇠머리, 간, 콩팥, 제1위인 양, 제2위인 벌집위, 제3위인 천엽, 제4위인 홍창(막창), 염통, 혀, 허파, 등골, 선지, 꼬리, 족, 사골, 도가니 등이 있다(표 7-4). 내장 부위는 냄새가 많이 나므로 씻을 때 위는 밀가루를 묻혀 주물러서 물로 여러 번 헹궈 내고, 간은 우유 등에 담가 냄새를 제거하여 사용하며 주로 탕이나 전, 구이 등으로 이용한다.

고기의 핏물은 국물요리를 만들 때 단백질의 변성을 일으켜 거품을 만들어내고 고깃국물을 흐리게 하므로 반드시 핏물을 제거한 후 요리해야 한다.

고기를 연화시킬 때는 기계적으로 두드리거나 효소를 이용하여 결체조직을 끊어 준다. 이러한 연화에 이용되는 효소로는 파인애플의 브로멜린, 무화과의 피신, 키위의 액티니딘, 그 외 배의 펩티다아제(peptidase)가 있다.

고기의 냉동보관 시 표면의 수분이 증발되면서 표면이 경화되고 지방 산화물에 의해 변색되는 현상을 냉동화상(freezing burn)이라고 한다. 또한 천천히 동결

표 7-4 소의 내장물

소머리(head)	뇌(brain)	소혀(tongue)
• 소머리고기는 두개골에 남은 고기로 피부와 털을 제거하고 장시간 끓여 먹는다. • 소머리편육과 탕에 이용한다.	• 골을 둘러싼 얇은 막을 제거한 후 사용한다. • 전이나 찜 등을 하는데 익은 후에 매우 부드러운 질감을 갖는다.	• 혀뿌리, 혀날이 부착된 상태로 판매되며 깨끗이 씻은 후 끓는 물에 삶아 혀의 껍질 부분을 제거한 후 사용한다. • 우설편육과 전골에 이용한다.
심장(heart)	신장(kidney)	간(liver)
• 혈관과 혈액을 제거하고 잘 손질하여 조리한다. • 구이로 이용한다.	• 혈관과 지방을 제거하고 끓는 물에 데친 후 조리한다. • 구이로 이용한다.	• 피막을 제거하고 우유에 담가 비린 맛을 없앤다. • 신선한 것은 회로 먹을 수 있으나 대체로 볶거나 전을 해서 먹는다.
소장(small intestine)	대장(large intestine)	떡심(back strap)
• 지방조직을 자르고 밀가루로 잘 씻어 냄새를 제거한다.	• 지방조직을 자르고 밀가루로 잘 씻어 냄새를 제거한다. • 구이로 이용한다.	• 등심 사이에 들어 있다. • 떡심채 등으로 이용한다.
반추위 제1위(rumen)	벌집양 제2위 (honey comb tripe, reticulum)	천엽 제3위(bible tripe, omasum)
• 반추동물의 위 중에서 가장 크다.	• 소의 제2위이다. • 즙, 탕에 이용한다.	• 소의 제3위이다. • 회, 전에 이용한다.

시킨 경우 세포벽이 파괴되어 수분이 흘러나오고 해동할 때 육즙 성분이 많이 흘러나오는데, 이를 드립(drip) 현상이라고 한다. 이렇게 흘러나오는 수분에는 수용성 성분인 단백질, 염류, 비타민, 풍미물질이 같이 흘러나와 제품의 가치를 떨어뜨린다.

해동 시 이러한 드립 현상을 줄이기 위해서는 하루 전 냉동육을 냉장상태로 꺼내어 둔 후 서서히 해동하거나 흐르는 찬물에서 해동하는 것이 바람직하다. 냉동육을 급하게 해동하면 고기 액즙의 보습력이 떨어져서 드립현상이 심해지며 품질에 악영향을 미치게 된다. 최근에는 전자레인지를 이용하여 급속 해동하는 방법이 권장된다.

소 도체의 육질 등급은 근내지방도(marbling), 육색, 지방색, 고기의 조직 및 탄력, 뼈의 성숙도를 종합적으로 고려하여 1^{++}, 1^+, 1, 2, 3등급으로 판정한다.

2. 돼지고기

돼지는 1년에 6~10마리씩 새끼를 낳는 번식력이 좋은 동물이다. 돼지고기(pork, Sus spp.)는 다른 가축보다 도축률이 높아 중요한 식육자원으로 쓰인다. 돼지는 동물성 단백질을 가장 많이 생산·공급하는 가축이므로 생육 이외에 햄, 소시지, 베이컨 등의 가공육으로 많이 이용되고 있다. 주로 김해, 포천, 고양, 남양주, 양주, 용인, 광주, 당진, 시흥, 합천, 양산, 횡성, 승주, 여주에서 사육되며 특화지역으로는 김포가 알려져 있다.

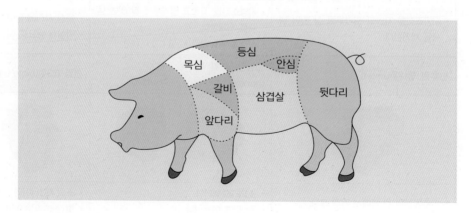

그림 7-4
돼지고기의 부위별 명칭

표 7-5 돼지고기의 부위별 명칭 및 용도

대분할 부위명(7개 부위)	소분할 부위명(22개 부위)	용도
안심	안심살	스테이크, 로스구이, 구이, 탕수육
등심	등심살, 알등심살, 등심덧살	폭찹, 돼지불고기, 돈가스, 스테이크
목심	목심살	돈가스, 잡채
앞다리	앞다리살, 앞사태살, 항정살	구이, 돼지불고기, 편육, 찌개
뒷다리	볼깃살, 설깃살, 보섭살, 도가니살, 뒷사태살, 홍두깨살	돼지불고기, 찌개, 편육, 완자, 돈가스, 장조림, 탕수육
삼겹살	삼겹살, 갈매기살, 등갈비, 토시살, 오돌삼겹	로스구이, 베이컨, 편육
갈비	갈비, 갈빗살, 마구리	찜, 구이, 바비큐

돼지고기는 연한 분홍색을 띠며 탄력이 있고 근육 사이사이에 흰색 지방이 잘 끼어 마블링을 형성한 것이 좋으며, 지방은 흰색을 띠는 것이 좋다. 너무 두꺼운 지방은 잘라낸다. 돼지고기는 특유의 누린내가 나므로 이를 제거하기 위하여 마늘이나 생강, 양파 등의 향신 조미료를 넣거나 술, 장류 등을 넣어 조리하는 것이 좋다.

생육형 돼지로는 버크셔, 중요크셔, 햄프셔, 듀록, 폴란드차이나가 있으며, 가공형 돼지로는 랜드레이스, 라지화이트, 탬워스가 있다. 돼지고기의 부위별 특징 및 이용방법은 표 7-6과 같다.

돼지 도체의 중량과 등 부위 지방 두께에 따라 1차 등급을 판정하고 비육 상태, 삼겹살 상태, 지방 부착 상태, 지방 침착 정도, 고기의 색깔·조직감, 지방의 색깔·

표 7-6 돼지고기의 부위별 특징 및 이용

부위	특징	이용
목심	• 등심에서 목쪽으로 이어지는 부위로 여러 개의 근육이 모여 있다. • 근육막 사이에 지방이 적당히 박혀 있어 풍미가 좋다.	구이
등심	• 표피쪽에 두터운 지방층이 덮인 긴 단일 근육으로 돼지고기 중 고기의 결이 고운 편이다. • 지방이 거의 없으며 방향이나 진한맛이 없고 담백하다.	폭찹, 돈가스, 스테이크

(계속)

부위	특징	이용
갈비	• 옆구리 늑골(갈비)의 첫 번째부터 다섯 번째 늑골 부위를 말하며 근육 내 지방이 잘 박혀 있어 풍미가 좋다.	바비큐, 불갈비, 갈비찜
안심	• 허리 부분 안쪽에 위치하며 안심 주변은 약간의 지방과 밑변의 근막이 형성되어 있고 육질은 부드럽고 연하다.	탕수육, 로스구이, 스테이크
앞다리	• 어깨 부위의 고기로 안쪽에 어깨뼈를 떼어 낸 넓은 피막이 나타난다.	불고기, 찌개, 수육(보쌈)
삼겹살	• 갈비를 떼어낸 부분에서 복부까지의 넓고 납작한 모양의 부위이다. • 근육과 지방이 삼겹의 막을 형성하며 풍미가 좋다.	구이, 베이컨(가공용)
뒷다리	• 볼기 부위의 고기로 살집이 두터우며 지방이 적은 편이다.	튀김, 불고기, 장조림

질, 결함 상태 등에 따라 2차 등급을 판정하여 최종 1+, 1, 2등급으로 판정한다.

3. 양고기

우리나라에서는 주로 모육 겸용종이 사육되는데, 대부분이 코리데일(corriedale) 이다. 그 밖에 외국에서 주로 사육되는 중모종으로 사우스다운(southdown), 슈롭 셔(shropshie)와 장모종인 레스터(leicester) 등이 있다. 양고기(mutton, Lamb ovis spp.)의 색깔은 쇠고기보다 엷으나 돼지고기보다는 진한 선홍 벽돌색이며, 섬 유는 가늘고 조직이 단단하지 않기 때문에 고기의 질이 연하고 소화가 잘되며 맛도 좋다. 특히 생후 1년이 되지 않은 새끼 양고기는 양고기 특유의 냄새가 없어 고급으로 환영받고 있다.

4. 사슴고기

예부터 사슴고기(venison)는 담백하고 연하며 냄새도 적어 식용으로 많이 사용되어 왔다. 주로 가을부터 초겨울에 가장 맛이 좋다.

5. 말고기

말고기(horse meat)는 암적색을 띠며 글리코겐 함량이 높아 다른 육류보다 단맛이 난다. 육질이 부드러워 샤브샤브나 육포, 불고기 등으로 많이 이용한다.

6. 닭고기

소, 돼지와 함께 우리나라의 중요한 식육자원으로 특화지역은 광주, 양주, 남양주, 포천, 고양, 경산 등이다.

닭

육용종(肉用種)으로는 코오친 브라마, 코니시, 재래종이 있다. 튀김이나 찜용으로 사용되는 닭은 육질이 탄력이 있으며 1kg 정도의

표 7-7 용도에 따른 닭고기의 이용

구분	명칭	조리용도	중량	성별	월령	특징
1년 이하	코니시게임헨 (cornishgame hen)	통닭구이	1kg	코니시 닭과 다른 종을 접한 종류	5~7주	살코기가 연하다.
	브로일러, 프라이어 (broier, fryer)	통닭구이, 튀김, 영계 백숙, 죽	0.9~1.2kg	암·수평아리	3~4개월	살이 연하고 지방분이 거의 없다.
	로스터 (roaster)	통닭구이, 튀김, 찜	1.4~2.3kg	수탉	5~10개월	피하지방이 형성되어 있고 가슴뼈 등이 브로일러보다 단단하다.
	카폰 (capon)	통닭구이, 찜	1.8kg 이상	거세한 수탉	8개월 이하	연한 살을 지니며 가슴 고기가 많이 발달하였다.
1년 이상	훨 (fowl)	찜, 조림, 국	1.8~2.7kg	암탉	10개월 이상	지방이 많고, 껍질이 두꺼우나 살이 많다.
	스타 (stag)	찜, 조림, 국	로스터와 코크의 중간 무게	수탉	1년 이상	피부가 거칠고 살이 질기다.
	코크 (cock)	조림, 국	1.8~3.15kg	수탉	1년 이상	살색이 어둡고 껍질이 거칠며, 살이 질기다.

그림 7-5
닭고기의 부위별 명칭

가슴안살
날개살
가슴살
다리살

크기가 좋고, 삼계탕용은 300~500g의 영계가 좋다.

털은 모두 제거하고 내장을 뺀 부위를 깨끗이 씻고 부위별로 잘라낸 후 냉동보관한다. 닭은 배쪽을 세로로 잘라 펼쳐서 등뼈를 제거하고 다리를 관절 부위로 절단하여 두 조각으로 자른다. 가슴에서 날개를 떼어 내고, 가슴살을 떼어 낸 후 몸통을 절반으로 자른다. 닭고기는 다른 육류에 비해 칼로리가 낮고 우수한 단백질 공급원이다. 지방은 껍질이나 배 부위에 편재되어 있어 제거하기 쉬우며, 근육 내 지방이 적고 불포화지방산이 65% 이상이다.

닭도체의 품질 등급은 도체의 비육 상태 및 지방의 부착 상태 등을 고려하여 1⁺, 1, 2등급으로 판정한다. 닭 부분육은 부위별로 선별하여 부위별 품질수준, 결함 등을 고려하고 1, 2등급으로 판정한다.

- 전수 등급판정: 닭도체 품질기준의 모든 항목의 등급판정 결과에 따라 품질등급을 부여한다.
- 표본 등급판정: 표본 닭도체의 등급판정 결과의 구성비율에 따라 신청물량 전체에 품질등급을 부여한다.

표 7-8 닭도체 호수별 중량 범위

중량 규격	소		중소			중			대		특대		
해당 호수	5호	6호	7호	8호	9호	10호	11호	12호	13호	14호	15호	16호	17호
중량 범위	451 ~550	551 ~650	651 ~750	751 ~850	851 ~950	951 ~1,050	1,051 ~1,150	1,151 ~1,250	1,251 ~1,350	1,351 ~1,450	1,451 ~1,550	1,551 ~1,650	1,651 이상

자료: 축산물품질평가원 www.ekape.or.kr

닦도체의 중량규격은 특대(15~17호), 대(13~14호), 중(10~12호), 중소(7~9호), 소(5~6호)의 규격으로 구분한다.

오골계고기

오골계(chicken, black bone, Gallus gallus var. domesticus)는 동남아시아가 원산지로 껍질과 속살 모두 검은빛을 띠고 있다. 일반 닭에 비해 담백하고 쫄깃하여 주로 백숙으로 이용된다.

7. 오리고기

오리는 유럽과 동남아시아의 야생 들오리를 사육하여 육용으로 개량한 것이 주를 이룬다. 오리고기(duck meat, Anas spp.)의 일반 성분 함량은 닭고기와 유사한데 비타민 B군이 더 많고 닭에 비해 콜레스테롤이 적고 불포화지방의 함량이 많다.

오리

8. 꿩고기

꿩은 원래 흑해 아시아에서 서식했지만 지금은 세계 거의 모든 곳에서 서식하고 있다. 꿩고기(pheasant meat, *Phasianus colchicus Karpowi*)는 일반적으로 로스트나 브레이즈 등의 서양요리에 사용되며, 우리나라는 찜이나 구이, 만두 속에 넣어 사용했다.

9. 칠면조고기

칠면조(wild turkey, *Meleagris gallopavo* var. *domesticus*)는 미국, 멕시코에서 주로 사육되며 육질이 부드럽고 독특한 향이 있으며 닭고기보다 맛이 좋다. 일반적으로 소화율이 높아 미국에서는 칠면조를 통째 굽는 요리를 많이 한다.

10. 거위고기

프랑스 요리에 주로 사용된다. 누린내가 강하여 강한 향의 채소를 같이 사용하여 조리하는 것이 좋다.

11. 타조고기

타조고기는 다른 야생 육류에 비해 냄새가 적고, 맛이 좋아 쇠고기 대용으로 이용된다. 지방 함유량이 2~3%로 적고, 단백질 함유량이 26%로 높으며, 콜레스테롤 함유량이 낮아 건강식에 주로 사용된다.

용어설명

갈매기살 돼지고기의 갈비살 부위 근처에 있는 부위로 잘랐을 때 갈매기 모양을 하고 있어 갈매기살이라고 부른다.

돼지머리 편육 돼지머리를 잘 손질한 후 푹 삶아 뼈를 발라내고 살을 잘 감싸서 베보자기로 싼 후 무거운 것으로 눌러 굳힌 다음 썰어서 사용한다.

레어(rare) 고기를 굽는 정도를 말할 때 쓰는 용어로 내부온도를 60℃ 정도로 익힌 것으로 선명한 적색을 띠고, 붉은 즙액이 흘러나오는 상태를 말한다.

미디엄(medium) 고기의 내부온도를 71℃까지 익힌 것으로 연한 붉은색을 띤다.

버펄로 윙 닭 날개에서 가장 끝 부분인 윙팁(wing tip)을 떼어내고 남은 플랫 윙팁(flat wing tip)과 윙 드럼엣(wing drumette)을 이용하여 만든 것이다.

부아 소의 허파를 우리나라 말로 부아라 하며 주로 전을 해서 먹는다.

선지 쇠고기의 피를 말하며 주로 응고된 형태로 판매되고 해장국 등에 사용된다.

웰던(well done) 고기의 내부온도를 77℃까지 익힌 것으로 회갈색을 띤다.

국내산 육우 육우용, 교잡종, 젖소 수소 및 송아지를 낳은 경험이 없는 젖소로 고기 생산을 주된 목적으로 사육된 소이다.

유기축산물 유기축산물 인증기준에 맞게 재배·생산된 유기사료를 급여하면서 인증기준을 지켜 생산한 축산물이다.

무항생제 축산물 항생, 항균제 등이 첨가되지 않은 일반사료를 급여하면서 인증기준을 지켜 생산한 축산물이다.

Memo

우유 및 유제품

우유 | 연유 | 분유 | 크림
아이스크림 | 발효유 | 치즈 | 버터

MILK AND
MILK
PRODUCTS

가축의 유즙은 태곳적부터 인류가 이용한 식품이다. 유즙을 얻을 수 있는 가축은 소, 양, 말 등이 있으나 우유 이외의 유즙은 한정된 지역에서만 이용되고 있다. 유즙은 단순히 마시는 용도뿐만 아니라 유제품으로 가공·보존하여 이용해 왔으며 최근에는 유제품의 종류가 한층 다양화되었다.

유즙의 일반 성분은 가축의 종류 또는 품종, 개체, 비유기, 연령, 사료 등에 의하여 다소 차이가 있다. 젖소의 품종에 따른 우유 성분 조성에도 차이가 있다. 저지(jersey)와 건지(guernsey)종은 산유량은 적으나 유지방과 단백질 함량이 높아 농후하다. 홀스타인(holstein)종은 산유량이 많고 수분이 많아 묽은 편이다.

젖소의 연령도 산유량에 큰 영향을 미치는데 연령이 높아질수록 증가하며 7~9세에 최고에 달한다. 계절별 변화를 보면 여름철에는 지방 함량이 낮고 산유량이 줄어들며 겨울철에는 지방 함량이 높다.

우유, 산양유는 평균 수분 함량이 87%이고 고형분에 단백질, 지방, 비타민, 무기염류가 고루 함유된 완전식품에 가까운 우수한 식품이다. 따라서 우유를 원료로 한 각종 유제품이 가공·이용되고 있다.

표 8-1 우유 및 유제품의 영양성분(100g)

식품명	에너지 (kcal)	수분 (g)	단백질 (g)	지방 (g)	탄수화물 (g)	무기질				비타민			
						칼슘 (mg)	철 (mg)	인 (mg)	칼륨 (mg)	레티놀 (μg)	티아민 (mg)	리보플라빈 (mg)	니아신 (mg)
우유	67	87.6	3.09	3.85	4.86	118	0.03	104	162	55	0.021	0.145	0.301
연유(가당)	367	16.3	7.76	7.84	66.31	273	0	238	366	95	0.051	0.453	0.177
전지분유	509	2.7	25.46	27.32	39.07	977	0.13	770	1,298	418	0.168	1.064	0.913
생크림	368	54.9	2.03	37.81	4.98	63	0.04	57	91	238	0.118	0.121	0.485
아이스크림	178	63.9	3.9	8	23.2	140	0.1	120	190	55	0.06	0.2	0.1
요구르트	65	83.2	1.29	0.02	15.23	45	0.02	33	60	0	0.015	0.064	0.02
체다치즈	298	49.3	18.76	21.3	6.17	626	0.09	857	62	57	0.059	0.17	0.079

자료: 국가표준식품성분표, 10개정판, 국가표준식품성분 DB 10.2. (2024)

1. 우유

시판 우유(market milk)로는 생유를 살균 또는 멸균처리하여 상
품화한 것으로 우유, 가공유, 유음료 등이 있다.

　　우유의 식품 유형은 크게 4가지로 나누어진다.

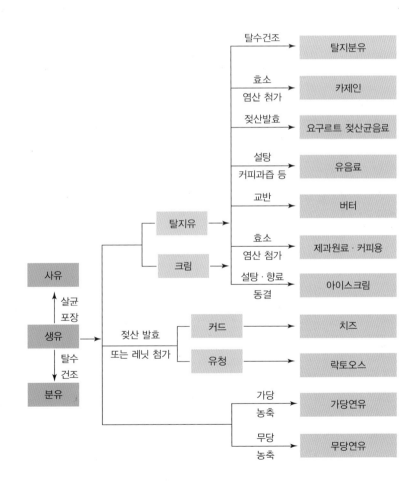

우유류

* 강화우유: 우유류에 비타민 또는 무기질을 강화할 목적으로
　식품첨가물을 첨가한 것을 말한다.
* 유산균첨가우유: 우유류에 유산균을 첨가한 것을 말한다.
* 유당분해우유: 원유의 유당을 분해 또는 제거한 것이나 이에 비타민, 무기질

```
                          탈수건조
                    ┌──────────────────→  탈지분유
                    │
                    │     효소
                    │   염산 첨가
                    ├──────────────────→  카제인
                    │
                    │     젖산발효
                    ├──────────────────→  요구르트 젖산균음료
                    │
              탈지유 │      설탕
                    │   커피과즙 등
                 ┌──┤──────────────────→  유음료
                 │  │
                 │  │      교반
                 │  ├──────────────────→  버터
                 │  │
                 │  │     효소
              크림│  │   염산 첨가
                 └──┼──────────────────→  제과원료 · 커피용
                    │   설탕 · 향료
                    └──────────────────→  아이스크림
                          동결
      살균
      포장
  사유
   ↑
   │                  젖산 발효    커드 ──────────→  치즈
  생유 →             또는 레닛 첨가
   │                           유청 ──────────→  락토오스
   ↓  탈수
      건조           가당
  분유               농축
                    ┌──────────────────→  가당연유
                    │
                    │   무당
                    └──────────────────→  무당연유
                          농축
```

그림 8-1
우유의 가공제품

을 강화한 것으로 살균 또는 멸균 처리한 것을 말한다.

- 가공유: 원유 또는 유가공품에 식품 또는 식품첨가물을 첨가한 것이다.

우유의 살균법은 저온살균법, 고온순간살균법, 초고온순간살균법으로 나누어진다. 저온살균법은 63℃에서 30분간 살균하는 것이고, 고온순간살균법은 75℃에서 15초, 초고온순간살균법은 135℃에서 2~3초간 살균하는 것이다.

우유에는 단백질 2.7~4.4%, 지방 3~4%, 탄수화물 4~5%, 무기질이 약 0.7% 정도 함유되어 있다. 우유의 단백질은 75~80%가 카제인(casein)이고 20~25%가 유청단백질이다. 유청단백질로는 락토알부민과 락토글로불린, 면역글로불린 등이 있다. 락토알부민은 물에 녹고 산에 응고하지 않는 성질이 있으며, 락토알부민과 락토글로불린은 모두 60℃ 이상의 온도에서 응고되는 성질이 있어 열처리하면 응고물이 생긴다.

표 8-2 우유의 가공방법과 종류

구분	종류	비고
액상유제품 (액상유)	생유 보통유 탈지유 유음료	유아용 조제유, 비타민 D 강화우유, 저지방우유, 과실우유(딸기, 바나나, 커피, 초코)
지방성유제품 (크림유)	크림 지방치환크림 버터	고지방, 보통지방 고지방, 보통지방 가염버터, 무염버터, 사워크림
발효유제품 (발효유)	젖산균발효유 젖산균음료	칼피스, 요구르트, 요플레
냉동유제품	아이스크림 아이스밀크	고지방, 보통지방
건조유제품 (분유)	전지분유 탈지분유 특수조제분유	락토조제분유
농축유제품 (연유)	무당연유 가당연유	전지연유, 탈지연유
유단백가공품 (치즈)	자연치즈 가공치즈	코티지치즈, 체다치즈, 고다치즈

우유의 지방은 대부분 중성지방으로 구성지방산은 탄소수가 4~10개인 저급지방산이 많으며, 콜레스테롤과 인지질인 레시틴이 들어 있다.

우유의 탄수화물은 유당으로 4~5%가 함유되어 있고 소량의 포도당과 갈락토오스가 들어 있다. 유당은 장내 젖산균을 증식시켜 정장작용을 한다.

무기질은 우유에 약 0.7% 함유되어 있다. 주요 무기질은 칼슘으로 체내 이용률이 좋다. 우유의 무기질은 젖소의 품종, 연령, 착유방법 등에 따라 달라지며 열이나 레닌에 의한 응고, 크림의 분산성 등에 작용한다.

2. 연유

연유(condensed milk)에는 가당연유와 무당연유가 있는데, 탈지우유 또는 보통우유를 진공농축기에서 약 2배 전후로 농축시켜 고농도의 설탕을 첨가한 제품을 가당연유(sweetend condensed milk)라 하고, 설탕을 첨가하지 않고 멸균하여 얻은 연유를 무당연유라고 한다.

가당연유

연유는 부피가 작고 물에 잘 풀려서 먹기에 편하여 각종 요리 및 음용으로 많이 사용된다. 유백색에서 황색으로 균일하고 감미가 있고 액체이며 이미, 이취가 없는 것을 선택해야 한다.

보관할 때는 서늘하고 건조한 곳에서 실온보관한다. 무당연유는 6개월간, 가당연유는 12개월간 보관 가능하며 개봉 후에는 냉장보관해야 한다. 가당연유는 제과, 아이스크림의 원료로 사용하며 무당연유는 커피크림, 유아용, 제과용으로 사용한다.

3. 분유

분유(powdered milk)는 우유, 탈지유를 농축·건조시켜 수분 함량 5% 이하의 분말로 만들어 저장과 수송이 편리하게 한 제품이다. 분유는 우유를 농축한 후에 분무건조기 내에서 열풍으로 건조시켜 얻어진 분말 형태의 유제품으로 탈지분유, 전지분유, 조제

분유

분유, 분말유청 등 다양한 분말유제품이 있으며, 부피가 작고 저장성이 좋아 휴대용 또는 장기저장용으로 많이 제조된다.

전유를 그대로 건조시킨 것이 전지분유이며 탈지유를 건조한 것이 탈지분유, 설탕을 넣은 것이 가당분유, 유아의 필요 영양소를 강화한 것이 강화분유, 모유의 조성과 비슷하게 조제한 것이 조제분유이다.

우리나라에서 많이 팔리는 조제분유는 모유의 성분과 유사하게 조제하여 분말로 건조한 것으로, 유아 전용으로 만들어진다. 분유는 물기가 닿지 않도록 뚜껑을 닫아 수분이 배지 않게 저장하는 것이 좋으며, 특히 전지분유는 산소의 접촉이 적도록 밀봉하여 냉장고에 두면 더 오래 저장할 수 있다. 각종 분유는 음용유, 제과·제빵 등의 요리에 널리 사용되고 있다.

분유는 담황색의 고운 분말로 이미, 이취가 없는 것을 선택하며, 장기간 저장할 때 풍미가 저하되지 않도록 뚜껑을 꼭 닫아 공기를 차단하고 직사광선을 피해 서늘한 곳에 보관하도록 한다.

4. 크림

크림(cream)은 우유의 지방분을 크림 분리기로 분리해서 만든 제품이다. 지방 함량에 따라 여러 가지 종류가 있으며 살균크림, 멸균크림으로 만들어져 유통되고 유지방 함량에 따라 식품 가공에 다양하게 이용된다.

크림은 냉동하지 않고 냉장보관하며 유통기간 내에 사용해야 한다. 생크림은 우유에서 분리한 지방분을 살균·냉각 처리한 것이며 발효크림은 젖산균으로 발

생크림

사워크림

효시킨 것으로 사워크림이 이에 속한다.

지방이 20~40%인 살균크림은 각종 요리에 사용되고, 지방 함량이 10% 전후인 저지방크림은 커피에 주로 사용된다.

5. 아이스크림

냉동 유제품의 주원료는 크림으로 우유, 분유 등의 유제품에 설탕, 과실, 견과 등 각종 향료식품 등을 혼합한 냉동제품이다.

아이스크림

양질의 아이스크림(ice cream)에는 약 10%의 우유지방과 15% 이상의 무지유고형분이 함유되어 있으며 이 경우 깨끗하고 진한 아이스크림 맛을 낸다. 가장 기호도가 높은 아이스크림은 바닐라 향을 넣어 만든 바닐라 아이스크림, 초콜릿 아이스크림, 딸기 아이스크림 등이다. 아이스크림 외에도 지방 함량이 낮은 아이스밀크, 설탕을 더 많이 넣고 과실즙을 많이 넣어 만드는 셔벗 등이 있다.

이외에도 우유 및 유제품을 주원료로 하여 설탕, 향료, 색소, 안정제, 유화제를 넣고 교반하면서 동결시켜 조직을 부드럽게 한 동결 유제품인 플레인 아이스크림(plain ice cream, 유지방이 8~16%로 한 가지 종류의 향료만 넣음), 셔벗(sherbet, 유고형분 5% 내외로 과즙, 구연산, 주석산 등의 유기산 첨가), 아이스밀크(ice milk, 유지방 함량 5% 내외)가 있다. 이들 동결 유제품은 구입 시 이미, 이취가 없는 것을 선택하여 −15℃ 이하에서 냉동보관해야 한다.

6. 발효유

발효유(fermented milk)는 원유 또는 유가공품을 유산균, 효모로 발효시킨 것으로 요구르트, 발효버터유 등 젖산발효유, 젖산알코올발효유 등이 이에 속한다.

1) 젖산발효유

발효유의 대표 제품은 요구르트이다. 요구르트는 유고형분이 15% 정도 되도록 우유를 약간 농축하거나 우유에 분유를 넣어 성분을 조절한 다음 여기에 고온성 젖

액상발효유   고형발효유

산 박테리아를 접종시킨 후 45℃에서 발효시켜 만든 발효유제품이다. 이는 소, 양, 물소, 말과 같은 포유동물의 젖을 젖산균이나 효모로 발효하여 호상, 액상으로 만든다.

종류로는 순수한 젖산 발효로 만들어진 요구르트, 아시도필루스 밀크(acidophilus milk), 비피더스 밀크(bifidus milk), 불가리안 밀크(bulgarian milk) 등이 있다. 요구르트는 고유의 색과 향미를 가지고 있으며 이미, 이취가 없는 것을 선택하여 냉장고에 저장하고 일주일 내에 소비하는 것이 좋다.

2) 발효버터유

발효버터유(butter milk)는 우유를 원심분리하여 생긴 크림으로부터 버터를 제조할 때 버터층에서 분리된 수용액 부분이 버터밀크나 탈지유에 유산균(Streptococcus latis)을 20~22℃에서 배양하여 발효시킨 것으로 신맛이 난다.

3) 쿠미스

쿠미스(kourmis)란 마유를 원료로 하여 젖산 발효와 효모에 의한 알코올 발효로 제조한 젖산알코올발효유이다. 중앙아시아 등지에서 만들어 먹으며 산도가 1%, 알코올 함량이 2% 정도이다.

4) 케퍼

케퍼(kefir)는 산양유, 면양유를 이용한 젖산알코올발효유이다. 양유를 약 100℃에서 살균한 후 젖산균으로 스트렙토코커스 락티스(Streptococcus lactis), 불가리 쿠스(Bulgaricus), 로이코노스톡 시트로보룸(Leuconostoc citrovorum)을 사용하고 효모인 사카로미세스 케피어(Saccharomyces kefir)를 첨가하여 발효시킨 것으로 알코올 함량이 3% 이하다.

7. 치즈

치즈(cheese)는 원료유에 젖산균, 레닛(rennet), 단백질 분해효소, 산 등을 작용시켜 응고시킨 후 유청(whey)을 제거하고 커드를 형성하여 이것을 오랜 기간 숙성시켜서 만든 유제품이다. 치즈는 소, 염소, 양 등 원료유의 종류, 탈지유, 유청, 수분 함량, 숙성기간, 숙성에 이용되는 미생물에 따라 종류가 매우 다양하며 세계적으로 1,000여 종의 다양한 치즈가 만들어지고 있다.

1) 연질치즈

(1) 카망베르 치즈 카망베르 치즈(camembert cheese)는 세계적으로 유명한 프랑스 카망베르 지방의 이름을 따서 만든 치즈이다. 흰곰팡이로 3주 정도 숙성시켜 만드는 연질치즈이다.

카망베르 치즈

표 8-3 치즈의 분류

분류	수분 함량	숙성방법과 숙성 관여 미생물		종류
연질치즈	40~75%	곰팡이		카망베르(프랑스), 브리(프랑스)
		숙성시키지 않은 것		코티지(미국, 유럽), 리코타, 크림(미국, 유럽), 모차렐라(이탈리아), 페타
반경질치즈	38~45%	세균		브릭(미국), 뮌스터(독일), 고다(네덜란드), 림버거(벨기에), 하바티(덴마크)
		푸른곰팡이		로크포르(프랑스), 고르곤졸라(이탈리아), 블루(각국 푸른곰팡이), 스틸톤(영국)
경질치즈	30~40%	세균	기공이 큰 것	에멘탈(스위스), 그루이에르(프랑스)
			기공이 작은 것	에담(네덜란드)
			기공이 없는 것	체다(영국), 콜비(미국)
초경질치즈	25~30%	세균		파마산(이탈리아), 로마노(이탈리아)
기타 가공치즈	–	–		훈제 치즈, 분말 치즈, 퐁듀 치즈, 과일 치즈, 슬라이스 가공치즈

(2) 브리 치즈 브리 치즈(brie cheese)는 프랑스의 브리 지방에서 처음 만들어졌으며 흰곰팡이 치즈의 원조로 숙성기간은 4~6주이다. 흰색 곰팡이 껍질이 특징이고, 하얀 껍질 안쪽이 노란색의 진한 크림 형태이며 냉장상태로 저장한다.

코티지 치즈

(3) 코티지 치즈 코티지 치즈(cottage cheese)는 네덜란드에서 처음 만들어졌으며 숙성시키지 않은 치즈 중 가장 많이 생산되는 연질치즈이다. 탈지유와 탈지분유를 젖산발효시켜 만드는 유백색 치즈로 주로 샐러드에 사용된다.

리코타 치즈

(4) 리코타 치즈 리코타 치즈(ricotta cheese)는 유청을 가열하여 유청에 남아 있는 단백질인 락토알부민과 락토글로불린을 이용해 만드는 것이다. 고소하고 진한 우유맛이 나며 지방량이 적어 담백하다. 주로 샐러드에 많이 이용된다.

크림 치즈

(5) 크림 치즈 크림 치즈(cream cheese)는 우유의 크림에 산을 첨가하여 만드는 치즈를 총칭하는 것으로 새콤하고 부드러운 맛이 난다. 그대로 먹거나 샌드위치, 카나페, 샐러드에 이용하는데 그중에서도 특히 치즈케이크와 티라미수를 만들 때 꼭 필요한 재료다.

모차렐라 치즈

(6) 모차렐라 치즈 모차렐라 치즈(mozzarella cheese)는 피자 치즈로 알려져 있다. 이탈리아에서 처음 만들어졌으며 원래 물소의 젖으로 만든 것이었다. 흰색 또는 연한 크림색이며 부드럽고 쫄깃하며 말랑말랑한 질감이다. 생모차렐라는 매우 순하고 신선한 냄새가 나며 담백하여 토마토 샐러드에 잘 어울린다.

(7) 페타 치즈 페타 치즈(feta cheese)는 그리스의 목동들이 남은 우유를 이용하여 만든 것에서 유래되었다. 벽돌 모양으로 잘

부서지는데 오래 보관하기 위하여 조그맣게 잘라 올리브유에 담가 판매한다. 사용할 때는 올리브유에서 건져 내어 쓴다.

페타 치즈

2) 반경질 치즈

(1) 브릭 치즈 브릭 치즈(brick cheese)의 원산지는 미국으로 림버거 치즈와 비슷하지만 더 단단하고 고무와 같은 질감을 가진 벽돌 모양의 치즈이다. 연한 미색 조직으로 되어 있고 작은 구멍이 많이 나 있다. 미국에서는 주로 크래커와 샌드위치에 넣어 먹는다.

브릭 치즈

(2) 고다 치즈 고다 치즈(gouda cheese)는 네덜란드의 고다라는 마을에서 만들어진 반경질 치즈이다. 대표적인 숙성 치즈로 전유 또는 반탈지유를 사용하여 제조된다. 담황색이나 버터 빛깔을 띠고 있으며 부드러운 맛이 나고 네덜란드 치즈 생산량의 60% 이상을 차지한다. 가공치즈의 원료로 쓰인다.

고다 치즈

(3) 림버거 치즈 림버거 치즈(limburger cheese)는 벨기에의 림버거 지방에서 처음 만들어졌다. 최근에는 프랑스, 독일, 오스트리아 등에서도 많이 제조되는 반경질 치즈이다. 전지유나 탈지유로 제조하고 유산균으로 숙성시켜 만든다.

(4) 하바티 치즈 하바티 치즈(havarti cheese)의 명칭은 덴마크의 하바티라는 농장의 이름을 따서 만들어졌다. 반경질 치즈로 3개월부터 1년 정도까지 숙성시키며 톡 쏘는 맛이 나고 지름 25cm, 높이 10cm의 원반 모양이다. 주로 덴마크 맥주나 와인에 곁들여 먹는다.

하바티 치즈

로크포르 치즈

(5) 로크포르 치즈 로크포르 치즈(roquefort cheese)는 로크포르 지방에서 양유에 푸른곰팡이(Penicillium roqueforti)를 넣어 숙성시켜 만든 것으로 대표적인 반경질 치즈이다. 치즈 내부의 푸른곰팡이가 대리석 모양의 독특한 무늬를 띠고 있는데 맛은 매우 짠 편이며 숙성 정도에 따라 초록색, 파란색, 회색 등으로 변한다.

고르곤졸라 치즈

(6) 고르곤졸라 치즈 고르곤졸라 치즈(gonrgonzola cheese)는 이탈리아의 고르곤졸라 지방의 이름에서 유래된 치즈이다. 푸른곰팡이로 숙성시켜 만들며 스테이크나 샐러드에 넣어 사용한다.

블루 치즈

(7) 블루 치즈 블루 치즈(blue cheese)는 우유나 응유에 푸른곰팡이가 생기도록 하여 만든 치즈로 톡 쏘는 맛과 향이 난다. 이 치즈에 열을 가하면 쉽게 녹아내려서 쇠고기나 닭고기, 생선 요리에 사용된다.

스틸톤 치즈

(8) 스틸톤 치즈 영국에서 만들어 먹는 블루 치즈가 바로 스틸톤 치즈(stilton cheese)이다. 우유로 만들어진 이 치즈는 외피가 바위 모양으로 두껍고 단단하며 내부의 아이보리색이나 푸른곰팡이의 결이 외피까지 퍼져 있다. 숙성이 잘되면 외피까지 곰팡이 맥이 뻗어 나가며 부서지는 질감의 단단한 크림처럼 된다.

3) 경질 치즈

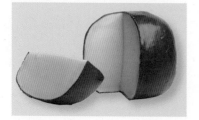

에담 치즈

(1) 에담 치즈 에담 치즈(edam cheese)는 네덜란드의 에담이라는 항구 이름에서 유래된 대표적인 경질 치즈이다. 빨간색 왁스 코팅이 특징으로, 이 코팅은 14세기부터 시작되어 독특한 개성으로 자리 잡았다. 대부분 탄력성이 있고 부드러운 향이 나며 숙성기간

이 짧다. 탈지유로 만들어져 지방 함유량이 낮은 치즈이다.

(2) 에멘탈 치즈 에멘탈 치즈(emmenthal cheese)는 스위스의
대표적인 치즈로 '스위스 치즈'라고도 불린다. 숙성 중 탄산가스가
생기기 때문에 가스구멍(치즈눈, cheese eye)이 형성되며, 경질의
탄력 있는 조직으로 맛과 향이 감미롭다. 외피는 매끈하고 노란색
이며 내부는 옅은 노란색으로 달콤하고 와인 향기가 난다. 녹이면
축축 늘어나는 성질이 있어 퐁듀에 많이 사용된다.

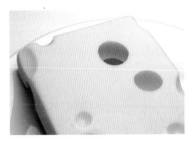

에멘탈 치즈

(3) 체다 치즈 체다 치즈(cheddar cheese)는 영국의 체다 마을에
서 전유나 탈지유로 제조되는 경질 치즈이다. 세계적으로 가장 많이
먹는 치즈 중 하나로, 치밀한 조직을 만드는 체더링(cheddaring)이
라는 특수한 제조공법으로 만들어진다.

체다 치즈

4) 초경질치즈

이탈리아 북부의 피르마시에서 만들어지는 파마산 치즈(parmesan
cheese)는 초경질치즈에 해당되며 이탈리아에서는 '치즈의 왕'으
로 불린다. 가장 보편적으로 즐겨 먹는 치즈 중 하나로 고급스럽고
독특한 향을 지녔으며 파마산가루 치즈의 원재료이다. 갈색을 띤
황금빛의 이 치즈는 조직이 아주 단단하고 작은 알갱이로 이루어
져 결은 촘촘하지만 잘 부스러진다. 그대로 먹거나 가루를 내어
파스타나 리조또, 피자 위에 뿌려 먹는다.

파마산 치즈

5) 가공치즈

가공치즈(processed cheese)는 한 가지 혹은 여러 가지 종류의
치즈를 130~140℃로 녹여 섞은 후에 우유 및 크림버터 등을 섞어
만들기 때문에 자연치즈의 성질이 거의 남아 있지 않다. 이렇게 만

가공치즈

들어진 치즈는 미생물에 의한 발효가 일어나지 않아 오래 보관이 가능하며 맛이 부드럽다. 우리나라에서 사용되는 치즈 대부분이 바로 이 가공치즈이다.

8. 버터

버터(butter)는 우유크림, 또는 우유크림 혼합물을 교반기에 넣고 일정 시간 흔들어 돌려서 지방을 분리시키고 분리된 지방을 모아서 만드는 지방성 유제품이다.

유지방이 80% 이상, 수분 16% 내외, 무지고형분 1%, 무기질 2%, 소금 1.5% 정도가 함유되어 있으며, 특히 지용성 비타민 A가 많다. 스위트버터는 달콤한 크림에서 제조한 무염버터이고, 정제버터는 녹인 버터에서 유고형분을 제거한 것이다. 무염버터는 제과용으로, 가염버터는 식탁용으로 많이 사용된다. 발효 크림버터는 젖산 박테리아로 발효시킨 크림으로 만들며 풍미가 좋아 많이 소비된다. 살균 크림버터는 발효되지 않은 크림으로 만든다. 버터를 장기 저장할 때는 냉동하는 것이 좋으며 −5~0℃의 직사광선이 들어오지 않는 곳에 저장한다.

Memo

난류

달걀 | 오리알 | 메추리알

식용 난류에는 조란(鳥卵), 어란(魚卵) 등이 있는데, 그중 조란이 가장 보편적으로 사용된다. 조란의 종류로는 달걀, 메추리알, 오리알, 칠면조알, 타조알 등이 있으며 이 중 달걀이 식용으로 가장 많이 이용된다.

난류는 난각, 난각막, 난백, 난황으로 구성되어 있다. 난각의 표면은 각질층으로 덮여 있고, 작은 기공이 있어서 수분과 탄산가스가 증발되어 세균 침입이 일어난다. 난각의 표면은 난관에서 분비된 점액이 건조되면서 까칠한 큐티큘라(cuticula) 층을 만든다. 난각막은 케라틴(keratin) 질의 얇은 막으로 미생물 침입을 막아 준다. 난각막은 내막과 외막으로 되어 있으며 서로 밀착되어 있으나 산란 후 온도차에 의해 달걀의 둥근 쪽 부분에 기실이 형성된다. 난백은 농후난백과 수양난백으

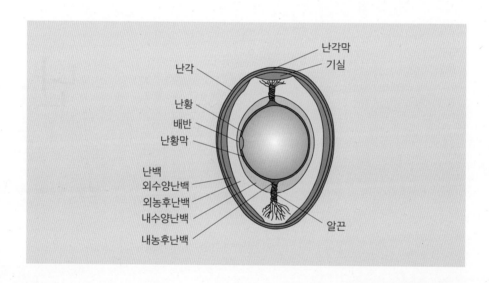

그림 9-1
달걀의 구조

표 9-1 난류의 영양성분 및 폐기율(100g)

종류	에너지 (kcal)	수분 (g)	단백질 (g)	지방 (g)	탄수화물 (g)	무기질				비타민				폐기율 (%)
						칼슘 (mg)	철 (mg)	인 (mg)	칼륨 (mg)	레티놀 (μg)	티아민 (mg)	리보플라빈 (mg)	니아신 (mg)	
달걀	140	76,7	12,86	8,51	1,07	46	1,9	169	125	118	0,066	0,316	0,039	11
오리알	171	72,4	13,11	11,32	2,03	56	2,54	207	120	107	0,26	0,13	0,02	10
메추리알	146	75,4	12,8	9,02	1,66	59	2,49	222	154	194	0,237	0,403	0,202	13

자료: 국가표준식품성분표, 10개정판, 국가표준식품성분 DB 10.2. (2024)

로 나누어진다. 난황은 난황막으로 둘러싸여 알끈과 연결되어 있고 표면에 배반이 있는데, 알끈은 노른자를 고정시켜 주는 역할을 한다.

1. 달걀

달걀(egg)은 경기도가 전국 생산량의 40% 정도를 차지하고, 경기도 다음으로 경북에서 전국 생산량의 19.7%가 생산된다. 크기에 따라 소란, 중란, 대란, 특란, 왕란으로 나누어진다.

1) 달걀의 신선도 검사

달걀의 신선도 검사는 크게 투시검사법, 할란검사법, 간이선도검사법으로 나누어진다. 투시검사법은 어두운 방에서 검란기를 사용하여 알을 깨지 않고 내용을 검사하는 방법으로 기실의 크기, 난백의 유동상태, 난황의 위치 등으로 신선란을 판정한다.

할란검사법은 알을 깨서 직접 난백과 난황의 상태를 판정하는 것이다. 알을 깨어 평편상에 놓고 난백계수와 난황계수를 구하는데 난백계수는 0.06 정도, 난황계수는 0.44~0.36 정도일 때 신선란으로 판정한다.

간이검사법에는 외관법, 진음법, 설감법, 비중법 등이 있다. 외관법은 신선한 것은 표면이 까끌까끌하다는 것을, 진음법은 신선한 것은 내용물이 꽉 차서 흔들어도 소리가 나지 않는다는 것을, 설감법은 신선한 것은 기실 쪽에 혀를 대면 따뜻한 감촉이 있다는 것을, 비중법은 식염수에 달걀을 담갔을 때 밑으로 가라앉는 것이 신선한 달걀이고, 위로 뜨는 것이 부패한 것임을 기준으로 한다. 달걀은 손상

황색 달걀

흰색 달걀

표 9-2 계절별 저장일수

구분	봄		여름		가을		겨울
	시설저장	일반저장	시설저장	일반저장	시설저장	일반저장	
노계	40	30	15~20	10	40	30	2개월
신계	60	50	20~30	15	60	50	2~3개월

위험도가 높고 껍데기가 살모넬라균에 오염된 경우가 많으므로 주의해야 한다.

달걀은 통풍이 잘되고 건조한 곳에 보관하는 것이 좋다. 둥근 쪽에는 기실이 있어서 세균에 노출되기 쉽기 때문에 뾰족한 곳이 아래로 향하도록 보관해야 한다. 달걀은 껍데기의 기공으로 호흡하기 때문에 냄새가 강한 식품과 함께 두지 말아야 한다.

요즘은 닭의 사료를 달리하여 달걀의 성분을 조절한 제품이 많아지고 있다. 대표적인 것으로는 요오드란, DHA란, 해초란, 홍삼란 등이 있다. 제과용 달걀은 상온에 보관하는 것이 좋으나 수란이나 포치드 에그용은 냉장보관하여 신선도를 유지하는 것이 좋다.

2) 달걀의 품질등급

달걀의 등급판정은 품질등급과 중량규격으로 구분한다.

달걀의 품질등급은 달걀의 외부 형태, 기실의 크기, 흰자 및 노른자의 상태 등을 종합적으로 고려하여 1^+, 1, 2, 3등급으로 판정한다.

파각란의 허용 범위는 1^+등급은 7% 이하, 1등급은 9% 이하, 2등급은 12% 이하,

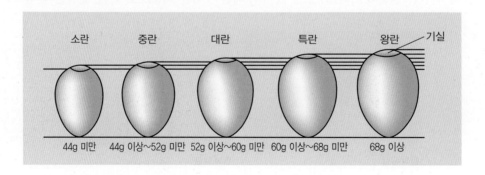

그림 9-2
달걀의 중량규격

표 9-3 난류의 품질기준

판정 항목		품질기준			
		A급	B급	C급	D급
외관판정	난각	청결하며 상처가 없고 달걀의 모양과 난각의 조직에 이상이 없는 것	청결하며 상처가 없고 달걀의 모양에 이상이 없으며 난각의 조직에 약간의 이상이 있는 것	약간 오염되거나 상처가 없으며 달걀의 모양과 난각의 조직에 이상이 있는 것	오염되어 있는 것, 상처가 있는 것, 달걀의 모양과 난각의 조직이 현저하게 불량한 것
투광판정	기실	깊이가 4mm 이내	깊이가 8mm 이내	깊이가 12mm 이내	깊이가 12mm 이내
	난황	중심에 위치하며 윤곽이 흐리나 퍼져 보이지 않는 것	거의 중심에 위치하며 윤곽이 뚜렷하고 약간 퍼져 보이는 것	중심에서 상당히 벗어나 있으며 현저하게 퍼져 보이는 것	중심에서 상당히 벗어나 있으며 완전히 퍼져 보이는 것
	난백	맑고 결착력이 강한 것	맑고 결착력이 약간 떨어진 것	맑고 결착력이 거의 없는 것	맑고 결착력이 전혀 없는 것
할란판정	난황	위로 솟음	약간 평평함	평평함	중심에서 완전히 벗어나 있는 것
	농후난백	많은 양의 난백이 난황을 에워싸고 있음	소량의 난백이 난황 주위에 퍼져 있음	거의 보이지 않음	이취가 나거나 변색되어 있는 것
	수양난백	위로 솟음	약간 평평함	평평함	
	이물질	크기가 3mm 미만	크기가 5mm 미만	크기가 7mm 미만	크기가 7mm 이상
	호우단위*	72 이상	60 이상~72 미만	40 이상~ 60 미만	40 미만

자료: 축산물품질평가원 www.ekape.or.kr

* 호우단위(Haugh Unit)라 함은 달걀의 무게와 농후난백의 높이를 측정하여 다음 산식에 의하여 산출한 값을 말한다.

호우단위(H.U)=100 log(H+7.57−1.7W0.73)

H: 난백 높이(mm)

W: 난중(g)

3등급은 12% 초과이다. 달걀의 품질등급 판정을 위한 품질기준은 표 9-3과 같다.

2. 오리알

산란용 오리의 종류는 인디안러너종(Indian runner, 연간 150~200여 개 산란)과 카키캠벨종(khaki campell, 연간 200~300여 개 산란)이 있다. 오리알(duck's egg)은 달걀보다 커서 중량은 70~90g이고 껍데기의 색은 흰색이 주를 이룬다.

오리알

메추리알

영양성분은 달걀과 비슷한데 비타민 A, 나이아신의 함량이 비교적 많은 편이고 콜레스테롤의 함량도 높다. 중국음식 중 피단의 재료로 많이 이용된다.

3. 메추리알

메추리는 한 마리가 연간 200개 이상의 알을 낳는다. 메추리알(quail's egg)은 영양성분 중 레시틴, 비타민 A, B$_1$, B$_2$가 달걀보다 많다. 흑갈색 반점이 있고 엷은 녹색을 띠며 11~12g 정도인 것이 좋다.

용어설명

건조달걀 분말 신선한 알의 껍데기를 제거한 후 살균하여 pH 5.5로 조절하여 건조시킨 것이다. 전란과 건조 노른자는 분무 건조법, 흰자위는 박막 건조법을 이용한다. 건조달걀 분말은 주로 제과용, 아이스크림, 케이크 등에 이용한다.

난백계수 달걀을 깨어서 편평한 곳에 놓았을 때 농후 난백의 높이와 직경의 비를 말한다.

$$난백계수 = \frac{농후\ 난백의\ 높이}{농후\ 난백의\ 직경}$$

난황계수 달걀을 깨어서 편평한 곳에 놓았을 때 난황의 높이와 직경의 비를 말한다.

$$난황계수 = \frac{난황의\ 높이}{난황의\ 직경}$$

피단 중국요리에 주로 사용되는 오리알의 가공법으로 발달된 것인데 달걀에도 많이 사용된다. 탄산나트륨, 나뭇재, 볏짚재 등의 알칼리성 물질과 소금, 홍차의 혼합액에 알을 담그거나 혼합물을 점토와 섞어 반죽한 것을 알의 껍데기에 바른 후 왕겨를 뿌려 그릇에 담고 밀봉한 것을 찬 곳에 3~6개월 정도 숙성시켜 만든다.

파각란 난각에 금이 갔으나, 내용물이 누출되지 않은 달걀

롯트(Lot) 등급판정 신청자가 등급판정 신청을 위하여 닭도체 또는 달걀의 품질수준, 중량규격, 종류 등의 공통된 특성에 따라 분류한 제품의 무더기

벌크 포장(Bulk) 도축장에서 도살, 처리된 닭을 중량에 따라 일정 수량으로 포장한 것

Memo

CHAPTER 10

어패류 및 갑각류

어류 | 패류, 갑각류 및 연체류

FISH AND
SHELLFISH AND
CRUSTACEANS

어류

어류는 우리나라의 중요한 영양자원으로 이용되어 왔는데, 생산되는 장소와 시기가 달라 생산량을 인위적으로 조절할 수 없었다. 그러나 최근에는 어류 소비 증가와 수출의 진흥정책에 힘입어 수산물 양식이 늘어나고 있다.

수산물은 농산물에 비해 계획생산이 매우 어렵고, 축산물에 비해 조직이 연하며, 세균에 오염되기 쉬워 금방 상한다. 또한 대개 내장이 있는 상태로 유통되기 때문에 자기소화에 의한 부패가 빨리 진행되므로 가격 변동이 심하다.

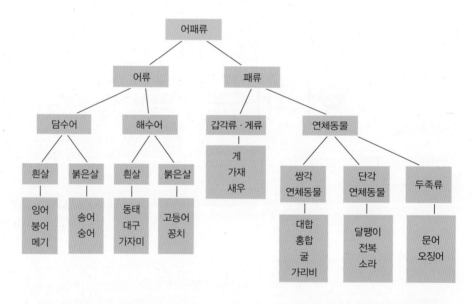

그림 10-1
어패류의 분류

표 10-1 해수어와 담수어의 특징

분류		특징
해수어	흰살생선	• 지방을 5% 미만 함유하고 있다. • 깊은 바닷속에 살며 운동량이 적고 담백하다. • 도미, 광어, 조기, 민어, 갈치, 준치
	붉은살생선	• 지방을 5~10% 함유하고 있다. • 바다 표면에 살며, 운동량이 많다. • 고등어, 꽁치, 참치
담수어		메기, 가물치

표 10-2 어류의 지방 함량별 분류

구분	종류
저지방(2% 미만)	명태, 홍어, 대구, 도미, 가오리, 조기, 복어, 광어, 아지, 숭어 등
중지방(2~8%)	갈치, 삼치, 잉어, 병어, 우럭, 민어, 도루묵, 전갱이, 멸치, 붕어, 연어, 메기 등
고지방(8% 이상)	고등어, 붕장어, 꽁치, 전어 등

표 10-3 플랫 피시와 라운드 피시의 특징

분류	특징
플랫 피시 (flat fish)	• 바다 밑바닥을 수평으로 가로지르며 헤엄치는 물고기로 타원형의 접시 모양이다. • 위쪽은 어두운 색이고, 아래쪽은 흰색이다. • 몸에 달린 두 눈은 위쪽을 향하고 있다. • 종류로는 가자미, 넙치, 서대 등이 있다.
라운드 피시 (round fish)	• 머리 양쪽에 눈이 달려 있고, 몸통이 둥글다. • 지방 함량에 따라 저지방, 중지방, 고지방의 세 가지로 분류된다. • 종류로는 고등어, 명태, 멸치, 삼치 등이 있다.

어패류는 생물학적으로 어류와 패류로 나누어진다. 일반 어류는 서식장소에 따라 해수어와 담수어로 나누어지며, 각각의 어류는 지방 함량에 따라 저지방생선, 중지방생선, 고지방생선으로 나누어진다. 한편 어류는 모양에 따라 분류되기도 하는데 이때는 플랫 피시(flat fish)와 라운드 피시(round fish) 등으로 나누어진다.

어류는 맛이 가장 좋은 계절이 있어 이 시기의 생선은 생으로 먹거나, 굽거나 삶아 먹는다. 어류의 맛은 산란환경, 연령, 성별, 어장, 부위, 선도, 먹이 등에 따라 다르나 일반적으로 산란기 전에 맛이 좋은 것이 많으며 종류로는 빙어, 삼치, 전어, 메기, 병어, 조기, 돔다랑어, 넙치, 가자미, 오징어, 문어, 정어리 등이 있고 이들은 늦가을 또는 한겨울부터 이른 봄에 걸쳐 기름이 올라 맛이 좋다.

여름에 산란하는 것은 그해 봄에 맛이 좋은데, 날치와 성게 등이 이에 속한다. 가을에 산란하는 것은 여름에 맛이 좋은데 은어, 농어, 도미, 전복 등이 여기에 속한다. 한편 산란기 때 맛이 급속히 떨어지는 어류는 대개 여름에 산란하는 것들로 다랑어, 방어, 고등어, 복어 등이 있다. 반면 산란기가 여름이나 이때 맛이 좋은 것

표 10-4 장소에 따른 수산식품의 분포

서해안	남해안	동해안
대구	장어, 복어, 아지, 아귀	명태, 도루묵, 연어, 대구, 정어리, 청어
민어, 삼치, 홍어, 병어, 조기, 갈치, 메기		
–	꽁치, 방어	
고등어, 도미, 광어, 가자미, 넙치, 멸치, 숭어		

으로는 미꾸라지, 갯장어, 보리멸치, 아지, 가다랭이 등이 있다. 어류는 서해안, 남해안, 동해안처럼 생산되는 장소에 따라 종류가 다르다.

어패류의 선도는 식품가치를 결정하는 가장 중요한 요인이며, 관능적인 방법과 과학적인 방법에 의하여 어패류의 선도를 판정하게 된다.

어류의 선별방법에는 관능검사법, 세균학적 판정법, 화학적 판정법이 있다.

- 관능검사법
  - 피부는 광택이 있고, 특유의 색채가 있으며 탄력이 있다.
  - 껍질과 비늘이 단단히 붙어 있다.
  - 눈은 맑고 뚜렷하며 정상 위치에 있다.
  - 아가미는 선명한 적색으로 조직은 단단하며 악취가 없다.
  - 냄새는 해수나 담수의 냄새가 난다.
  - 복부는 내장이 단단히 붙어 있다.
- 세균학적 판정법: 세균수가 어육 1g 중에 10^5 이하이면 신선한 것이며 10^7

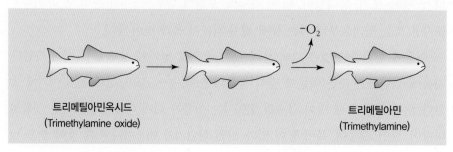

트리메틸아민옥시드
(Trimethylamine oxide)

$-O_2$

트리메틸아민
(Trimethylamine)

그림 10-2
트리메틸아민과 생선 냄새

이상이면 부패로 판정한다.

- 화학적 판정법: 트리메틸아민옥시드(trimethylamine oxide)는 어류 표면에 존재하며 삼투압을 조절해 준다. 어류의 사후 선도 저하에 따라 무취였던 트리메틸아민옥시드는 트리메틸아민(thimethylamine)이 되어 생선 비린내가 난다. 생선 100g 중 트리메틸아민 2~3mg%를 초기부패로, 4~6mg% 이상은 부패한 것으로 판정한다.

어류는 변패가 쉽고 식중독을 일으킬 염려가 있으므로 신선도에 유의하지 않으면 안 된다.

어류의 지방은 동물성 식품이지만 대부분이 불포화지방산으로 되어 있다. 특히 뇌의 발달과 심혈관 예방에 효과가 있는 DHA와 EPA와 같은 긴 사슬 불포화지방산을 가진 생선도 있다.

어류의 내장에는 근육조직에 적은 비타민 A와 D, B_1, B_2 등을 많이 갖고 있어, 따로 가공 저장하여 이용된다. 이외에도 가용성 성분은 어류에 1~5%, 연체류에 4~8%, 갑각류에는 6~10%로 들어 있으며 이들은 식품의 맛과 변질에도 영향을 준다. 또한 어류의 지미성분 중 대부분은 중요한 핵산성분인 이노신산으로 어류의 맛에 가장 중요한 요인이 되는데, 주로 가다랭이, 아지, 멸치, 고등어 등의 건어물에 많이 함유되어 있다.

어류는 식품 중 가장 부패하기 쉬우므로 원활한 유통이 필요하다. 어류는 어획 시기와 어획량이 일정하지 않아 일시에 냉동저장하거나 가공해야 한다. 냉동저장은 바로 조직의 파괴가 일어나 맛을 떨어뜨리지만 신선도를 어느 정도 유지하므로 아직까지 중요한 가공저장법의 하나로 이용되고 있다. 최근에는 -35℃ 이하의 급속냉동 동결방법처럼 어육의 조직 변화가 적은 방법이 이용되고 있다.

냉동방법 다음으로 많이 이용되는 것은 건조방법으로, 수산건제품 등이 예전부터 많이 사용되었다. 또한 식염의 방부성을 이용하여 저장하는 건염법과 물간법, 기타 주사하는 방법 등이 이용되고, 우리나라에서는 흔하지 않지만 훈연가공, 통조림 방법 등도 이용된다.

표 10-5 어류의 영양성분 및 폐기율(100g)

식품명	에너지 (kcal)	수분 (g)	단백질 (g)	지방 (g)	무기질				비타민				폐기율 (%)
					칼슘 (mg)	철 (mg)	인 (mg)	칼륨 (mg)	레티놀 (µg)	티아민 (mg)	리보플라빈 (mg)	니아신 (mg)	
명태	80	80.3	17.5	0.7	109	1.5	202	293	17	0.04	0.13	2.3	61
대구	86	78.6	19.5	0.3	35	0.4	193	–	23	0.12	0.16	2.4	52
갈치	149	72.7	18.5	7.5	46	1	191	260	20	0.13	0.11	2.3	33
가자미	129	72.3	22.1	3.7	40	0.7	196	377	8	0.18	0.26	4.3	45
꽁치	142	70.9	22.7	4.7	42	1.7	241	150	21	0.02	0.28	6.4	44
참조기	118	76.3	19.02	4.04	19	0.43	158	329	–	0.05	0.21	–	42
고등어	183	68.1	20.2	10.4	26	1.6	232	310	23	0.18	0.46	8.2	41
참다랑어	177	67.1	23.99	8.09	27	1.98	235	332	–	0	0.1	–	53
전어	107	75.7	19.2	2.7	141	1.2	311	–	0	0.02	0.29	6.1	48
병어	130	75.5	16.4	6.3	22	0.4	242	360	63	0.32	0.09	3.2	63
뱅어	68	84	13.3	1.1	135	0.7	267	250	45	0.06	0.11	2	0
민어	86	79.4	18	0.8	22	0.3	178	–	9	0.05	0.29	3.7	50
농어	96	78.5	18.2	1.9	58	1.5	196	390	36	0.18	0.13	3.1	48
참돔	82	79.3	18.4	0.1	33	0.5	270	–	9	0.26	0.15	4.8	55
넙치	125	74.5	22.36	3.28	61	0.45	274	465	–	0.09	0.12	–	46
뱀장어	223	67.1	14.4	17.1	157	1.6	193	250	1,050	0.66	0.48	4.5	14
홍어	87	77.5	19.6	0.5	305	1.2	250	240	0	0.07	0.13	2.4	28
준치	129	73.7	20.1	4.7	78	0.8	206	280	14	0.35	0.16	7.9	43
삼치	112	76	20.08	2.93	5	0.1	211	387	–	0.08	0.06	–	56
까치복	85	78.6	19.3	0.2	10	4.4	238	–	3	0.08	0.15	6.2	57
도루묵	113	77.7	16	4.6	18	0.4	163	–	24	0.04	0.12	1.7	0
연어	106	75.8	20.6	1.9	24	1.1	243	330	18	0.19	0.15	7.5	39
전갱이	133	72.6	20.7	4.8	24	0.9	208	–	6	0.14	0.2	5.3	43
멸치	127	73.4	17.7	5.4	496	3.6	202	–	38	0.04	0.26	8.8	0
메기	114	78.4	15.1	5.3	26	0.8	190	320	48	0.2	0.07	2.3	54
잉어	113	76.9	17.5	4	50	1.4	225	370	11	0.35	0.12	3.3	52
붕어	94	78.9	18.1	1.8	56	2.4	193	340	7	0.31	0.15	2.6	57

※ –: 수치가 애매하거나 측정되지 않음

자료: 국가표준식품성분표, 10개정판, 국가표준식품성분 DB 10.2. (2024)

1. 해수어

1) 명태

명태(alaska pollack, *Theragra chalcogramm*)는 대구목 대구과에 속하는 대표적인 한류 서식 어종이다. 건조상태와 가공상태별로 다양하게 이용되며, 그에 따라 명칭도 다르게 사용된다.

특히 명태에는 간을 보호해 주는 메티오닌(methionine), 리신(lysine), 트립토판(tryptophan)과 같은 필수 아미노산이 많아 해장국 재료로 많이 사용된다.

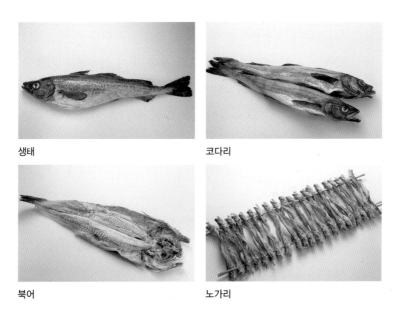

생태   코다리

북어   노가리

표 10-6 명태의 명칭

명칭	특징
북어	60일간 건조한 것으로 살이 딱딱해진 명태
생태	갓 잡아 배 위에 끌어올린 싱싱한 명태
황태	40일간 얼었다가 녹았다를 반복하며 건조된 명태
노가리	명태 새끼로 '애기태'라고도 함
코다리	2주 정도 꾸들꾸들하게 반쯤 말린 것
동태	얼린 것
명란	명태알로 담근 젓갈

대구

2) 대구

대구(pacific cod, gray cod, *Gadus macrocephalus*)는 대구목 대구과이며, 입이 매우 큰 것이 특징이다. 대구의 간에는 지방과 비타민 A가 많이 함유되어 간유의 원료가 된다. 또한 아미노산에는 타우린(taurine)이 풍부하여 피로 회복, 시력 증강, 간을 보호하는 기능을 한다.

갈치

3) 갈치

갈치(hair tail, *Trichiurus lepturus*)는 갈치과에 속하며 몸이 은백색인 것이 대부분이고 먹갈치는 회갈색을 띤다. 갈치는 1년 내내 맛에는 거의 변함이 없고, 조림 등을 하기 위해서는 비늘을 긁어내고 머리와 꼬리 지느러미를 정리한 후 내장을 빼고 엷은 소금물에 흔들어 씻고 8cm 길이로 썰어 물기를 뺀 후 소금을 약간 뿌려 꼬들거리게 살짝 말려서 사용하는 것이 좋다.

가자미

4) 가자미

가자미(flat fish, *Pleuronectes platessa*)는 가자미목 붕넙치과에 속하며, 참가자미, 돌가자미 등 20여 종이 분포되어 있다. 가을에서 겨울철까지 맛이 좋다.

꽁치

5) 꽁치

꽁치(pacific saury, *Cololabis saira*)는 동치목 침어과로 한류나 난류가 교차하는 지역에서 주로 잡히고 10~11월경에 잡은 꽁치가 지방량이 가장 많고 맛있다. 특히 꽁치의 지방에는 불포화지방산인 EPA와 DHA 함량이 높아 성인병 예방에 뛰어나다.

6) 조기와 부세

조기(redlip croaker, *Larimichthys polyactis*)는 민어과에 속하는 생선이다. 가을에 나는 조기는 주로 원양산이고 봄에 나는 조기는 서해에서 5~6월경에 잡히는 것이 맛이 좋다. 조기는 우리나라 사람들이 가장 즐기는 생선으로 명절 때나 제수용, 선물용으로 많이 사용한다. 조기는 염장하여 자연 건조한 굴비 상태로 많이 사용하는데, 특히 영광 지역에서 나는 굴비가 가장 맛있다. 시판되고 있는 조기의 종류로는 참조기, 수조기, 부세, 흑조기가 있으며 구별이 어렵다.

부세

표 10-7 참조기와 부세의 차이점

구분	참조기	부세
비늘	원형이고 큰 편이며 벗겨지지 않는다.	약간 타원형이며 가는 편이라 잘 벗겨지며 맛이 씁쓸하다.
머리	몸에 비하여 머리 부분이 크고 뭉툭하다.	머리 부분이 몸통에 비해 작고 길다.
눈	눈 언저리 부분이 약간 크다.	눈 언저리가 약간 작다.
피부	건조시켜도 기름기가 있다.	건조시키면 바짝 마른다.
꼬리 부분	꼬리 부분에 어느 정도 살이 있고 짧은 편이며 몸체에 옆선이 있다.	꼬리 부분에 살이 없고 좁고 길다.

7) 고등어

고등어(mackerel, *Scomber japonicus*)는 고등어과에 속하는 지방 함량이 높은 생선으로 가을에서 초겨울에 가장 맛이 좋다. 우리나라의 부산에서 전체의 80~90%를 잡는다. 고등어의 살에는 히스티딘이 많아 선도가 떨어지면 히스타민으로 변화하여 알레르기 식중독을 일으킨다.

고등어

고등어는 옆구리 밑부분에 있는 살이 다른 부위의 살보다 진하며 암갈색을 띠고 18% 정도의 혈합육을 가지고 있다. 다른 생선보다 내장의 효소 활성이 높아 빨리 부패되므로 내장을 빠르게 제거해서 보관해야 한다. 고등어는 지방의 불포화지방산에 DHA와 EPA가 높아 성인병 예방에 좋은 식품이다.

참치

8) 참치

참치(bluefin tuna, *Thunnus thynnus*)는 고등어과에 속하며 다랑어라고도 한다. 종류에는 참다랑어, 황다랑어, 눈다랑어, 가다랑어 등이 있다. 크기가 큰 어류로 길이가 1~3m, 무거운 것은 1,700kg이 나간다.

참치는 아열대성 어류로 태평양, 인도양, 대서양 등 전 수역에 분포한다. 고기의 맛은 참다랑어가 가장 좋아 서구 및 일본에서 고급 횟감으로 이용도가 높다. 참다랑어의 적색육은 지방이 적으나 배 부분인 지육에 지방이 20~40% 들어 있고 가장 맛이 좋다. 참치는 지방 대부분이 불포화도가 높은 ω_3계열의 EPA와 DHA로 구성되어 있어 뇌세포 생성이나 심혈관질환 발생을 막는 데 효과적인 식품이다.

참치는 주로 통조림이나 냉동으로 유통된다. 냉동 참치는 낮은 온도에서 천천히 해동하여 육즙의 손실을 막아야 한다. 온도 27℃, 3% 정도의 소금물에 2~3분 담근 다음 젖은 면포에 싸서 0~5℃의 냉장온도에 5시간 정도 해동시키면 좋다.

전어

9) 전어

전어(dotted gizzard shad, *Konosirus Punctatus*)는 청어목 청어과에 속하며, 크기는 25~30cm 정도이고 납작하며 길게 생겼다. 배쪽은 은백색이고, 등쪽은 푸른빛이 짙은 노란색이다. 횟감, 튀김, 젓갈, 구이 등으로 이용된다. 가을철이 봄철보다 지방의 양이 3배 정도 많아서 고소한 맛이 난다.

병어

10) 병어

병어(silver pomfret, Butter fish, *Pampus argenteus*)는 농어목 병어과로 난해성, 외양성 어류로 우리나라에서는 6월경에 많이 잡힌다. 생선 중에 입이 가장 작고, 겨울철이 가장 맛이 좋다. 주로 회, 구이, 조림 등에 사용한다.

11) 뱅어

뱅어(Japanese icefish, *Salangichthys microdon*)는 배도라치, 백어, 뱅, 링메리 등으로 다양하게 불린다. 뱅어로 만든 뱅어포는 칼슘과 철의 함량이 매우 높아 골다공증 예방에도 효과적이다.

12) 민어

민어(brown croaker, *Miichthys miiuy*)는 민어과에 속하며 서해안의 대표적인 어종으로 가장 맛있는 시기는 6월이다. 맛이 담백하고 비린내가 적어 혼례나 회갑연 등의 전유어나 탕, 포 등을 만드는 데 많이 이용되어 왔다. 말린 것은 암치라고 한다. 민어알은 어란으로 이용된다.

민어

13) 농어

농어(common Sea bass, sea perch, *Latelabrax japonicus*)는 육식성이며 비늘이 많고 날카로운 지느러미를 지니고 있다. 크기가 클수록 맛이 있으며, 6~8월이 제철이다.

농어

14) 도미

도미(common sea bream, *Pagrosomus major*)는 도미과에 속한다. 어릴 때는 선홍색 바탕에 청록색 반점이 뚜렷하고 늙으면 검은 빛이 짙어진다. 5개의 진한 적색 가로 띠는 죽은 후에는 즉시 사라진다. 도미에는 타우린이 100g 중 20mg으로 어류 중 가장 많은 양을 함유하고 있다.

도미

15) 광어

광어(flat fish, *Paralichthys olivaceus*)는 가자미목 넙치과로 넙치, 도다리, 서대가 이에 속하며, 광어와 가자미는 모양은 비슷하나 눈

광어

의 위치가 다르다. 눈이 왼쪽에 있는 것이 넙치이고, 오른쪽에 있는 것이 가자미이다. 살이 희고 부드러우며, 콜라겐 함량이 많아 씹는 맛이 좋고 담백하여 횟감으로 사용된다.

장어

가오리

16) 장어

장어(conger, *Conger myriaster*)는 뱀장어목에 속하며 민물장어인 뱀장어 외에 바다장어인 먹장어(꼼장어), 붕장어(아나고), 갯장어 등이 이에 속한다. 장어는 등의 빛깔이 진하고 광택이 있는 것이 신선하다. 손질할 때는 장어를 비닐봉지에 넣고 소금을 뿌린 후 입구를 봉하여 하룻밤 정도 둔다. 그 후 깨끗이 씻어 물기를 제거한 후 등쪽에 길게 칼집을 넣어 편 다음 내장과 뼈를 발라내고 머리, 꼬리, 지느러미를 잘라낸 후 6cm 정도의 길이로 토막 내어 사용한다.

17) 홍어와 가오리

홍어(skate ray, *Raja kenojei* S)는 홍어목 가오리과의 어류로 마름

표 10-8 홍어와 가오리의 비교

구분	홍어	가오리
생김새	• 등쪽은 암갈색 바탕에 작은 반점이 흩어져 있고 가슴지느러미 기저 부근 좌우에 암갈색의 둥근 반점이 한 쌍 있다. • 배쪽은 붉은색을 띤다. • 몸은 마름모꼴로 폭이 넓으며 머리는 작고 주둥이는 짧으나 돌출되어 있다. • 꼬리에 2개의 작은 등지느러미와 꼬리지느러미가 있으나 뒷지느러미는 없다. • 꼬리의 등쪽 중앙 부분에는 수컷의 경우 1줄, 암컷은 3줄의 날카로운 가시가 있다.	• 몸 빛깔은 등쪽은 다갈색, 황갈색이고 배쪽은 흰색이며, 눈은 황금색이다. • 몸은 5각형에 가깝고 편평하며, 주둥이는 짧고 눈은 작다. • 꼬리는 두툼하고 짧은 편이며, 둥근 꼬리지느러미를 가지나 등지느러미는 없다. • 꼬리 중앙 부분에 가장자리가 톱니로 되어 있는 크고 단단한 독가시가 1개 있다.
분포	우리나라 서·남해, 일본 남부해, 동중국해에 분포한다.	우리나라 서·남해, 일본 중부 이남, 동중국해에 분포한다.
기타	목포지방에서는 홍어를 썩혀서 탁주와 함께 먹는 홍탁이 유명하다.	꼬리에 있는 가시에 독이 있어 찔리면 심한 통증을 느낀다.

모꼴의 모양이 특징이다. 홍어에는 요소와 트리메틸아민 옥사이드(TMAO)가 많이 들어 있어서 자가소화되면 암모니아와 TMA(trimethylamine)가 만들어지므로 독특한 냄새가 난다. 전라도에서는 홍어를 생으로 먹고, 말리거나 또는 삭혀서 먹는 방법이 이용되고 있다.

가오리(skate ray, *Dasayatis akajei* M)는 가오리상목에 속하는 연골어류의 총칭이며, 모양이 홍어와 비슷하지만 생산량과 맛이 매우 차이가 난다.

18) 준치

준치(slender shed)는 청어목 준치과에 속하며, 봄철에 가장 맛이 좋다. 가시가 살 속에 박혀 있으며 우리나라에서 맛있는 생선으로 알려져 있다. 국, 조치, 만두 등에 이용된다.

19) 삼치

삼치(spanish mackerel, *Scomberomorus niphonius*)는 농어목 고등어과에 속하는 생선으로 고등어, 꽁치와 함께 대표적인 등푸른 생선으로 우리나라에서 즐겨 먹는다. 겨울철의 삼치는 살이 단단하고 희며 부드러워 맛이 담백할 뿐만 아니라 특이한 냄새가 없어 많이 이용된다.

삼치

20) 복어

복어(globe fish, puffer, *Fugu vermicularis porphyreus*)는 복어목 복과에 속하는 어류로 종류에는 검복, 황복, 까치복, 밀복, 졸복 등이 있는데 우리나라에서 많이 먹는 종은 까치복과 밀복이다. 복어는 근육 중에 전체 핵산성분 중 IMP(inosin mono phosphate)가 40% 정도 들어 있어 감칠맛이 우수하다. 복어 열수추출물에는 숙취해독 효과가 있고, 지방산에는 DHA와 EPA가 많이 함유되어 있다.

까치복어

복어독에는 맹독성 물질인 테트로도톡신(tetrodotoxin)이 함유되어 있어 가열해도 분해되지 않고 존재 부위가 다르며 특히 산란기에는 독성이 절정기이다.

21) 도루묵

도루묵

도루묵(sailfin sandfish, *Arctoscopus japonicus*)은 도루묵과에 속하는 어류로, 우리나라에서는 11~12월에 동해안에서 주로 어획된다. 몸의 크기에 비해 알이 큰 편이고 알의 껍질이 단단하여 씹을 때 독특한 질감을 준다.

22) 연어

연어

연어(salmon, *Oncorhynchus keta*)는 연어목 연어과의 어류로 종류로는 참연어, 송연어, 은연어 등이 있다. 연어는 다른 어류와 달리 근육에 아스타잔틴색소가 들어 있어 주황색의 근육색을 나타내는 것이 특징이다. 주로 구이나 훈제를 해서 사용한다.

23) 전갱이

전갱이

전갱이(아지, horse mackerel, *Trachurus japonicus*)는 전갱이과에 속하며, 보통 식용되는 것은 참전갱이다. 전갱이의 엑기스 성분으로는 알라닌, 글리신, 글루타민산 등의 유리 아미노산이 있으며 이들은 지방과 어우러져 독특한 맛을 낸다. 1년 내내 일정한 맛을 내는 것이 특징이다.

24) 아귀

아귀

아귀(blackmouth angler, *Lophiomus setigerus*)는 아귀목 아귀과에 속하며, 입은 크고 몸에는 비늘이 없으며 피질 돌기로 덮여 있고 물렁뼈로 되어 있다. 살이 부드럽고 점성이 있으며 지느러미와 껍질에 콜라겐이 많아 삶으면 젤라틴이 되어 부드러워진다.

25) 우럭

우럭은(korea rockfish, *Sebastes schleglii*)는 17~18cm 정도의 크기가 최상품이고 이보다 크면 지방분이 쉽게 줄어들며, 작은 것은 지방분이 적어 맛이 떨어진다. 주로 회나 매운탕에 사용된다.

우럭

26) 멸치

멸치(anchovy, *Engraulis japonicus*)는 청어목 멸치과에 속하며 몸 길이가 15cm 정도이다. 봄멸치는 2~6월, 가을멸치는 9~10월에 잡힌다. 봄멸치는 횟감이나 젓갈로 이용된다. 가을철이 가장 어획 성수기이며 크기별로 다르게 사용된다. 죽방멸치는 물가에 대나무를 꽂아서 그물을 쳐 놓는 옛날 방식으로 소량만 잡기 때문에 값이 비싸고 비늘이 벗겨지지 않아 빛깔이 좋으며, 삶을 때 간을 잘하고 정성스럽게 잘 말려서 맛이 뛰어나다. 잔멸치는 흰색이나 파란색을 약간 띠고 투명한 것이 상품이며 중간 크기의 멸치와 다시멸치는 금빛이 나고 맑은 기운이 도는 것이 상

대멸(죽방)   중멸치   세멸(잔멸치)

표 10-9 멸치의 크기별 용도

구분	크기(cm)	용도
세멸	1.5 이하	비빔용, 고추조림용 등
자멸	1.6~3.0	볶음용, 고추조림용 등
소멸	3.1~4.5	볶음용
중멸	4.6~7.6	술안주, 밑반찬 등
대멸	7.7 이상	주로 국물 맛 내기에 사용

품이다. 멸치에는 조미료 역할을 하는 글루타민산이 많아 구수한 국물을 만드는 데 이용된다.

27) 숭어

숭어

농어목 숭어과에 속하는 숭어(flathed grey mullet, *Mugil cephalus*)는 유아기에는 강 하구에 살다가 성장하면 바다로 나가고 산란기가 되면 돌아오는 회귀성 어종이다. 1~2월에 가장 맛있다.

산란기의 난소를 꺼내어 소금에 하룻밤 절인 후, 다시 꺼내어 그늘에서 건조시킨 숭어알젓은, 3일 후면 특유의 색을 나타낸다. 성숙된 숭어의 난소는 체중의 1/5 정도로 크다. 철분이 비교적 많이 들어 있어 (100g당 2mg) 인체의 조혈(造血) 작용에 도움이 되며 EPA, DHA 등 혈관에 좋은 불포화지방산이 들어 있다.

28) 기타 해산물의 부산품

캐비어

(1) 캐비어 캐비어(caviar)는 카스피해에 사는 철갑상어의 알을 소금에 절인 식품으로 세계의 진미로 알려져 있으며 유럽 여러 나라에 수출된다. 철갑상어 이외에도 연어, 대구, 잉어 등의 생선알을 같은 방법으로 미국, 독일, 이탈리아 등지에서 만든 대용품도 캐비어라고 하는 경우가 있다.

알의 크기가 크고 은회색 빛이 연하면 연할수록 질이 좋은 것이며, 크기와 색깔이 균일하고 윤기가 흐르며 둥근 면이 부드러울수록 양호한 것이다. 캐비어는 이란산, 러시아산이 많으며, 카스피해산을 최고로 친다. 알을 채취하는 종류로는 벨루가(beluga), 오세트라(ossetra) 세브르가(sevruga)가 대표적이다. 벨루가의 알은 흑갈색이나 회색을 띠며, 알이 크고 광택이 나서 최고급품으로 알려져 있다.

만드는 방법을 살펴보면, 신선한 생선에서 알을 꺼내어 체로 알 입자와 다른 부착물을 나누고 여름에는 10%, 가을에는 8% 정도의 건조 소금을 넣고 휘저어 소쿠리에 담아 흘러나오는 소금물을 제거하고 도자기나 깡통에 담아 저온에서 숙성시킨다. 이것을 알갱이 캐비어라고 하는데, 적당히 숙성되면 좋은 풍미를 내지만 보존성이 약하므로 5℃ 이하에서 저장해야 한다. 또는 알 입자를 포화된 소금물에 담가 으깨어 연해진 것을 통에 담아 만들기도 한다. 이렇게 하면 짠맛이 나지만 보존성이 좋으므로 수출용으로 사용된다. 캐비어는 1~3℃ 정도에서 냉장보관해야 하며, 일주일 정도면 진미를 느낄 수 있는 절정기에 도달한다. 6개월이 경과되면 품질이 급속히 저하된다.

(2) 날치알 날치알은 보통 냉동된 채로 판매되므로 그대로 구입하여 쓰면 된다. 이때 유통기간을 확인하여 구매하는 것이 중요하다.

날치알

(3) 성게알 성게는 극피동물문 성게과에 속하는 해산동물을 말하는 것으로, 반구형의 딱딱한 껍데기 위에 바늘과 같은 가시가 많이 나 있어 외관은 밤송이 같다. 성게는 식용 부분이 생식소로, 독특한 향기가 난다. 이용할 때는 일단 칼로 반으로 자른 후 가시에 찔리지 않게 조심하면서 내부에 있는 붉은색을 띤 알을 모으면 된다.

성게알

칼슘의 양은 성게 100g당 20mg로 다른 식품에 비해 훨씬 많이 포함되어 있고 비타민 A, B₁, B₂, 지방, 단백질이 충분히 들어 있다.

(4) 기타 이 밖에 민어알, 연어알, 명태알, 명란, 청어알 등의 알류를 염장하여 사용한다.

민어알

연어알

명란   청어알

2. 담수어

1) 미꾸라지

미꾸라지(Chinese weatherfish, *Misgurnus mizolepis*)는 잉어목 잉어과에 속하며 몸에서 점액이 분비되어 미끄럽다. 민물고기로 추어라고도 하며 가을까지가 제철이다. 요리할 때는 반드시 살아 있는 것을 사용하며 흙냄새가 나므로, 물에 하루 정도 담가 두어 해감을 토하게 한 다음 소금을 뿌려 두면 거품이 나며 점액이 벗겨진다. 단백질과 지방이 많고, 무기질이 풍부하다.

메기

2) 메기

메기(catfish, sheat fish, *Parasilurus asotus* L.)는 잉어목 메기과의 담수어로 유아기에는 아래턱에 한 쌍의 수염이 더 있는 것이 특징이다. 흙 속에 몸을 박고 살기 때문에 진흙 냄새가 많이 나므로 맑은 물에 담가 진흙 냄새를 빼는 것이 좋다.

단백질과 철의 함유량이 높고, 지방분이 낮아 보혈강장 및 보양식품 중 으뜸이라고 손꼽히며, 다량의 DHA를 함유하고 있어 두뇌 활동과 뇌세포의 활성화에 효과가 있다.

3) 잉어

잉어(common carp, *Cyprinus carpio*)는 경골어류인 잉어목 잉어과의 민물고기로, 인류가 양식한 어류 중에서 가장 오래되었다. 기원전 약 500년 경의 중국 문헌에 양식법이 상세히 기록되어 있다.

잉어

잉어는 겨울철인 12월부터 다음 해 3월까지 잡히는 것이 가장 맛있고 영양이 풍부하다. 크기는 30cm 정도가 가장 맛있고 사후에는 방혈이 되지 않으므로 살아 있을 때 꼬리 쪽에 칼집을 내어 거꾸로 매달아 들어 방혈을 해야 한다.

잉어는 단백질이 풍부하고, 뼈째 조리하므로 칼슘도 풍부하다. 지방은 2% 정도 들어 있는데 불포화지방산이 주성분이기 때문에 동맥경화와 고혈압을 앓는 사람에게도 좋은 영양공급원이 될 수 있다.

4) 붕어

붕어

붕어(crusian carp, *Carassius carassius* L.)는 잉어과의 민물고기로 우리나라의 호수나 하천, 농수로 등에 널리 분포되어 있다. 잉어와 모양이 비슷하나 잉어와 달리 콧수염이 없다. 보통 몸의 크기가 20~40cm 정도인 것이 좋다.

민물고기 중 제일 쉽게 구할 수 있지만, 오염되지 않은 청정수에서 나는 것을 구해야 한다. 살아 있는 붕어를 손질할 때는 신선도를 유지해야 하므로 빨리 다루어야 한다.

붕어에는 단백질이 많고, 지방은 적으나 불포화지방산이 많이 들어 있다. 또한 칼슘과 철도 풍부하다.

패류, 갑각류 및 연체류

조개류는 세계적으로 2만 5,000여 종으로 우리나라에서는 약 190여 종이 잡히며, 현재 양식으로 이용되는 것은 50~60종에 이른다. 조개는 딱딱한 두 개의 겉껍데기를 가지고 있으며 그 안에 부드러운 근육조직이 있다. 대체로 패류는 생것일 때

껍데기가 열려 있는데, 조리 후에도 입이 열리지 않는 것은 부패한 것이다. 조개류는 어류와 달리 지미 성분인 핵산 및 글루탐산, 호박산 등을 많이 가지고 있어 시원한 감칠맛을 내므로 육수를 이용하는 요리에 많이 사용된다. 저장방법은 주로 건조나 염장 등이 많이 사용되고, 최근에는 급속냉동과 통조림 저장 등의 방법이 발달되었다. 서식처는 보통 갯벌이기 때문에 진흙을 갖고 있어 이질감을 주므로 조리 전 1% 소금물에 30분 정도 담가 해감한 후 사용하는 것이 좋다.

갑각류(甲脚類, crustacea)는 절지동물문에 속한다. 사람이나 개, 물고기 등의 척추동물은 뼈대를 가지고 있고, 뼈대를 중심으로 근육과 몸의 각 기관이 붙어 있지만, 절지동물은 몸 밖에 골격을 형성하는 특징이 있다. 이렇게 몸 밖에 골격이 있기 때문에 몸을 움직이기 위해서는 몸이 여러 개의 조각으로 이루어져야 한다. 따라서 절지동물이라는 이름에서도 알 수 있듯 여러 개의 체절(體節)로 되어 있다. 갑각류 역시 절지동물에 속하기 때문에 많은 외골격을 가지며, 여러 체절로 이루어져 있다. 갑각류는 종류가 대단히 많아 종마다 모양과 사는 모습이 매우 다르다.

연체류는 마디가 없고 부드러운 근육조직으로 되어 있으며, 점액 분비선이 많고 다리에 빨판을 지니고 있다. 연체류의 근육조직은 어류와 달리 직각으로 존재하는 결 때문에 가열 시 오그라드는 성질이 있어 조리 전에 칼집을 넣어 이용하며, 주로 건조나 냉동·염장 등의 방법으로 저장된다.

조개류와 연체류는 어류와 달리 가식부율이 낮아 패류는 30%, 연체류는 83%, 새우류는 40~43%를 나타낸다. 또한 새우류는 가용성 성분이 다른 어류들에 비해 적으나 연체류의 오징어, 문어 등은 이 성분이 700~900m%으로 많이 들어 있어 쉽게 상하고 감칠맛이 많이 난다.

조개류나 연체류는 대체로 지방 함량이 낮고 무기질 함량이 높은 편이다. 특히 칼슘은 굴, 멍게, 바지락 등에 많이 들어 있는데 그중에서도 굴은 요오드 함량도 매우 높다.

표 10-10 패류 및 갑각류의 영양성분 및 폐기율(100g)

식품명	에너지 (kcal)	수분 (g)	단백질 (g)	지방 (g)	탄수화물 (g)	당류 (g)	무기질				비타민					폐기율 (%)
							칼슘 (mg)	철 (mg)	인 (mg)	칼륨 (mg)	레티놀 (μg)	티아민 (mg)	리보플라빈 (mg)	니아신 (mg)	비타민 C (mg)	
참굴	83	80.3	9.66	2.19	5.27	0.97	428	8.72	159	322	–	0.22	0.124	–	–	84
홍합	82	79.7	13.8	1.2	3.1	–	43	6.1	249	–	–	–	–	–	–	76
대합	62	83.8	12	0.8	1	–	98	5.4	162	–	0	0.01	0.18	2.3	2	64
바지락	74	80.4	12.27	0.93	3.2	0.75	70	2.68	129	121	–	0.04	0.3	–	2	68
키조개	57	86.5	10.3	1.1	0.8	–	38	8.2	128	260	0	0.04	0.14	1.8	2	47
전복	85	78.4	14.3	0.7	4.5	–	52	2	118	–	0	0.25	0.21	3.4	2	51
소라	107	72.5	20.7	0.3	4	–	92	8.2	185	–	0	0.04	0.23	1.7	1	87
개조개	64	82.6	10.9	0.6	3	–	83	6	158	–	0	0.02	0.2	1.5	2	61
맛조개	56	85.2	9.7	1	1.3	–	166	5.5	123	151	10	0.02	0.16	1.5	1	36
꼬막	63	82.9	12.6	0.3	1.6	–	83	6.8	136	–	39	0.03	0.24	3.4	3	74
재첩	94	77.5	12.5	1.9	5.8	–	181	21	213	210	0	0.09	0.21	2.6	2	84
해삼	24	91.8	3.7	0.4	1.3	–	119	2.1	27	70	0	0.01	0.03	1.2	0	21
멍게	27	88.8	5	0.8	0.8	–	32	5.7	55	570	Tr	0.01	0.13	0.5	3	80
미더덕	44	87.6	4.3	1.2	4.1	–	40	3.2	111	–	0	0.03	0.13	2	4	70
보리새우	71	82.8	15.1	0.7	0.1	–	87	1.1	240	450	0	0.07	0.08	2.3	1	45
꽃게	77	80.6	16.19	0.7	0.43	0.41	127	0.74	137	216	–	0.04	0.12	–	0	76
바닷가재	77	82.24	15.97	0.95	0	0	27	0.84	256	302	16	0.07	0.032	2.208	1.2	0
오징어	94	78.3	18.84	1.44	0.16	0	11	0.18	270	351	–	0.05	0.02	–	0	31
문어	70	81.1	16.4	0.7	0.1	–	16	0.6	160	290	5	0.03	0.09	2.2	Tr	15
낙지	73	80.7	16.3	0.43	0	0.2	26	1.48	166	237	–	0.03	0	–	–	23
주꾸미	52	86.8	10.8	0.5	0.5	–	19	1.4	129	–	0	0.03	0.18	1.6	0	14

※ −: 수치가 애매하거나 측정되지 않음
※ Tr: 미량(trace) 존재함
자료: 국가표준식품성분표, 10개정판, 국가표준식품성분 DB 10.2. (2024)

표 10-11 패류 및 갑각류, 연체류의 분포

종류	서해안	남해안	동해안
패류, 갑각류	굴, 꽃게, 대합	홍합, 키조개, 전복, 해삼	대게
	바지락		–
	멍게		
연체류	꼴뚜기		오징어, 갑오징어
	문어, 낙지		

1. 패류

1) 굴

굴(oyster, *Ostreidae* spp. and *Crassostrea* spp.)은 굴과에 속하는 조개류로 주로 참굴이 많이 이용된다. 충무, 고성, 삼천포, 고흥 등에서 많이 나며 3~4년생으로 9월부터 그다음 해 4월까지 수확되는 것이 최상품이다.

5월에서 8월 사이의 굴은 맛이 없고, 독소가 있으므로 사용하지 않는다. 신선한 굴은 특유의 냄새가 나며 우윳빛을 띠고 주름이 많고 통통하며 가장자리의 색이 선명하다. 굴은 1%의 소금물에 넣어 남은 껍데기를 잘 떼고 여러 번 잘 씻어 냉장보관하여 쓴다. 굴에는 다른 조개류보다 철과 칼슘이 많이 함유되어 있다. 우리나라에서 유통되는 대부분의 굴은 남해와 서해에서 양식된다.

2) 홍합

홍합(mussel, *Mytilus coruscus* G.)은 홍합과에 속하는 조개류로 우리나라의 마산, 진주, 충무, 여수, 삼천포에서 생산되며 10월에서 12월에 출하된다. 신선한 것은 입이 벌어져 있지 않고 껍데기가 깨져 있지 않으며 살도 퍼져 있지 않다. 홍합살을 삶아 말린 것을 담채라고 하며 이것을 불려 조리에 사용한다. 뉴질랜드에서 생산되는 그린홍합은 껍데기가 녹색이고, 여수홍합은 색이 진하다.

3) 대합

대합(hard clam, *Meretrix lamarkii*)은 백합과에 속하며 길이 10cm의 큰 조개다. 우리나라에서 가장 흔히 볼 수 있는 조개로 주로 백합이라고 하며, 3월에서 5월에 생산되는 것이 가장 맛있다.

4) 바지락

바지락(shortnecked clam, baby clam, *Tapes philippinarum*)은 우리나라의 여수, 고흥, 남양만, 화성, 삽교천, 안면도, 부안, 대천, 서신 등에서 주로 생산된다. 국물

대합

바지락

맛을 시원하게 해 주어 국물요리에 많이 사용된다.

5) 키조개

키조개(pen-shell, *Atrina <Servatrina> pinnata*)는 우리나라의 보성만, 광양만에서 많이 나며 가을에서 봄 사이가 제철이다.

6) 전복

전복(abalone, *Haliotis* spp.)은 전복과로 다른 해산물과 비교할 때 영양 면에서 가장 우수한 패류이다. 우리나라에는 5종이 잡히며, 자연산의 대부분은 참전복이고 제주 지방에서는 큰전복, 말전복, 오분자기 전복이 잡힌다. 참전복은 주로 양식하여 사용한다.

좋은 전복은 살아 있고 광택과 탄력이 있다. 또한 껍데기의 무늬가 짙고 발이 검은색인 것이 좋다. 암컷의 내장은 진녹색, 수컷은 황색이다.

키조개

키조개(껍데기 윗부분만 들어낸 것)

전복

참소라

개조개

맛조개

모시조개

7) 소라

소라(topshell, wreath-shell, *Batillus cornutus*)는 소라과에 속하며 우리나라 제주와 고흥, 군산, 장항 등에서 많이 난다. 내장 부분이 녹색이면 암컷이고 흰색이면 수컷이다. 겨울부터 초여름이 제철이다. 신선한 것은 살이 두텁고 위로 빠져나오지 않으며, 들어 보았을 때 무거운 것이 좋다. 단백질 함량이 생선 이상이며 콜라겐이 많아 살이 단단하고 쫄깃하다.

8) 개조개

개조개(butter clam, *Saxidomus purpuratus*)는 껍데기 길이가 10cm에 이르는 큰 조개로 담갈색 방사형 피가 있는 회백색 껍데기를 가졌다. 주로 한국과 중국 연안에 분포하며 양식을 하지 않는 순수 자연산이다. 단백질 함량이 풍부하며, 특히 필수 아미노산과 타우린의 함량이 높아 탕이나 찌개에 이용할 경우 담백하고 시원한 감칠맛이 난다.

9) 맛조개

맛조개(sinonovacula constricta, *Solen strictus*)는 껍데기 길이가 10cm의 직사각형 조개로 갯벌에 30~60cm짜리 구멍을 만들어 들어가 산다. 국이나 찌개 등에 이용된다.

10) 모시조개

껍데기에 모시천의 결 무늬가 있어 모시조개(cyclina sinensis)로 불리며 감칠맛 성분이 풍부해서 국물맛을 낼 때 특히 좋아서 각종 국이나 찌개에 많이 이용된다. 껍데기가 검다고 해서 가무락 또는 가무라기라고도 한다.

가을부터 봄까지가 제철로 이 시기에 수확한 것이 맛이 좋다. 구입 시에는 색이 좋고 윤이 나며 크기가 고르고 몸통이 파손되지 않은 것을 선택한다.

11) 꼬막

꼬막(granular ark, *Tegillarca granosa*)은 조개과에 속하며 조간 대부터 수심 10m까지의 진흙 바닥에서 산다. 보통 껍질째 삶아서 양념하여 먹는다.

꼬막

12) 재첩

재첩(*Corbicula fluminea*)은 모래가 많은 진흙 바닥에 서식하는 난생의 민물조개이다. 한강 이남, 특히 낙동강 하류에 많이 서식한다. 국물맛을 좋게 해 주어 해장국으로도 즐겨 먹는다. 간의 활동을 좋게 하는 것으로 알려진 메티오닌이 풍부하다.

재첩

13) 해삼

해삼(sea cucumber, *Stichopus japonicus* S.)은 극피동물 해삼류에 속하며 종류로는 홍해삼, 청해삼, 흑해삼이 있다. 홍해삼은 제주도에, 청해삼과 흑해산은 남해안과 서해안에 분포하며 12월에서 4월까지 잡힌 깃이 맛이 좋다.

신선한 것은 표면의 돌기가 뚜렷하고, 두께가 굵으며 길이가 짧다. 생해삼은 기름기에 닿으면 육질이 녹으므로 주의한다. 해삼을 세척할 때 식초를 넣어 주면 단단해진다. 마른 해삼을 불릴 때는 찬물에 넣어 하루 정도 불린 다음 소금으로 씻고 내장을 제거한 후 깨끗한 물을 끓여 해삼을 넣고 끓으면 바로 내리는데 이 과정을 4회 반복한다.

해삼

홍해삼

멍게

14) 멍게

멍게(sea squirt, *Halocynthia roretzi* V.)는 멍게과에 속하며 우렁 쉥이라고도 한다. 상큼한 향이 나며 먹고 난 후에도 달콤한 맛이 남는데, 이는 멍게에 함유된 타우린과 글리신, 글루탐산이 어우러 져 나는 것이다.

가식부는 30% 정도인데 그중 90%가 수분이다. 깊은 바다에서 3~4년 정도 자란 것이 맛과 향이 좋다.

미더덕

15) 미더덕

섬유질 같은 딱딱한 외피와 가늘고 긴 몸을 지닌 미더덕(warty sea squirt, *Styela clava*)은 연안 구역에 서식한다.

독특한 향기가 나며 찌개나 전골 또는 찜으로 먹는데 특히 제 철인 4~5월에 수확한 것이 아미노산 함량이 높아 맛이 좋다. 미더 덕을 구입할 때는 색이 진하고 몸통이 통통한 것이 좋다.

2. 갑각류

1) 새우류

우리나라 근해에서 잡히는 새우(shrimp, *Pandalus* spp.)로는 보리새우, 참새우, 차 새우, 민물새우, 젓새우 등이 있다. 크기에 따라 길이가 20cm 전후인 대하, 10cm 전후의 중하, 5cm 전후의 소하로 나뉘어 사용된다. 몸은 키틴질을 함유하는 껍질

새우

왕새우

보리새우

부분으로 덮여 있고 다리가 10개이다. 끝에서 세 번째 마디의 등쪽에 내장이 있어 이를 제거한 후 사용한다.

차새우는 껍질이 단단하고 단맛이 강하며 이거 새우라고도 한다. 참새우는 시바새우라고도 하며 가을에서 겨울에 많이 잡힌다. 민물새우로는 토하젓을 만든다.

2) 게

게(crab, *Portunus trituberculatus*)는 우리나라에 183종이 잡히며 식용할 수 있는 종류가 많지 않다. 꽃게와 털게가 가장 많이 잡히며 이외에는 영덕게, 밤게, 바닷게, 참게, 민물게 등이 있다.

어패류 중 폐기율이 가장 높으며 자가효소에 의한 부패가 빨라 식중독을 일으킬 수 있으므로 살아 있는 것이나 신선한 것을 선별해야 한다. 신선한 것은 다리가 뻣뻣하고 단단하게 붙어 있으며 들어 보았을 때 무거운 것이 좋다. 아가미에 남아 있는 수분 호흡으로 인하여 게거품이 보인다.

게

암게는 배 부분이 반달 모양이고 수게는 종추형 모양을 지니고 있다. 게의 껍데기에는 아스타잔틴이라는 성분이 단백질과 결합되어 있으나 가열하면 단백질이 분리되어 아스타신이 되므로 붉게 변한다. 꽃게는 5~6월과 9~11월에 전체의 80% 정도가 생산된다. 8개의 다리가 대나무 마디처럼 비어 있는 영덕대게는 수컷이 암컷보다 크다.

3) 바닷가재

바닷가재(lobster, *Hommarus gammarus*)는 알주머니를 지니고 있는 암컷이 맛이 좋지만, 알주머니를 지니고 있는 것을 어획하는 것은 불법이다.

녹색의 부위는 간을 나타내며 꼬리가 몸과 만나는 부위를 확인하여 암수 구별을 한다. 수컷은 단단하고 암컷은 부드러운 깃털이 나 있으며 암컷은 꼬리나 복부가 일반적으로 넓다. 미국산 바닷가재의 품질이

바닷가재

가장 좋다고 하는데 이는 살아 있는 상태나 조리된 것, 통조림 등으로 사용되기 때문이다.

3. 연체류

오징어

1) 오징어류

오징어(squid, *Loligo* spp.)는 오징어과에 속하며 다리가 10개이다. 식용하는 것으로는 갑오징어, 살오징어, 한치오징어, 꼴뚜기 등이 있다.

오징어에는 아미노산 중 타우린이 다른 어류에 비해 많이 함유되어 있다. 신선한 오징어는 짙은 흑갈색에 투명하고 눌러 보았을 때 단단하며 탄력이 있다. 다리의 빨판은 떨어지지 않은 것이 좋다. 오징어 먹물은 멜라닌 색소로, 방부작용을 한다.

오징어의 근섬유는 가로 방향으로 되어 있어 옆으로 잘 찢어진다. 오징어는 안쪽부터 진피, 다핵층, 색소층, 표피로 이루어져 있는데, 진피만 섬유가 세로 방향이므로 칼집은 안쪽에 넣는 것이 좋다.

갑오징어

> ### 한치
> 한치(far eastern arrow squid, *Doryteuthis bleekeri*)는 화살오징어라고도 한다. 다리의 길이가 3cm 정도로 한 치밖에 안된다고 하여 '한치'라고 부른다. 한국, 일본 등의 연안에 서식한다.

2) 문어

문어(octopus, *Paroctopus dofleini*)는 다리가 8개로 살이 부드럽고 수분이 많아 맛이 좋지만 값이 비싼 편이다. 신선한 것은 적자색을 띠는데 흡반이 크고 뚜렷한 것이 좋다. 머리처럼 보이는 둥근 부분이 몸통이다.

3) 낙지

낙지(common octopus, *Octopus variabilis*)는 낙지과에 속하는 두족류이다. 낙지에는 물이 많고 겨울철에 특히 맛이 좋다. 흡반 속의 진흙을 제거하기 위해 밀가루로 문질러 씻는 것이 좋다.

4) 주꾸미

두족류에 속하는 주꾸미(*Octopus ocellatus*)는 팔이 8개이고 최대 20cm 정도까지 자란다. 5~6월이 산란기로 이때 잡힌 것이 특히 맛이 좋다. 낙지보다 머리는 2~3배 크고 다리는 짧다.

문어

낙지

주꾸미

해조류

김 | 미역 | 다시마 | 톳 | 청각 | 파래 | 모자반
우뭇가사리 | 매생이 | 감태 | 함초 | 기타

해 조류는 꽃이 피지 않아 포자로 번식하는 하등동물로, 양적으로 매우 풍부한 천연식품이며 신선한 바다의 맛을 지녔다. 우리나라 연안에 서식하는 해조류의 종류는 400여 종이나 식용할 수 있는 것은 50여 종이다.

식용으로 쓰이는 해조류의 색소는 클로로필(chlorophyll), 카로티노이드(carotenoid), 피코빌린(phycobilin)이고 각각 녹색, 황색, 적색을 나타내며, 이 색소의 배합에 따라 녹조류, 갈조류, 홍조류로 나누어진다.

해조류는 일반적으로 소화율이 낮으나 무기질인 칼슘, 철, 요오드, 비타민 A가 풍부하다. 특히 칼륨이 많이 함유되어 있어 알칼리성 식품으로 알려져 있다. 영양성분은 일반적으로 말린 해조류에 단백질이 10% 정도 포함되어 있으며, 탄수화물의 주성분은 점성 다당류로 칼로리가 거의 없다.

녹조류인 파래, 청각 등에는 셀룰로오스(cellulose), 헤미셀룰로오스(hemicellulose)가 들어 있고 갈조류에는 알긴산(alginic acid)과 셀룰로오스가 들어 있다. 홍조류에는 한천(agar), 카라기난(carrageenan), 만난(mannan) 등이 들어 있다. 이처럼 해조류의 종류에 따라 다당류의 종류와 함량이 다르다. 단백질 함량은 김이 30% 이상으로 가장 많고, 지방은 1% 내외로 들어 있다.

최근에는 이러한 해조류들로부터 추출한 카라기난(carrageenan), 알긴산(alginic acid), 한천(agar) 등이 식품의 물성 계량제로 널리 사용된다. 이외에도 사료용, 의약용, 비료용으로도 널리 사용되고 있다.

표 11-1 해조류의 종류

분류	주된 색소	종류	비고
녹조류 (green algae)	클로로필	파래, 청각, 클로렐라	연안 지역
갈조류 (blown algae)	클로로필, 프코크산틴	미역, 다시마, 톳, 대황, 모자반	중간 지역
홍조류 (red algae)	클로로필, 피코에리스린, 피코시아닌, 카로티노이드	김, 우뭇가사리	가장 깊은 지역

표 11-2 해조류의 영양성분(100g)

식품명	에너지 (cal)	수분 (g)	단백질 (g)	지방 (g)	회분 (g)	탄수화물 (g)	총식이섬유 (g)	무기질				비타민				
								칼슘 (mg)	철 (mg)	인 (mg)	칼륨 (mg)	베타카로틴 (µg)	티아민 (mg)	리보플라빈 (mg)	니아신 (mg)	비타민 C (mg)
김(건)	165	11.4	38.6	1.7	8	40.3	−	325	17.6	762	3,503	22,500	1.2	2.95	10.4	93
미역(건)	150	6.3	20.31	4.83	24.91	43.65	35.6	1,109	6.1	355	432	6,185	0	0.101	3.8	0
다시마(건)	110	12.3	7.4	1.1	34	45.2	−	708	6.3	186	7,500	576	0.22	0.45	4.5	18
톳	16	88.1	1.9	0.4	4.6	5	0	157	3.9	32	−	378	0.01	0.07	1.9	4
청각	8	92.1	1.4	0.4	4.5	1.6	0	37	2.5	12	−	270	0.01	0.05	1.4	9
파래	11	93.8	2.18	0.15	0.92	2.95	2.1	55	4.1	38	131	−	0.29	0.14	−	36
모자반	18	86.2	1.8	0.2	5.1	6.7	0	209	2.1	61	−	−	−	−	−	−
우뭇가사리	46	70.3	4.2	0.2	3.8	18.5	0	183	3.9	47	−	2,160	0.04	0.43	1.1	15
매생이	39	84.3	3.88	3.29	0.34	8.19	6.5	91	18.3	97	263	−	0	0.03	−	0

※ −: 수치가 애매하거나 측정되지 않음
자료: 국가표준식품성분표, 10개정판, 국가표준식품성분 DB 10.2. (2024)

1. 김

김(purple laver, *Porphyra tenera*)은 보라털과의 홍조류로 해조류이며, 해태라고도 부른다. 바다 암초에 이끼처럼 붙어서 자라며 몸은 긴 타원형 또는 줄처럼 생긴 달걀 모양이며 가장자리에 주름이 있다. 길이는 약 14~25cm, 너비는 5~12cm이며 몸 윗부분은 적갈색이고 아랫부분은 청록색이다. 빛깔은 자줏빛 또는 붉은 자줏빛을 띤다. 주산지는 완도, 진도, 신안, 고흥, 하동, 김해, 부안, 서산 등이다. 김의 종류로는 참김, 방사무늬돌김, 큰방사무늬돌김, 모무늬돌김 등이 있다.

출하시기는 매년 11월부터 다음 해 5월이며 성출하기는 12월 중순부터 다음 해 3월 중순까지이다. 김은 세계적으로 50여 종이 알려져 있으나 국내에는 약 10여 종이 분포되어 있다.

참김   돌김

표 11-3 김의 종류와 특징

종에 따른 김의 종류	특징
참김	색이 진하고 검게 보이며 두껍다. 김밥김이 대표적이다.
방사무늬돌김	재래김으로 얇고 밝은색을 띠며 살짝 구워 간장을 곁들인다.
둥근돌김	전 해안에 분포, 검붉은색이며 부채 모양이다.
긴잎돌김	동해안, 울릉도 등지에서 자라고 긴 대잎 모양이다.
모무늬돌김	듬성듬성하고 거칠거칠한 질감의 돌김으로 남해안에 많이 분포한다.

김의 선별 기준은 다음과 같다.

- 건조도는 수분 함량이 15% 이하이며 이물질(이끼)이 섞이지 않은 것
- 김 특유의 자연적인 냄새가 나며 생굴 향내에 가까운 것
- 광택이 우수하고 선명한 것
- 검은색 바탕에 붉은색을 약간 띠는 것
- 중량은 230g 내외, 묶은 속이 가지런하고 얇으며 수분 함량이 적당해서 까실거리며 접어서 부러지지 않을 정도의 것

김을 장기간 보관하면 붉은색으로 변하는데, 습기가 있으면 더욱 빨리 변한다. 이것은 장시간 광선이나 공기와 접촉하여 잔토필(xanthophyll)이나 클로로필(chlorophyll)이 분해되기 때문이다. 따라서 김은 어둡고 서늘한 곳에 보관해야 한다. 붉은색으로 변한 김은 구워도 원래 색깔로 돌아가지 않는다. 김으로는 자반, 장아찌, 부각을 만들어 먹는다.

표 11-4 김의 산지별 출하품 특성

산지	특성
연평도, 김해, 영광	우리나라 고유의 재래종으로 색택, 맛이 좋으며 품질이 우수함
완도, 고흥, 해남	조류의 소통이 내·외만성으로 우리나라 김의 표준형이 생산됨
신안, 진도	조류 소통이 원활한 외만성으로 간만의 차가 심해 김의 맛은 좋으나 제품은 그다지 좋지 않음
장흥	내만성으로 조류 소통이 원만하지 못해 색택이 나쁘고 질이 떨어지는 편
광양	섬진강 민물과 바닷물이 교차하는 지점에서 생산되므로 맛은 좋으나 색택이 노란빛을 띠어 선호도가 낮고 가격이 비교적 낮음
광천	재래종으로 품질이 낮아 시중 출하품 중 품위가 가장 낮음
서산, 부안	김발이 아닌 주로 대나무를 이용하여 생산하므로 색택, 맛이 자연산에 가까워 품질이 우수하고 타 지역산과 달리 포장 시 접지 않은 상태임

 김의 독특한 빛깔은 홍색소인 푸코에리트로빈(fucoeritrobin)에 의한 것이며 향은 디메틸설파이드(dimethylsulfide), 맛은 글루탐산(glutamic acid), 글리신(glycine), 알라닌(alanine), 타우린(taurine)에 의한 것이다.

 김에는 한천(agar)이 가장 많이 들어 있고, 그 밖에도 헤미셀룰로오스(hemicellulose), 소르비톨(sorbitol), 둘시톨(dalcitol) 등이 들어 있다. 김에는 단맛과 지미를 가진 글리신(glycine), 알라닌(alanine) 등의 아미노산이 많아 특유의 감칠맛을 낸다. 단백질 함유량은 마른김 100g당 30~40%이며, 필수아미노산이 많이 들어 있다. 비타민은 카로틴이 많아 비타민 A의 좋은 공급원이 된다. 그 외에도 리보플라빈, 나이아신, 비타민 C 등이 비교적 많이 함유되어 있다.

2. 미역

미역(brown seawood, *Undaria pinnatifida* S.)은 갈조류 미역과의 1년생 바닷말로, 몸은 암갈색을 띠고 외형적으로는 뿌리·줄기·잎의 구분이 뚜렷한 엽상체 식물로 수온 10~13℃에서 가장 잘 자란다.

 미역은 난류성으로 주로 완·진도·양산에서 많이 양식되며 경상남·북도, 강원도 일원이 주산지이다. 종류로는 북방형과 남방형

건미역

실미역   장곽

물미역   쇠미역

이 있는데 북방형은 주로 동해안에서 자라며 건조미역으로 많이 이용되고, 남방형은 생미역으로 이용된다. 수확은 12월부터 다음 해 5월까지 가능하다. 미역은 생장상태에 따라 일체 수확, 솎음 수확, 앞지르기 수확 등으로 구분 수확된다.

좋은 미역은 제품의 크기, 산지와 채취시기가 대체로 일정한 것으로, 수분 함량이 20% 이하로 만져서 촉감이 좋은 것이 좋다. 저장은 직사광선을 피해 저온에서 하는 것이 좋다. 생미역은 주로 건조해서 사용하나 소금에 절여서 가공한 염장미역도 있다. 사용할 때는 물에 담가 소금기를 충분히 제거한 후 미역 초무침이나 미역나물로 사용한다. 소비가 늘어나고 있는 미역의 머리 부분인 미역귀는 오독오독한 식감이 좋아 무침으로 많이 해 먹는다.

표 11-5 자연산 미역과 실미역의 특징

구분	특징
자연산 미역/ 양식 가닥미역	바다에서 채취한 다음 데치는 과정 없이 태양 건조만 하므로 다소 누런 색(미역은 갈조류로 분류됨)이지만 잎보다는 줄기와 생식기(미역귀)에 영양성분이 많으므로 약간의 질긴 맛은 느껴진다. 오래 끓여도 풀어지지 않고 끓일수록 깊은 맛이 난다.
실미역	바다에서 채취한 다음 끓는 물에 살짝 데친 후 잎사귀만 염장하여 냉동보관했다가 물에 씻어서 건조시킨 것으로 조리 시 물에 담그면 파란색을 띤다.

쇠미역은 미역 가운데 울퉁불퉁한 모양으로 구멍이 드문드문 나 있으며, 씹는 맛이 좋은 재료로 젖은 상태에서 초고추장을 찍어 먹거나 쌈을 싸서 먹을 수 있다. 녹색이 짙고 광택이 나며 탄력이 있고 두꺼운 것이 좋으며 소금물에 씻은 후 살짝 데쳐서 먹기 좋은 크기로 잘라 냉장고에 보관하면 좋다. 곰보미역이라 불리는 곰피는 쌈이나 자반으로 즐겨 먹는다.

3. 다시마

다시마(sea tangle, *Laminaria* spp.)는 곤포라고도 하며, 갈조류에 속하는 2~3년생 해초이다. 길이는 2~4m, 폭은 20~30cm로 성분의 절반 정도가 탄수화물이고 그중 20%가 섬유질이며, 나머지가 알긴산(alginic acid)이다. 다시마는 엽상체로 가로 기엽이 발달되어 있으며 주로 7~10월에 채취한다. 다른 해조류에 비해 구수한 맛을 내는 다시마에는 글루탐산(glutamic acid)의 나트륨염이 20℃의 물에 30분 정도 담그면 우러나온다.

건다시마

생것은 쌈용으로 이용하고 건조 다시마는 주로 국물을 낼 때나 튀각으로 사용해 왔으나 최근에는 다시마를 이용하여 차, 젤리 등의 원료로 이용하기도 한다.

다시마 표면의 흰가루는 만니톨(mannitol) 성분으로, 물로 씻으면 성분이 모두 손실되므로 젖은 행주를 꼭 짜서 살살 닦은 후 사용해야 한다. 잎이 두껍고 검은빛이 도는 것이 좋은 다시마이다.

4. 톳

톳(brown algae, *Hizikia fusiforme*)은 갈조식물 모자반과에 속하며 크기가 보통 10~60cm이다. 남부지역이나 제주도에서 잘 자라며 주로 국이나 무침, 샐러드, 비빔밥 등에 이용된다. 말린 톳은 녹미채라고 하며 식감과 향이 좋아 밥을 지을 때 사용한다.

톳

5. 청각

청각

청각(sea staghorn, *Codium fragile*)은 녹조식물 청각과에 속하며, 몸의 길이는 15~40cm로 8~9월에 성장이 완료된다. 몸은 부드럽고 가지가 갈라져 있으며, 얕은 바닷속의 돌, 바위, 암석, 또는 조개껍데기 등에 붙어 생육한다. 탄수화물인 당분과 단백질이 많이 함유되어 있을 뿐만 아니라 섬유질도 많이 들어 있다. 청각은 식품의 성격상 파래와 별 차이가 없지만 외형상으로는 닮은 점이 하나도 없다.

보통은 김치를 담글 때 시원한 맛을 내기 위해 보관하기 쉬운 건청각을 이용하지만, 김장철에 생청각이 수확되므로 이것을 물에 깨끗이 씻어 김장김치를 담글 때 김치 속재료에 섞어 사용한다.

6. 파래

파래

파래(green laver, *Enteromorpha* spp.)는 녹조식물 갈파래과에 속하며 얇은 막질(膜質)로 폭이 넓은 엽상체이다. 선명한 녹색을 띠고 있는 녹조류의 대표적인 식품으로 시각적으로 시원하고 신선한 느낌을 준다. 파래는 김에 버금갈 만큼 풍부하고 다양한 영양가를 지니고 있다. 탄수화물과 단백질이 매우 풍부한 대단히 우수한 식품이다.

파래에는 비타민 A가 다량으로 포함되어 있을 뿐만 아니라 비타민 B_1, 리보플라빈, 나이아신도 상당량 들어 있다. 칼슘과 철분이 많이 들어 있으며 대장의 연동운동을 돕는 식물성 섬유질이 풍부하게 함유되어 있어 배변을 원활하게 해 주는 효과가 있다. 오늘날 사람들은 양질의 섬유소를 충분하게 함유하지 않은 식사를 하는 경향이 있어 파래와 같은 식이섬유를 섭취하면 건강 유지에 큰 도움이 된다. 파래는 질이 낮은 김에 섞어 파래김을 만들 때 많이 이용하며, 생것을 무쳐서 먹거나 마른 것을 구워서 먹기도 한다.

7. 모자반

모자반(gulfweed, *Sargassum fulvellum*)은 갈조식물 모자반과에
속하며 우리나라 전 해안에서 자란다. 가지에 성냥 머리 같은 작
은 풍선 모양의 열매가 주렁주렁 달려 있다. 제주에서는 모자반을
'몸'이라고 부르는데, 돼지육수에 모자반을 넣고 끓인 향토음식인
'몸국'이 유명하다.

모자반

8. 우뭇가사리

우뭇가사리(agar, *Gelidium amansii* L.)는 홍조식물 우뭇가사리과
에 속하며 우리나라의 연안을 비롯하여 세계적으로 분포되어 있
는 다년생 해조류이다. 포자에서 발아하여 1년만에 성숙해서 상
부에 작은 가지가 나고 여기에서 포자가 형성된다. 몸의 길이는
10~30cm이며, 5~6월에 생육한다.

우뭇가사리

칼슘이 풍부하며 탄수화물의 주성분은 갈락토오스(galactose)
이다. 세포 내에 한천이 들어 있어 우뭇가사리를 끓여서 나오는 즙을 분리, 응고,
동결, 용해 등의 조작으로 탈수 정제하여 한천을 만든다. 한천은 식품의 가장 우
수한 젤화제이다. 젤상의 식품첨가물로 많이 사용되며 소화가 되지 않으므로 변
비 치료와 저칼로리 식품을 만드는 데 많이 쓰인다.

9. 매생이

매생이(seaweed fulvescens, *Capsosiphon fulvescens*)는 남해안
지역에서 주로 서식하며 채취는 11월부터 다음 해 2월까지 이루어
진다. 파래와 비슷하지만 더 가늘고 길며 결이 부드럽고 미끈거리
는 질감을 갖는 것이 특징이다. 생육조건이 까다로워 남해안 청정
지역에서 생산된다. 영양성분은 파래와 비슷하다.

매생이

10. 감태

건감태

바다의 약초라 불리는 감태(kajime, *Ecklonia cava*)는 성장 조건이 까다로워 김처럼 양식할 수 없어 자연산만 유통된다. 우리나라 서남해안 일부 해역, 제주도 일대에 분포되어 있는 다년생 식물이다. 학명은 가시파래로 겨울철에 채취하며, 생산이 한정되어 말린 제품이 많다. 파래보다 가늘고 매생이보다 두껍다. 청정 갯벌에 포자가 박힌 뒤 자라는데 감태는 펄에서 잘 자라고 파래는 돌에서 잘 자란다.

11. 함초

함초

쌍떡잎식물 중심자목 명아주과의 한해살이풀의 퉁퉁마디지만 함초라 부르며 바닷물이 잘 드나들고 비교적 땅이 잘 굳는 갯벌지에서 자란다. 소금을 흡수하면서 자라기 때문에 짠맛이 특징이다. 생장 초기에는 녹색을 띠지만 가을이 되면 붉은색으로 단풍이 들고, 잎이 거의 없다고 할 수 있으며, 마디와 마디가 퉁퉁하게 구분되어 있다. 육초이면서 해수 속의 모든 성분을 간직하고 있어 가루로 만들어 소금 대용으로 사용한다.

12. 기타

꼬시래기는 홍색 해조류의 일종으로 남해안 일대의 완도 등에서 미역 양식과정 중 같이 수확되는 홍조류이다. 겉은 매끄럽고 삶으면 풀빛을 띠며, 생으로 먹거나 살짝 데치면 꼬들꼬들한 식감 때문에 '바다의 국수'라고도 불리고 있다. 한천 등을 이용하여 해조류와 유사한 질감을 가진 물질을 만들어 사용하기도 한다. 생물은 쉽게 변질되기 때문에 뜨거운 물에 데치고 염장 처리해 유통한다. 구입 후에는 냉장보관한다.

참풀가사리(세모가사리)는 연한 적색을 띠는 송곳 모양으로 색감이 좋아 음식의 포인트로 많이 사용되며 비빔밥이나 두부와 함께 무침 등에 사용된다.

적갈래곰보(적/녹)는 홍조류의 일종으로 제주지역에서 주로 채취되며, 비타민

꼬시래기

적갈래곰보

천사채

과 무기질이 풍부하다. 비빔밥, 샐러드, 무침에 이용된다.

천사채는 다시마 및 해조류의 다당류를 가공한 것으로 열량이 낮아 저열량식에 많이 이용된다. 샐러드, 냉면, 콩국에 넣어 먹으며 조리 시 찬물에 담갔다가 바로 이용할 수 있다.

유지류

식물성 기름 | 동물성 기름

유 지류는 보통 식물성 기름와 동물성 기름으로 나누어진다. 이름 그대로 상온에서 액체인 유(oil)와 고체인 지(fat)를 말하는데, 이러한 차이는 유지를 구성하는 지방산의 종류가 달라서 나타나는 것이다.

일반적으로 식물성 기름으로는 식물 종자에서 압출법 또는 추출법에 의해 분리하여 얻는 참기름, 들기름, 대두유, 면실유, 미강유, 옥수수기름, 해바라기기름, 땅콩기름, 올리브유 등이 있다. 한편 동물성 지방으로는 동물의 피하조직, 간장, 복강, 결체조직, 내장 등에서 용융법에 의하여 분리해 소기름, 돼지기름, 양기름 등이 있고, 식물성 기름을 가공하여 고체화시킨 쇼트닝과 마가린 등이 있다. 이때 동식물에서 분리된 원유는 유리지방산이나 단백질, 검(gum)질 등 불순물이나 불쾌한 냄새를 함유하고 있어 이것을 정제하는 과정을 거쳐 식용으로 사용한다. 이러한 정제 과정에는 탈산, 탈색, 탈취, 경화 등의 공정이 포함된다.

일반적으로 튀김용 유지는 색깔이 엷고 맑으며 냄새가 적고, 가열 후 연기가 쉽게 나지 않고 거품이 생기지 않는 것이 좋다.

식용성 기름을 보관할 때는 공기와의 접촉을 피하고 직사광선에 의한 산패를 방지하기 위해 갈색 병이나 어두운 곳에 보관하며, 온도가 차가운 곳에 보관하

표 12-1 각종 유지의 지방산 구성비율

구분	카프로산 6:0	카프릴산 8:0	카프르산 10:0	라우르산 12:0	미리스트산 14:0	팔미트산 16:0	스테아르산 18:0	아라카드산 20:0	베헨산 22:0	리그노세르산 24:0	팔미톨레산 16:1	올레산 18:1	리놀레산 18:2	리놀렌산 18:3	에이크세노산 20:1	도크세노산 22:1
면실유	–	–	–	–	1	29	4	미량	–	–	2	24	40	–	–	–
낙화생유	–	–	–	–	미량	6	5	–	3	1	미량	61	22	–	–	–
옥수수기름	–	–	–	–	–	13	4	미량	미량	–	–	29	54	–	–	–
참기름	–	–	–	–	–	10	5	–	–	–	–	40	45	–	–	–
대두유	–	–	–	–	미량	11	4	미량	미량	–	–	25	51	9	–	–
올리브유	–	–	–	–	미량	14	2	미량	–	–	2	64	16	–	–	–
코코넛유	0.5	9.0	6.8	46.4	18.0	9.0	1.0	–	–	–	–	7.6	1.6	–	–	–
우지	–	–	–	–	6.3	27.4	14.1	–	–	–	–	49.6	2.5	0.8	0.8	–
돈지	–	–	–	–	1.8	21.8	8.9	0.8	–	–	4.2	53.4	6.6	–	–	–
양지	–	–	–	–	4.6	24.6	30.5	–	–	–	–	36.0	4.3	–	–	–

표 12-2 유지류의 영양성분(100g)

식품명	에너지 (kcal)	수분 (g)	단백질 (g)	지방 (g)	탄수화물 (g)	총식이섬유 (g)	무기질				비타민			
							칼슘 (mg)	철 (mg)	인 (mg)	칼륨 (mg)	베타카로틴 (μg)	티아민 (mg)	리보플라빈 (mg)	니아신 (mg)
콩기름	921	0	0	99.96	0	0	0	0	0	0	0	0	0	0
옥수수기름	919	0	0	99.74	0.17	0	0	0.57	0	0	0	0	0	0
참기름	920	0	0	99.84	0.13	0	0	0	0	0	8	0	0.014	0
들기름	920	0	0	99.92	0.08	0	0	0	0	0	27	0	0.013	0
면실유	883	0	0	100	0	0	0	0	0	0	0	0	0	0
유채씨기름	920	0	0.02	99.85	0.1	0	1	0.17	0	9	0	0	0	0
올리브유	921	0	0	100	0	0	0	0	0	0	71	0	0	0
포도씨유	920	0	0	99.93	0.01	0	0	0.09	0	0	0	0	0	0
코코넛유	918	0	0	99.67	0.33	0	13	0	0	30	0	0	0	0
미강유	921	0	0	99.95	0.05	0	0	0	0	0	0	0	0	0
팜유	917	0	0	99.56	0.44	0	0	0	0	12	0	0	0	0
낙화생유	884	0	0	100	0	0	0	0.03	0	0	0	0	0	0
해바라기유	918	0	0	99.68	0.28	0	0	0	0	9	0	0	0	0
땅콩버터	658	0.3	25.8	51.91	18.9	6	57	1.85	357	558	0	0.011	0.567	3.656
마가린	714	14.5	0.2	72.41	12.06	0	20	0	9	23	151	0	0.01	0
쇼트닝	917	0	0	99.52	0.48	0	0	0	0	31	0	0	0	0
소기름	869	Tr	0.2	99.8	0	0	Tr	0.1	1	1	–	0	0	0
버터	760	14.3	0.52	81	4.11	0	15	0.03	9	21	23	0	0.046	0
돼지기름	915	0	0	99.38	0.58	0	0	0	0	23	0	0	0	0

※ –: 수치가 애매하거나 측정되지 않음
※ Tr: 미량(trace) 존재함
자료: 국가표준식품성분표, 10개정판, 국가표준식품성분 DB 10.2. (2024)

는 것이 좋다. 동·식물성 기름 모두 개방한 다음에는 3개월 이내에 소비하는 것이 좋다. 특히 불포화지방산이 많이 들어 있는 들기름은 산패가 빨리 진행되므로 1~2개월 이내에 소비해야 한다.

각종 유지에 함유되어 있는 지방산의 경우, 상온에서 액체인 유지들은 불포화지방산인 리놀레산과 리놀렌산의 비율을 높게 함유하고, 고체인 기름들은 포화지방산인 스테아릭산과 팔미트산(palmitic acid)을 많이 함유하고 있다.

채종유, 식용유, 옥수수유, 현미유, 홍화유, 참기름, 들기름

1. 식물성 기름

식물성 기름은 주로 식물 중의 지방 함량이 많은 조직체에 높은 압력을 가해 짜낸 것을 정제하여 식용으로 하며 종류로는 대두유, 면실유, 미강유, 참기름, 들기름, 낙화생유, 옥수수기름, 해바라기기름, 올리브유, 잇꽃유 등이 있다.

우리나라에서 가장 많이 소비되는 대표적인 식용유지는 대두유, 카놀라유, 옥수수기름 등으로 이 중 약 80%는 조리용과 튀김용으로 쓰이고 20%는 마가린, 쇼트닝, 샐러드유 등과 같이 2차 가공유지 제조에 주로 쓰인다.

일반적으로 액체유는 튀김용으로 사용한다. 이들은 불포화지방산 함량이 높아 자동산화에 의해 변패되기 쉬우므로 튀김 횟수나 보관이 중요하다. 튀김 기름을 지나치게 가열하면 지방이 분해되고 그로 인해 축적된 글리세롤이 다시 변하여 푸른 연기가 난다. 이 연기에는 자극성이 강한 아크로레인(acrorein)이 섞여 있으므로 음식의 맛과 냄새를 좋지 않게 한다. 튀김 시 푸른 연기를 내기 시작하는 온도를 발연점이라고 하며, 튀김 기름으로는 발연점이 높은 것을 택해야 한다. 유리지방산의 함량이 높은 지방은 발연점이 낮으며 같은 기름이라도 일단 사용하면

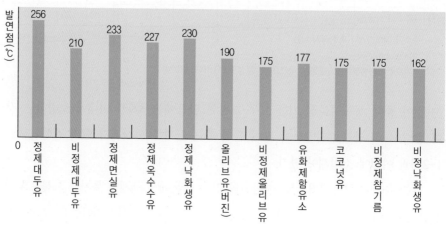

그림 12-1
기름의 종류에 따른 발연점

지방의 일부가 분해되어 유리지방산 함량이 높아지므로 발연점이 낮아진다. 따라서 튀김을 할 때 기름을 3번 이상 사용하지 않는 것이 좋다.

1) 대두유

대두유(soybean oil)는 우리나라에서 가장 많이 소비되는 기름으로, 추출법으로 채유되고 정제과정을 거친 담황색의 반건성유이다. 세계적인 주산지는 미국, 브라질, 중국, 러시아 등이고, 우리나라는 수입에 의존하고 있다. 지방산은 주로 리놀레산(linoleic acid)과 올레산(oleic acid)이며 토코페롤(tocopherol)이 다른 유지에 의해 많은 편이다. 주로 튀김용이나 조리용으로 이용하며 마가린 및 쇼트닝 제조에도 이용된다.

2) 옥수수기름

옥수수기름(corn oil, *Zea mays*)은 옥수수 배아에 들어 있는 30~40%의 유지성분을 압착법과 용매추출법에 의해 얻은 것이다. 산화 안정성과 가열 안정성이 뛰어나 연속 튀김 시 거품이 잘 생기지 않고 발연점의 저하가 낮아 오랜 시간 사용할 수 있다. 다른 식용유보다 인지질, 토코페롤, 스테롤의 함량이 높아 부침용, 튀김용, 볶음용, 스낵 제조 등 보전성이 요구되는 가공식품에 이용되는 최고급 식용유이다.

3) 참기름

참기름(sesame oil, *Sesamum indicum* L.)은 참깨의 종실에서 얻은 기름으로, 특유의 향미가 있어 보통 정제하지 않고 원래 기름 그대로 사용한다. 종자는 흑색, 백색, 갈색의 3종이며 백색, 갈색은 지방 함유량이 45~63%로 높아 착유하여 식용유로 쓴다. 색깔이 진하고 황적색을 띠며 황산화제로 비타민 E와 세사몰(sesamol)이 들어 있어 산패가 쉽게 일어나지 않는다.

검은깨는 유지 함량이 적고 맛이 좋아 가능한 한 볶아서 그대로 사용하며 깨를 짜고 난 깻묵은 가축사료 및 유기질 비료로 쓴다. 단백질은 13~32% 정도 포함되어 있고, 아미노산도 풍부하게 함유되어 있으나 리신(lysine), 이소루이신 (isoleucine)이 부족하다.

종실류(들깨, 참깨, 흑임자)

4) 들기름

들기름(perilla oil, *Perilla fruescens* B.)은 참기름 대용이나 볶음용으로 쓰이며, 특이한 향기가 있어 반찬을 만들 때 사용한다. 들깻잎에는 식물성유인 L-퍼릴알데히드(L-perillaldehyde), L-리모넨(L-limonen), 페닐라케톤(penillaketone) 등이 0.3~0.5% 함유되어 있고 향취를 내며 유리지방산도 소량 들어 있다. 리놀렌산(linolenic acid) 20%, 리놀레산(linoleic acid) 50%, 올레산(oleic acid) 11%로 구성되어 있으며 건성유에 속한다. 불포화지방산이 식용유 중 가장 많이 함유되어 산패가 빨리 일어나므로 냉장고에 넣어 보관해야 하며 1~2개월 이내에 사용하도록 한다.

5) 면실유

면실유(cotton seed oil, *Gossypium* spp.)는 향이 부드럽고 특이한 냄새가 없어 오래전부터 이용해 왔으나 유독물질인 고시폴(gossypol)이 들어 있어 정제에 주의해야 한다. 겨울철에 0℃ 이하로 보관하면 고체 유지가 형성되어 혼탁해지거나 하얗게 결정화되므로 주의한다.

6) 유채유(카놀라유)

유채유(rapeseed oil)는 유분 함량이 22~49%인 높은 유채의 씨를 압착, 용제추출법을 병행하여 착유한다. 재래의 채종유에는 심장과 신장에 지방 축적, 골격근과 심근 장애, 생육부전을 일으키는 것으로 알려진 에루스산(erucic acid, C22:1, n= 9)이 다량 함유되어 있다. 이 지방산은 유해성으로 인하여 1956년 캐나다에서 식용이 금지되었다. 에루스산을 감소시킨 개량종을 개발하여 카놀라로 명명하고 카놀라에서 채유한 기름을 카놀라유라고 한다. 최근 식용 유채유는 모두 카놀라유이며, 에루스산의 함량은 1% 이하이다. 우리나라는 제주도를 중심으로 남부지방에서 많이 생산된다. 담백한 풍미가 있어 샐러드유로 이용되며 낮은 온도에서 잘 응결되지 않고 빛에 영향받지 않는다. 마요네즈, 샐러드드레싱 제조에 사용된다.

7) 홍화유

홍화유(safflower oil)는 홍화씨에서 짠 기름으로 기름 함량이 높은 잇꽃의 종자에서 추출한 유지로 '잇꽃유'라고도 한다. 다른 유지에 비해 리놀레산 함량이 가장 많다. 건강식품으로 인기가 좋으며 담백한 풍미가 있어 샐러드용으로 가장 많이 사용된다. 산화에 불안정하여 보관하는 데 주의를 기울여야 한다.

8) 올리브유

다른 기름은 대부분 종자에서 짜내는 데 비해 올리브유(olive oil, *Olea europaea* L.)는 과육을 직접 압착하거나 추출법으로 얻는다. 다른 기름들과 달리 단일 불포화지방산 함량이 많아 흡수가 잘되므로 샐러드유, 통조림용, 약용, 화장품용으로 이용된다.

엑스트라 버진 올리브오일, 퓨어 올리브오일, 월넛오일, 포도씨오일

    올리브유 중 엑스트라 버진(extra vergin)은 녹황색을 띠고 버진(vergin)은 담황색을 띤다. 처음 압착하여 추출하는 엑스트라 버진은 산도가 1% 미만이며 발연점이 낮아 가열요리보다는 그 자체로 먹거나 샐러드 드레싱 또는 빵에 찍어 먹으면 좋다. 파인버진은 산도 1.5%, 버진은 산도 3% 정도이다. 퓨어는 정제 80%에 버진 20% 정도를 혼합한 것으로 중간 등급이며 가열조리용으로 많이 이용된다.

9) 포도씨유

최근 많이 이용되고 있는 포도씨유(grapeseed oil)는 지중해 연안 포도가 많이 재배되는 지역인 프랑스, 스페인, 이탈리아 등에서 수입된다. 포도씨의 기름을 추

출, 압착하여 정제한 것으로 특유의 냄새와 맛이 없어 재료의 특징을 잘 살려 주
므로 튀김, 샐러드드레싱 등 각종 음식에 많이 사용된다. 리놀레산과 베타시토스
테롤(β-sitosterol), 알파토코페롤 등의 함유량이 많다.

10) 코코넛유

코코넛유(coconut oil)의 건조한 과육의 야자에는 지방질이 약 60% 정도 들어 있
어 이것을 압착하여 얻은 식물성 유지를 야자유라고 한다. 특유한 향을 내는 락
톨(lactol)류가 들어 있으며 가소성의 범위가 좋아 제과용으로 사용하면 입안에서
잘 녹는 특징이 있다.

11) 미강유

미강유(rice bran oil)는 현미를 도정할 때 생기는 부산물인 쌀겨를 압착·추출하
여 채유한 기름으로 산화안정성이 우수하여 마요네즈와 드레싱을 조리할 때 사용
한다. 샐러드에 그대로 사용해도 좋으며 과자와 같은 고온의 튀김을 만들 때도 많
이 이용된다.

12) 팜유

팜유(palm oil, *Elaeis quineensis.*)는 야자과에 속하는 다년생 식물인 팜나무의
과육에서 얻어지며 압착법에 의해 채유·정제된다. 배유에서 채취되는 팜유는 포
화지방산 함량이 높다. 현재 식물유지 중에서 생산량이 가장 많은 유지이다.

13) 팜핵유

팜핵유(palm kernel oil)는 열대지방의 야자 열매의 씨를 압착하여 얻는 지방이
다. 식물성 기름으로는 포화지방산의 비율이 80% 이상으로 높다. 특히 라우르산
(lauric acid)의 함량이 48%로 제과용으로 많이 쓰인다. 정제 대두유의 발연점이
256℃인 데 비해 175℃로 발연점이 낮다. 수입방식에 따라 식용과 화장품용으로
구분되며, 마사지용이나 화장품용은 식용이 불가능하다.

기능성 식용유, 마요네즈, 고추씨 기름, 올리브오일 스
프레드

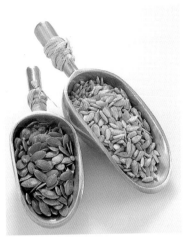

종실류(해바라기씨, 호박씨)

14) 낙화생유

낙화생유는 땅콩으로 만드는 식용유로 땅콩기름이라고도 한다. 함유된 단백성 물
질 때문에 튀김용으로 사용 시 거품이 나는데, 정제하면 샐러드용으로도 사용할
수 있다. 기름이 혼탁하지 않으며 가라앉는 것이 없는 것을 선택한다.

15) 해바라기유

해바라기유(sunflower oil)는 해바라기의 종자를 압착·용매·추출하고 정제한 것
으로 샐러드유로 사용한다. 과자, 쇼트닝, 마가린 제조에도 이용하고 종자는 볶아
서 간식으로 이용한다. 냄새가 거의 없으며 맛이 담백하다. 종실에 지방이 20~
40% 들어 있고 70% 이상의 리놀레산을 함유하고 있다.

16) 피넛버터

피넛버터(peanut butter)는 너트(nut)로 만드는 유일한 버터이다. 볶아서 블랜칭
(blanching)한 땅콩(peanut)에 소금을 첨가하고 갈아서 만든다. 기름이 분리되지
않게 하기 위하여 안정제를 첨가하며 식탁용, 제과용으로 많이 사용한다.

17) 마가린

마가린(margarine)은 식용유에 수소를 첨가하여 경화시켜 만든다. 일반 마가린은 80% 정도의 지방을 함유하고 있으며 소프트 마가린은 다불포화지방산의 함량이 높고 무염 스위트 마가린에는 소금, 유제품이 전혀 들어 있지 않다.

휘프트 마가린(whipped margarine)은 비활성 기체를 주입하여 부피를 증가시키고 밀도를 낮춘 것이며, 다이어트 마가린은 지방 함량을 줄인 대신 수분 함량을 늘려서 열량을 줄인 것이다. 이는 보통 마가린보다 유화상태가 더 안정적이며 베지터블오일 스프레드(vegetable oil spread), 콘오일 스프레드(corn oil spread)라는 이름으로 시판된다.

마가린, 쇼트닝, 버터, 허브버터와 마늘버터

18) 쇼트닝

쇼트닝(shortening)은 라드의 대용품으로 식물성 기름에 수소를 첨가하여 제조하며 라드보다 질이 좋다. 동물성 지방과 수소 처리한 식물성 기름을 혼합하여 만든 컴파운드 쇼트닝(compound shortening)과 식물성 기름에 수소를 첨가하여 만든 쇼트닝이 있다.

쇼트닝은 쇼트닝 파워나 크리밍 파워가 크다. 순수한 식물성 기름에 수소를 첨가한 것은 발연점도 높아 튀김용으로 이용할 수 있다. 쇼트닝 중 슈퍼 글리세리네이트 쇼트닝(super glycerinated shortening)은 5%의 모노글리세라이드에 다이글리세라이드를 첨가시킨 것으로 유화성을 증가시켜 케이크를 만들 때 더욱 효과적이다. 유지는 베이커리 제품에 10~50% 함유되어 있으며 제품의 풍미와 식품 조직에 중요한 성분이 된다. 쇼트닝은 파이, 데니시 페이스트리, 퍼프 페이스트리에 박층 구조를 만들어 케이크와 크림의 보형성을 주기 위해 많이 이용하나 튀김용으로는 적당하지 않다.

2. 동물성 기름

1) 소기름

소기름(우지, beef tallow)의 주산지는 호주, 미국, 뉴질랜드 등이며 우리나라는 전량 수입에 의존하고 있다. 소의 지방조직을 용출법으로 분리한 지방은 흰색, 황색, 다색 또는 회색의 고체 지방이다. 소기름은 콩팥 주위에서 분리한 지방으로 만든 것이 가장 우수한데 이를 프리미에 저스(premier jus)라고 하고, 미국에서는 올레오 스톡(oleo stock)이라고 한다.

2) 버터

버터(butter)는 유지방 80% 이상, 수분 16% 내외, 무기질 2%, 소금 1.5% 정도를 함유하고 있다. 고유의 색택과 향미가 있고 이질적인 맛이 나며 냄새가 없는 것을 선택해야 한다. 버터는 지방의 산패를 막기 위해 포장지를 밀착시킨 후 무염 버터는 -10℃ 이하, 가염 버터는 -17℃ 이하에서 저장한다. 제품의 풍미에 영향을 줄 수 있는 방향성이 강한 식품이나 음식과는 분리하여 보관한다. 최근에는 허브나 마늘을 넣어 만든 허브버터와 마늘버터 등이 생산되고 있다.

3) 라드

라드(lard)는 돼지의 지방조직을 녹여서 정제한 지방이다. 질 좋은 라드는 색이 희고 냄새가 나지 않으나 돼지의 사료, 용출처리과정, 지방조직의 부위에 따라 질이 다르다.

일부 라드는 발연점이 낮아 일반적으로 튀김에 사용되지 않았으나 최근에는 발연점이 높은 라드도 생산이 가능해졌다. 라드는 쇼트닝 파워와 음식을 부드럽게 하는 힘이 커서 페이스트리를 만들 때 이용하면 다른 지방보다 더욱 바삭거리는 결과물이 나오므로 제과용으로 많이 이용된다. 음식에 넣으면 다른 기름보다 한결 부드럽게 조리된다.

4) 어유

어유(fish oil)는 생선류를 열탕물에 넣고 가열하여 분리되는 기름을 정치하거나 원심분리시켜 만든다. 주로 정어리, 꽁치, 고등어, 오징어, 명태 등을 사용한다. 일반적으로 다른 유지에 비해 크루파노돈산(clupanodonic acid), 티닉산(thynnic acid) 등의 고도불포화지방산을 많이 함유하여 강한 어취가 나고 산화 및 변질되기 쉽다.

5) 기타

최근 지방의 과잉 섭취로 인해 지방대체재가 개발되어 사용되고 있다. 지방대체재로는 베네펫, 카프레닌, 올레스트라(olestra) 등이 있다.

Memo

조미식품재료

조 미식품재료는 식품의 맛을 증가시킬 목적으로 이용되며 그 자체의 맛은 적으면서 음식의 맛을 향상시키는 물질을 말한다. 천연식품으로부터 조미성분을 추출·농축하거나 발효시켜 만드는데 화학물질의 합성으로 만들어진 것도 있다.

조미식품재료는 요리할 때 여러 종류를 동시에 넣는 경우가 많다. 이때 짠맛보다 분자량이 작은 설탕을 먼저 넣어 요리하면 재료의 조직이 부드러워진다. 설탕, 소금 등은 맛 중심으로 쓰이나 간장, 식초는 향이 있어 가열하거나 시간이 지나면

표 13-1 조미식품의 영양성분(100g)

식품명	에너지 (kcal)	수분 (g)	단백질 (g)	지방 (g)	회분 (g)	탄수화물 (g)	당류 (g)	총식이섬유 (g)	무기질				비타민				
									칼슘 (mg)	철 (mg)	인 (mg)	나트륨 (mg)	비타민 A (μg)	티아민 (mg)	리보플라빈 (mg)	니아신 (mg)	비타민 C (mg)
소금 (천일염)	20	3.2	0.03	0	91.81	4.95	0	0	128	0.69	0	33,811	0	0	0	0	0
간장	54	72	7.41	0.19	14.86	5.59	2.78	0.9	25	1.09	127	5,476	0	0.193	0.536	3.126	0
된장	193	47.8	13.73	7.25	12.28	18.94	5.45	10.3	79	2.07	218	4,339	0	0.588	0.837	1.257	11.2
고추장	205	35.7	3.66	1.38	7.5	51.76	21.84	5.2	25	0.97	63	2,486	291	0.529	0.221	1.141	0
쌈장	240	38.4	9.88	4.81	7.73	39.18	21.08	9.7	62	1.76	137	2,619	51	0.128	0.108	1.079	0
청국장	217	51.6	20.79	9.61	5.19	12.8	1.86	8.8	137	4.63	410	1,135	7	0.096	0.182	1.314	0
백설탕	386	0.2	0	0	0	99.8	99.7	0	6	0.13	0	2	0	0	0	0	0
꿀	317	13.6	0.28	0.01	0.29	85.83	72.67	0.3	9	0.13	7	1	0	0.107	0.813	0.402	0.03
조청	326	10.9	0.53	0.24	0.43	87.9	49.91	0	52	0.15	37	21	0	0.077	0.042	0.813	0
양조식초	1	99.6	0.02	0	0.04	0.34	0	0	3	0	11	1	0	0.015	0	0.006	0
고춧가루	319	12.5	13.29	8.4	5.19	60.62	17.45	37.7	79	4.89	342	13	614	0.427	2.159	8.433	0
후춧가루	362	11.5	12.87	5	4.34	66.33	0.65	25.6	391	12.97	151	6	31	0.136	0.094	0.404	0
겨자가루	413	3.8	18.35	22.68	5.2	49.97	5.5	37.8	383	10.77	1,041	1	4	0.388	0.719	3.522	3.72
고추냉이 가루	299	7.1	29.94	3.45	4.41	55.1	30.51	23.4	400	6.62	440	21	11	0.924	2.946	2.039	219.13
산초가루	302	12	9.66	4.01	5.76	68.57	0	56.6	1,538	14.2	191	7	7	1.144	0.882	2.707	0

자료: 국가표준식품성분표, 10개정판, 국가표준식품성분 DB 10.2. (2024)

표 13-2 조미식품재료의 분류

구분	종류
짠맛을 내는 재료	소금, 간장, 된장, 고추장 등
단맛을 내는 재료	설탕, 조청, 물엿, 꿀, 시럽, 아스파탐 등
자극성의 향미 재료	고추, 후추, 겨자, 고추냉이 등
신맛을 내는 재료	식초, 레몬즙, 초산, 구연산 등
감칠맛을 내는 재료	MSG, 쇠고기베이스, 닭고기베이스, 천연재료(다시마, 홍합, 멸치, 건새우 등)

향이 증발하여 날아가 버리므로 조리의 마지막 단계에서 넣는다.

조미식품재료를 맛을 내는 물질을 중심으로 분류하면 짠맛, 단맛, 신맛, 자극성 맛, 감칠맛으로 나누어지며, 그 외 만드는 과정을 중심으로 분류하면 비발효 종류에 속하는 것에는 설탕, 소금이 있고 발효 종류에 속하는 것으로는 식초, 된장, 간장, 술이 있다. 이를 화학물질로 구분하면 MSG, 이노신산나트륨, 구아닐산나트륨 등이 있으며, 농산물 조미식품으로는 식용유, 토마토 퓨레 등이 있다.

짠맛을 내는 재료

1. 소금

짠맛은 인류 역사상 가장 중요한 조미식품재료로 모든 맛의 기초가 된다. 음식에 신맛을 더하면 짠맛을 약하게 느끼고 단맛을 첨가하면 짠맛이 약화된다.

소금(salt)은 탈수작용을 하여 조직의 경도와 점성을 조절해 주며 색을 보존하는 성질과 단백질을 응고하는 기능, 미생물의 발육을 억제하는 방부작용 등의 기능을 한다.

소금의 자원은 주로 바닷물에 들어 있는 약 3%의 염분을 증발·농축시켜 만드는 천일염과 특수한 지역의 땅속에 매장되어 있는 암염이다. 암염은 독일, 미국, 러시아 등에서 지층 중에 있는 암염층으로부터 추출하여 생산한다.

암염

재제염, 천일염, 호렴

죽염, 자염

맛소금, 마늘향소금, 허브소금, 요오드소금, 염화칼륨

소금의 짠맛을 나타내는 대표적 물질은 염화나트륨(NaCl)이며 그 외 약간의 쓴맛을 느끼게 하는 황산칼슘, 황산마그네슘, 염화칼륨 등의 불순물도 있다.

소금은 흡습성이 커서 건조한 장소에 보관하여야 하며 보관용기는 사기나 옹기, 유리그릇을 사용하며 금속제품은 되도록 피한다.

좋은 소금은 손바닥에 쥐었을 때 달라붙지 않는다. 소금자루를 괴어 두면 오랜 시간 후에 물이 고이는데, 이 물을 '간수'라고 하며 두부를 제조할 때에 사용한다. 우리가 주로 사용하는 호렴(굵은 소금, 천일염)은 간수가 잘 빠진 것을 사용해야 쓴맛이 덜하다.

소금에 수분(간수)이 있을 때는 키친타월에 소금을 얇게 펼쳐 수분이 빠지도록 한 후 사용하면 좋다. 볶은 소금은 호렴에서 나쁜 냄새를 휘발시킨 것으로, 꽃소금보다 무기질 함량이 더 많다.

표 13-3 소금의 종류 및 용도

종류		제법	용도 및 특징
호렴 (천일염)		바닷물에서 수분을 건조시켜 만든 결정체이다.	색이 검고 입자가 크며 김치, 장류, 젓갈을 담글 때 사용한다.
재제염		호렴을 물에 녹여 불순물을 제거한 후 다시 결정시킨 것이다.	호렴보다 희고 입자가 작으며 대부분 조리에 사용한다.
정제염		바닷물을 공장으로 끌어들여 Na와 Cl만 걸러 낸 소금이다.	설탕과 같은 결정체로 순도가 매우 높으며, 짠맛이 매우 강하다.
기타 염	맛소금	정제염에 MSG를 첨가하여 만든 것이다.	투명성이 없으며 희고 둥근 입자이다.
	암염	지층중에 있는 암염층으로부터 생성된다.	유럽, 미국 등에서 생성된다. 히말리야 핑크솔트가 대표적이다.
	자염	바닷물을 가마솥에 끓여 소금을 얻는 우리나라 전통 소금 채취법이다.	천연소금으로 미네랄 함량이 높고 풍미가 좋다. 태안 자염이 유명하다.
	토판염	갯벌을 롤러로 편평하게 다져서 만든 결정지에서 전통적인 천일제염법으로 생산된다.	날씨에 영향을 많이 받아 생산량이 극히 적다.
	게랑드소금	셰프들 사이에서 소금계의 '캐비어'라고 불린다. 대서양 연안에 위치한 프랑스 최대 천일염 생산지에서 생산된다.	토판염 방식으로 생산한다.
	죽염	대나무 속에 호렴을 넣고 구운 것으로 구운 횟수에 따라 가치가 달라진다.	회색 분말로 일반 소금보다 쓴맛이 덜하다.
	함초소금	갯벌에서 소금기를 머금고 자란 함초를 그대로 말려 가루로 사용한 것이다.	구운 함초소금도 있다.
	허브소금, 마늘소금, 양파소금	마늘향, 양파 등의 분말 성분과 허브를 잘 섞어 만들거나 요오드를 강화하여 만든 소금이다.	건강기능성을 보완하는 데 이용한다.

2. 간장

간장(soybean sauce)은 발효기간을 거치는 동안 효소와 미생물의 작용이 일어나는 짠맛, 단맛, 신맛, 매운맛, 떫은맛 등이 혼합된 조미식품이다. 간장은 특유의 향을 갖는데 향미성분은 에스테르(ester), 알데히드(aldehyde), 케톤(ketone), 페놀(phenol), 알코올(alchol), 휘발성 유기산(volatile organic acid) 등이 복합된 것으로 조리 중에 생기는 비린내, 불쾌취 등을 감소시킨다.

간장류(조림간장, 저염간장, 국산콩간장, 진간장, 양조간장)

간장의 색은 소야 멜라노이딘(soya melanoidin)이라는 수용성 화학물질에서 나오며 공기 중에 노출시키면 색이 짙어지고 산화가 빨라진다. 간장의 산화에 의한 색 변화는 간장의 소금 농도가 낮을수록 빨리 변한다. 간장으로 조리한 음식은 윤기 나는 갈색으로 인해 식욕이 증가되는데 콩단백질에 의해 생성된 아미노산이 분해되는 과정에서 생긴 멜라닌과 멜라노이딘에 의해 더 진한 색을 띠게 된다. 재래식 간장은 풀어진 메주 건지를 건져 내고 남은 간장 물을 달여 2~3개월가량의 발효기간을 거친 후 먹는다. 간장을 담근 초기에 얻은 맑은 장을 '청장'이라고 하고, 이 청장이 여러 해를 묵으면서 맛과 색이 더욱 진해진 것을 '진장'이라

표 13-4 간장의 종류 및 특징

종류		제품	특징	비고
양조 간장	전통 간장	국간장	콩만으로 메주를 만들어 소금물에 담가 발효시킨 것이다.	자연발효
		진간장	국간장을 만들 때 물을 적게 잡아 진하게 만들거나 국간장을 2~3년 정도 묵힌 것이다.	
		집진간장	진간장을 5년 이상 묵힌 것으로 진한 색을 내는 것이 좋다.	
	개량식간장		탈지대두와 소맥분을 섞어 만든 것으로 종균을 접종에 의해서 발효시킨 것이다.	접종에 의한 발효
화학 간장	산분해간장		콩단백이나 단백질 성분인 콩가루, 밀가루를 염산으로 분해시켜 아미노산을 만든 것이다.	산에 의한 분해
혼합간장			양조간장과 화학간장을 섞어 만든 것이다.	—

표 13-5 간장의 용도

종류	제품	용도
청장	국간장	맑은 장국이나 각종 육수와 국, 찌개 등의 국물요리에 색과 간을 맞출 때, 나물이나 무침에 간을 할 때 사용한다.
진간장	진간장	조림이나 볶음에 사용한다.
	집진간장	약식이나 육포 등 색을 진하게 내는 음식에 사용한다.
기타	양념간장	육류의 양념장(너비아니구이, 갈비, 불고기 등), 콩나물비빔밥, 칼국수 등의 양념에 사용한다.
	초간장	전유어, 편수 등의 양념장에 사용한다.
	겨자간장	편육, 냉채 등의 양념장에 사용한다.
	조림간장	생선, 육류의 찜이나 조림에 사용하면 좋다.

고 한다. 간장물에 다시 메주를 넣어 담그는 간장은 '덧장'이라고 한다.

최근에는 염도를 낮추고 맛을 향상시킨 다시마간장, 표고간장, 회간장 등이 출시되고 있다.

3. 된장

된장(soybean paste sauce) 중에서도 재래된장은 간장을 떠 낸 뒤 남은 메주를 고루 비벼 항아리에 담고 웃소금을 뿌려 보관한다. 된장의 풍미는 메주를 만들 때 사용한 재료의 종류와 양, 숙성시간, 소금의 양 등에 따라 달라질 수 있다. 된장은 재래간장을 떠내고 남은 건더기를 숙성시켜서 만든 재래된장과 공업적으로 콩에 밀이나 보리 등의 전분질을 섞어 종국을 접종시켜 만든 코지를 소금물로 섞어 발효시켜 만든 개량

된장 및 고추장류

된장이 있다. 재래된장은 오래 가열하면 단백질이 분해되어 맛이 좋아진다. 그러나 개량된장은 오래 가열하면 단백질이 그 맛을 잃게 되므로 장시간 끓이지 않도록 한다. 된장의 독특한 맛은 콩단백질이 분해되어 생성된 아미노산, 전분이 분해되어 생성된 당, 발효과정에서 생긴 젖산, 구연산, 호박산 등의 유기산이 혼합되어 만들어진 것이다. 우리나라, 중국, 일본 등에서 이용되지만 나라별로 다른 특징이 있다.

재래된장의 경우, 고운 망사 천으로 그릇 입구를 봉해서 파리의 접근을 막아

표 13-6 된장의 종류

종류	특징
막된장	간장을 빼고 남은 부산물로 만드는 전통적 방법의 재래된장이다.
막장	속성 된장으로 간장을 빼지 않고 보리나 밀을 띄워 만든다.
청국장	콩을 푹 찐 후 볏짚을 넣어 40℃에서 2~3일간 띄운다.
집장	여름에 먹는 장으로 두엄더미에 넣었다가 꺼내 먹는다.
담북장	청국장용으로 띄운 콩을 고춧가루, 마늘, 소금을 넣고 찧어 숙성시킨 것이다.

야 벌레가 생기지 않으며 자주 햇볕을 쬐어 주어야 한다. 사용 후 퍼낸 면을 고르게 메우고 호박잎이나 다시마 등으로 덮어서 공기와의 접촉 면적을 줄여야 검게 되는 것을 막을 수 있으며, 퍼내는 도구에 물기가 없어야 변질을 막을 수 있다. 염도가 낮은 개량된장은 냉장보관하는 것이 좋다. 된장은 암을 예방하는 식품으로 상식하면 암세포에 대항할 수 있고, 세포 증식을 억제하는 효과가 있다고 알려져 고 있다.

4. 고추장

고추장(hot pepper paste, Gochujang)은 고운 고춧가루와 엿기름, 물엿, 찹쌀가루(또는 보릿가루, 밀가루), 메줏가루, 소금을 섞어 만드는데 찹쌀고추장의 맛이 가장 좋다. 고추장은 짠맛, 매운맛, 단맛 이외에 독특한 맛이 가미되어 있어 식욕을 돋우며 음식의 간을 맞추고 색감을 높여 준다.

고추장에 사용하는 고춧가루와 메줏가루는 아주 곱게 빻아 사용해야 하며 사용한 곡식가루에 따라 찹쌀고추장, 보리고추장, 밀고추장 등으로 나누어진다. 찹쌀고추장은 투명하고 매끄럽게 윤기가 흐르고, 보리고추장이나 밀고추장은 구수한 맛이 난다. 또한 매실, 대추, 곶감, 자두, 토마토, 두부, 마늘 등을 넣은 기능성고추장도 있다.

고추장을 담아서 보관하는 동안 부글부글 끓어서 그릇 위 혹은 밖으로 넘치는 현상은 간이 싱거울 때나 이물질이 들어갔을 때, 그리고 고추장 만드는 과정에

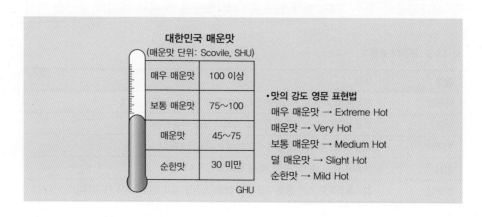

그림 13-1
고추장의 매운맛 등급

서 엿기름을 넣고 충분히 끓이지 않았을 때 나타난다. 이 경우에는 고추장을 다시 끓여 소금을 넣어 보관한다. 고추장에는 흰곰팡이가 생기기 쉬우므로 호렴을 윗면 가득히 뿌려 놓고 햇볕을 자주 쏘이도록 한다.

최근에는 볶은 고추장, 초고추장 등이 가공·이용되고 있다. 고춧가루의 캡사이신은 매운맛을 부여하고 항균작용을 한다. 또한 고추장의 매운맛을 등급(Gochujang Hot taste Unit)에 따라 5단계로 구분하며 그림 13-1과 같이 나눈다.

단맛을 내는 재료

단맛은 자연계에서 얻을 수 있는 천연감미료와 합성감미료로 나눌 수 있다. 식품에서 단맛이 차지하는 비율은 대단히 크다. 단맛이 중요한 것은 맛 자체가 안온하고 부드러우며 정서적 안정감을 주기 때문이다. 단맛을 내는 재료의 종류로는 설탕, 꿀, 물엿 등이 있다.

1. 설탕

설탕(sugar)은 단맛을 내는 대표적인 감미료로 조리, 식품 가공, 저장용 등으로 널리 사용된다. 사탕수수를 원료로 하여 만든 캔슈거(cane sugar)와 사탕무를 원료로 하여 만든 비트슈거(beat sugar)가 대부분이며, 그 외 사탕단풍이 있다. 사탕수수는 아열대 지방에서 자라는 높이 2~3m 정도의 식물로 그 줄기를 짜서 탕즙을 내고 농축시킨 후 원심분리하여 원당을 생성하게 된다.

설탕류(분말설탕, 백설탕, 밝은황설탕, 황설탕, 흑설탕, 각설탕, 얼음설탕)

설탕은 가공방법에 따라 백설탕, 황설탕, 흑설탕으로 나누어지며 정제도가 높을수록 색이 희고 감미도가 높다. 설탕은 음식에 단맛을 줄 뿐만 아니라 끈기와 광택을 주며 신맛, 짠맛을 약화시킨다. 요리 시 설탕과 소금을 넣어야 하는 경우에는 설탕을 먼저 넣어야 부드럽다.

설탕은 흡습성이 높아 공기 중의 수분을 흡수해 덩어리가 생기기 쉬우므로 저

표 13-7 설탕의 종류 및 용도

종류	성질	순도(%)	용도
설탕 (granulated sugar)	가장 중요한 당이며 주로 사탕수수나 사탕무의 즙액에 함유되어 있다. 이들을 주로 하여 여러 단계의 과정을 거쳐서 결정체로 만든 당이다.	99.9	모든 음식 조리(제과, 커피, 홍차, 청량음료)
초결정 가루설탕 (super fine granulated sugar)	설탕보다 특별히 더 곱게 결정시킨 당으로 크리밍이 빠르게 되며 물에 빨리 용해되는 이점이 있다.	99.9	케이크, 분말음료 제조 시
황설탕 (brown sugar)	황색을 띤 설탕으로 풍미가 있으며 정제 정도에 따라 라이트, 미디엄, 다크슈거 등으로 나누어진다. 백당보다 맛이 강하고 수분 함량도 높다.	92	케이크, 쿠키, 캔디 등에 사용
흑설탕 (black sugar)	흑색괴상 또는 분상으로 당밀을 함유하고 설탕 이외에 환원당이 2%, 회분이 15% 정도 함유되어 있으며 특유의 향과 맛이 있다.	86	제과용, 캔디 제조 시
분말설탕 (powedered sugar)	설탕을 기계적으로 곱게 분쇄하기 위하여 3% 이하의 콘스타치를 혼합해서 만들며 분말도가 다른 여러 제품이 있다.	99.9	• 도넛, 익히지 않은 케이크에 설탕을 입힐 때 • 제과 · 제빵의 데커레이션용
각설탕 (cube sugar)	설탕에 약간의 시럽을 가하여 습하게 한 것으로 각형으로 성형하여 건조시킨 것이다.	99.8	커피·홍차 등의 음료용, 탁상용
록슈거 (rock sugar)	• 고순도의 정제당의 농후용해액에 종당을 넣고 오래 방치하여 큰 결정으로 만든 것이다. 설탕보다 조금씩 천천히 녹는 성질이 있으므로 매실주와 같은 과실주 제조에 이용한다.	–	차에 사용
크리스털 캔디 (crystal candy)	• 고순도의 정제당의 농후용해액에 종당을 넣고 오래 방치하여 큰 결정으로 만든 것이다. 설탕보다 조금씩 천천히 녹는 성질이 있으므로 매실주와 같은 과실주 제조에 이용한다.		과자, 음료수에 사용

장 시 밀봉하여 건조한 곳에 보관하는 것이 좋다. 마스코바도 설탕은 사탕수수에서 추출한 원당에서 당밀을 분리하지 않아 식이섬유와 미네랄이 풍부한 비정제당으로, 설탕에 비해 단맛이 덜하고 은은한 향이 특징이다.

2. 꿀

꿀(honey)은 꿀벌이 꽃에서 모은 화밀을 채집해 저온으로 여과한 자연식품으로, 꿀벌이 꽃의 밀을 모으고 거기에 타액을 섞어 그 속에 함유된 인베르타제

(invertase)에 의해 과당과 포도당으로 분해시킨 것이다. 꿀에는 포도당, 과당 이외에 여러 가지 비타민류, 무기질이 들어 있다.

꿀벌이 채취한 꽃에 따라 풍미, 빛깔, 향이 다르나 영양적 차이는 크지 않다. 대부분의 꿀은 프락토오스(fructose)의 함량이 많기 때문에 결정이 생성되지 않고 액체상태이나 가끔 결정이 생기는 것을 볼 수 있는데, 이는 글루코오스(glucose)의 함량이 많아 생기는 것이다.

꿀은 방부작용을 하며 실온보관이 가능하다. 그러나 너무 낮은 온도에서 보관하면 흰 결정이 생기는데 이때 70℃의 따뜻한 물에 담그면 원래 형태로 돌아온다. 꿀의 종류로는 아카시아꿀, 싸리꿀, 메밀꿀, 유채꿀, 밤꿀, 잡화꿀 등이 있는데 일반적으로 색이 진할수록 맛과 향이 강하다.

마누카꿀

뉴질랜드에서 자생하는 마누카나무의 꽃에서 추출된 마누카꿀(UMF: Unique Manuka Factor)에는 메틸글리옥살(MGO) 성분이 풍부해 '천연 항균제'로 불리며 UMFHA(Unique Manuka Factor Honey Association)의 철저한 등급표시 관리 감독을 받고 있어 높은 항균 활성도와 품질을 자랑한다. 마누카꿀의 효능은 UMF의 뒤에 붙는 숫자와 비례하기 때문에 UMF 10 이상의 제품을 구입해야 제대로 된 효능을 기대할 수 있다. 또한 열에 의해 유익한 성분이 파괴되기 때문에 그대로 먹어야 영양성분을 섭취할 수 있다.

3. 물엿과 조청

물엿(starch syrup)은 전분을 산이나 엿기름, 효소 등으로 가수분해시켜 만든 것이며, 투명한 백색으로 설탕에 비해 점성이 강하고 흡습성이 있다. 각종 요리에 윤기를 내기 위하여 넣는데, 조리 시 물엿을 넣고 오래 끓이면 딱딱해지므로 조리 마지막 순서에 넣어 가열시간을 짧게 한다. 물엿은 설탕, 조청 대신 요리에 많이 활용된다.

액체 감미재료(조청, 올리고당, 물엿, 꿀, 메이플시럽)

조청(grain syrup)은 여러 가지 곡류인 찹쌀, 수수, 조, 고구마 등의 전분을 엿기름물로 7~8시간 삭힌 다음 졸아들 때까지 오랜 시간 끓여 당화시키고, 농축하여 묽게 곤 엿을 말한다. 독특한 향이 나는데 끓는 엿물을 흘려 보아 실이 생기지 않는 정도가 되어야 잘된 조청이고, 좀 더 끓여서 수분이 10% 정도 되게 농축시키면 검은 고체가 되는데 이것이 강엿(갱엿)이 된다. 식품에 이용하면 단맛과 부드러운 질감을 주고 다식이나 강정 등을 만들 때 재료와 재료를 연결해 주는 접착제 역할을 한다. 빨리 굳고 끈적임이 있어 가열요리에는 많이 사용하지 않고 가래떡이나 한과를 만들 때 사용한다. 원료에 따라 쌀조청, 도라지조청, 현미조청, 무조청, 호박조청 등 다양하게 만들어진다.

4. 설탕시럽

시럽(suger syrup)은 대부분 당과 함께 다량의 수분을 함유하며, 당류와 물의 혼합물로 볼 수 있다. 당밀은 사탕수수의 즙액에서 당을 정제하는 과정에 얻어지며 당의 결정을 침전·분리하고 남은 것을 농축한 액체이다. 특히 메이플시럽(maple syrup)은 사탕단풍나무의 수액으로 만든 액체 감미료로 황금빛 갈색의 시럽이며 주성분은 자당이다. 메이플시럽은 밀도, 색, 독특한 맛으로써 그 품질을 알 수 있으며, 밝은 호박색의 시럽을 최상급으로 보고 어두운 호박색과 캐러멜맛이 나는 것은 저급으로 본다. 메이플시럽은 팬케이크, 와플 등과 함께 섭취되며 케이크, 제과용 원료로 사용된다. 또한 차의 감미료로 이용되는데, 홍차에 특히 잘 어울린다.

5. 올리고당

올리고당(oligosaccharide)은 포도당, 갈락토스, 과당과 같은 단당류가 결합한 당으로 몸속에서 소화되지 않는 난소화성이고, 충치 예방의 효과가 있는 기능성 당이다. 올리고당에는 감미가 있으나 칼로리가 적고 유산균 발효에 도움을 주며 최근에는 음료나 치료식에 많이 이용되고 있다. 프락토올리고당은 자당에 2~4개의 과당이 결합된 구조를 가진 화합물로 대장의 유익균 증식을 돕는 기능이 있어 각종 요리에 설탕 대신 사용되고 있다.

6. 인공감미료

인공감미료인 소르비톨(sorbitol)은 상쾌한 단맛이 나는 흰색 분말 또는 결정형 분

표 13-8 올리고당의 종류와 특징

종류	용도	특징
대두올리고당	천연 콩으로부터 대두단백질을 만들 때 발생하는 대두 유청에서 분리, 정제하여 만든다.	산에 강한 특징으로 음료를 비롯하여 여러 식품에 사용된다. 유아용 식품이나 분유 첨가물에 사용한다.
프락토올리고당	사탕수수에서 나왔다고는 하지만 설탕에서 프락토올리고당을 합성하는 효소를 이용하여 만든다.	이소말토올리고당보다 달고 풍미가 좋다. 열에 약해서 차가운 요리에 사용하기 적합하다.
이소말토올리고당	옥수수, 쌀 등 전분을 분해하여 만든다.	과당이 포함된 프락토올리고당보다 단맛이 덜하고 열에 강하기 때문에 조림, 볶음 등에 많이 쓰인다.
갈락토올리고당	유당 또는 유탄수화물 원료에 효소를 작용시켜 사탕무나 대두 등에서 추출한 물질을 여과, 정제, 농축과정을 거쳐 만든다.	장내 비피더스균의 증식 작용을 하는 성분이 있어 분유나 영양제 등을 만들 때 사용된다.
말토올리고당	전분이나 전분질 원료를 이소말토와 다른 방식으로 효소작용시켜 얻은 당액이다.	잼이나 팥앙금의 감미를 억제하거나 텍스처를 주기 위해 쓰인다.
자일로올리고당	자일란 원료에 효소작용 후 나오는 당액이다.	식품 가공이나 장기 보존에 안정적이다.

말로 냄새는 없고 물에 잘 녹아 제과, 어묵, 햄, 소시지에 널리 사용된다. 페닐알라닌(phenylalanine)과 아스파라긴산(asparaginic)이라는 두 종류의 아미노산으로 이루어진 인공감미료 아스파탐(aspertame)은 화인(그린)스위트의 대표적인 성분으로, 천연 아미노산과 같이 소화 신진대사가 잘된다. 그러나 아스파탐은 아미노산으로 되어 있어 가열하면 변성되어 단맛이 소실된다. 자일리톨(xylitol)은 오탄당을 알코올화한 것으로 충치 예방에 효과가 있다. 스테비아(stevia)의 감미성분은 설탕의 300배로, 차로 마시거나 껌 대용으로 사용 또는 청량음료의 감미료로 사용한다.

인공감미료(자일리톨, 화인스위트, 뉴슈가)

신맛을 내는 조미재료

신맛은 대체로 향기를 동반하는 경우가 많으며, 음식의 맛을 산뜻하게 하여 미각을 자극시키고 식욕을 촉진하며 저장성을 증가시키는 작용을 한다.

신맛의 성분으로는 무기산, 유기산, 산성염이 있다. 초산, 젖산, 호박산, 사과산,

주석산, 구연산 등은 우리가 섭취하는 유기산으로 상쾌한 맛과 특유의 감칠맛이 있다. 탄산과 인산 같은 무기산에는 떫은맛, 쓴맛이 있다. 구연산은 청량음료, 캔디, 잼, 혼성주, 빙과, 통조림, 냉면육수 등에 사용되며 식용유의 산패방지제로 사용되기도 한다.

과일이나 과즙에 함유되어 있는 사과산, 구연산은 풍미가 있어 이것을 발효시켜 술을 만들 수 있다. 유럽에서는 와인식초(wine vinegar)를, 미국에서는 사과식초(cider vinegar)를 많이 이용한다.

식초류(레드와인식초, 화이트와인식초, 사과식초, 현미식초, 감식초, 2배식초, 발사믹식초)

1. 식초

식초(vinegar)는 4~5%의 초산(acetic acid)을 주성분으로 한 조미료로 초산 이외에 유기산류, 당류, 아미노산류, 기타 향기성분이 함유되어 있어 독특한 향기와 맛이 있다. 식초는 곡류, 알코올성 음료, 과실 등을 원료로 하여 만든 양조식초와 빙초산 또는 초산을 주원료로 한 합성식초로 나뉜다. 양조식초는 초산 이외에 휘발성산, 비휘발성산, 당류 아미노산류, 에스테르류 등을 함유하고 원료가 지니고 있는 특유의 향방향성분 등이 포함되어 있다. 원료에 따라 포도식초, 사과식초, 감식초, 쌀식초, 매실식초, 맥아식초 등으로 나누어지고 초산, 젖산, 호박산, 구연산 등 여러 가지 유기산을 생성한다.

합성식초는 식용 빙초산을 기본으로 하여 물과 조미료, 감미료, 소금 등을 첨

표 13-9 식초의 종류 및 특징

구분	종류	제법	특징
양조식초	현미식초	현미식초, 막걸리식초, 흑미식초, 쌀식초 등 곡류를 원료로 해서 발효시킨 식초	초산발효에 의해 만들어진다.
	사과식초	사과식초, 감식초, 포도식초 등 과실주로 만들어 다시 초산발효한 식초	
	주정식초 (알코올초)	주정을 속성으로 발효한 식초로 시중에 유통되는 많은 요리용 식초	
합성식초		빙초산을 초산 함량이 3~5% 되도록 희석한 식초	화학식초라고 한다.

가하여 인위적으로 생산한 것이다. 포도식초는 와인을 오래 방치하거나 혹은 효모를 넣어 촉진시킨 것으로 종류로는 레드와인식초(red wine vinegar), 화이트와인식초(white wine vinegar)가 있다. 발사믹식초(balsamic vinegar)는 포도식초를 나무통에 넣고 적어도 4년 이상 숙성시킨 것으로 주로 해물이 들어가는 요리에 쓰인다.

2. 레몬주스

레몬주스(lemon juice)는 신선한 레몬에서 그대로 즙을 짜서 채취한 레몬즙으로 식초 대용으로 이용한다. 유기산이 식초와 비슷한 비율로 함유되어 있고 방향성도 좋기 때문에 레몬드레싱이나 레몬소스를 만드는 데 쓰인다.

그 외에도 신맛에 약간의 차이는 있으나 초산, 구연산, 푸말산, 사과산, 주석산, 젖산 등의 신맛이 있다.

레몬류(레몬주스, 레몬즙, 레몬엑기스)

감칠맛을 내는 재료

감칠맛은 4원미인 단맛, 짠맛, 신맛, 쓴맛에 속하지 않는 복합적인 맛으로, 맛있는 맛 또는 구수한 맛으로 분류된다. 직접적인 방향을 가진 것은 아니나 식품에 첨가하면 식품의 자연의 맛을 증가시켜 주는 조미료 또는 향신료(flavor enhancer), 인텐시파이어(intensifier)로 작용한다.

감칠맛을 내는 재료에는 쇠고기, 닭고기, 새우, 홍합, 멸치, 다시마, 표고버섯, 가다랭이포가 있으며, 대표적인 맛성분은

닭고기베이스, 쇠고기베이스, 건새우, 건홍합, 멸치, 다시마

IMP(Inosine Mono Phosphate), GMP(Guanine Mono Phosphate) 등이 있다. 대표적인 화학조미료는 MSG(Mono Sodium Glutamate)이다. MSG는 다시마의 감칠맛 성분인 글루탐산을 미생물이 발효시켜 추출하여 만든 것이다.

자극성의 향미재료

향신재료는 식품에 향미를 부여하기 위해 첨가되는 식품재료를 말한다. 넓게는 식품첨가물로, 좁게는 식품재료 또는 식품으로 취급된다.

붉은 고추(건고추, 실고추, 고운 고춧가루, 굵은 고춧가루)

1. 고추

고추(hot pepper)의 원산지는 중앙아메리카이며 매운 고추형과 단고추형으로 나누어진다. 고추는 햇볕에 말려서 자연건조시키거나 살짝 쪄서 열에 의하여 건조시킬 수 있다. 자연건조시킨 고추는 태양초라고 하며, 태양초는 빨간빛이 곱고 투명하고 꼭지는 가늘고 뾰족하며 노란색을 띤다. 화건초는 색이 검붉고 윤기가 없으며 꼭지는 녹색을 띤다.

고추의 매운맛 성분은 캡사이신(capsaicine)이고, 색소는 카로티노이드(carotinoid)와 안토시아닌(anthocyanin)이다. 고추는 용도에 따라 통고추, 실고추, 고춧가루 등으로 다양하게 사용한다. 고추씨가 있는 속살 부분은 '태좌'라 하는데 과피보다 매운맛이 10배나 많으므로 매운 고추를 쓰려면 떼어 내지 않아야 한다.

빨갛게 잘 익은 고추를 건조시켜 씨를 빼서 분쇄하여 가루로 만든 것이 고춧가루이다. 고춧가루는 빻을 때 씨를 털어 내는 양에 따라 색, 맛, 분량에 차이가

표 13-10 고추의 종류와 특징

구분	종류	특징 및 용도
건고추	통고추	통으로 반을 갈라서 육수를 끓일 때나 맑은 국물김치를 담글 때 사용한다.
	실고추	돌돌 말아 기계로 썰거나 가위나 칼로 잘라서 백김치, 장김치의 부재료, 두부조림, 나물 등의 고명으로 사용한다. 많이 넣으면 깨끗하지 않고 껄끄러우므로 적당량을 사용한다.
고춧가루	굵은 고춧가루	겉절이, 김치를 담글 때 주로 사용한다. 나박김치의 국물을 우려낼 때 이용하면 고운 것보다 국물이 맑게 나온다. 매운 것과 안 매운 것을 섞어서 써도 좋다.
	중간 고춧가루	국, 볶음, 무침, 찜, 양념장 등 일반적인 모든 요리에 사용한다.
	고운 고춧가루	생채, 나박김치 등 고춧가루 입자가 없어야 하는 음식에 사용한다. 전골, 매운탕, 생선구이용 양념장, 고추장용, 젓갈에 사용한다.

많이 난다. 씨가 많이 들어갈수록 빛깔은 옅어지나 양은 많아진다. 만물고추는 과피가 두껍고 씨가 적어 가루가 많이 나오는 것이 특징이다.

고춧가루는 냉동보관하는 것이 좋으며 한꺼번에 가루로 빻지 말고 통으로 남겨 필요할 때마다 빻아 쓰면 향이나 매운맛이 그대로 유지되어 더 맛있다.

2. 후추

후추(black pepper)의 열매는 완두 크기의 장과로, 성숙함에 따라 녹색에서 붉은색이 되고 완숙하면 검은빛이 된다.

후추의 매운맛 성분은 차비신(chavicine)이다. 후추는 습기가 없는 서늘한 곳에서 보관하며, 특히 가루 후추는 밀봉해야 향을 잃지 않는다.

후추 및 산초가루(흑후추, 백후추, 통후추, 산초가루)

3. 겨자

겨자(mustard)는 톡 쏘는 매운맛을 가진 향신재료이다. 갓의 종자를 건조한 것으로 백겨자와 흑겨자가 있다. 겨자의 매운맛 성분은 겨자유로 1% 정도 들어 있으며, 매운맛 성분은 시니그린(sinigrine)이다.

와사비, 겨자가루

4. 고추냉이

고추냉이(wasabi)의 매운맛 성분은 시니그린이다. 서양의 고추냉이는 뿌리가 굵고 동양의 고추냉이보다 매운맛이 떨어지며 분말 고추냉이의 원료로 쓰인다. 현재 사용되는 것에는 서양 고추냉이 뿌리의 건조분말과 겨자가루를 혼합한 것이 많다.

5. 산초

산추라고도 하는 산초(Japanese pepper)는 후추와 같은 종류로 오향(산추, 회향, 정향, 팔각, 진피를 말함)의 하나인데 상쾌한 매운맛을 가진다. 산초의 매운맛 성분은 산쇼올(sanshool)이다.

과피 속의 씨앗이 6월까지는 흰색인데 이 시기에 열매의 향신효과가 가장 크며 잎은 열매보다 향이 약하다. 여름철의 풋열매는 장아찌, 효소, 술 등에 사용되고 가을철 익은 열매는 산초기름으로 이용된다.

> ### 초피
> 초피 또는 천초라고 불리는 것도 있는데 지역에 따라 제피, 젠피 등으로 부르는 초피는 산초에 비해 제피의 가시가 길고 뾰족하며 잎의 향이 아주 강하다. 초봄의 연한 잎은 장아찌로 쓰고 여름철 이후의 열매는 어류요리(매운탕)나 추어탕, 김치 등에 사용하기도 한다.

Memo

CHAPTER

14

향신료

향신료 | 허브 | 혼합 스파이스

SPICE

향신료는 ASTA(American Spice Trade Association)의 정의에 의하면 향미 성분이 있는 식물의 종자, 열매, 잎, 줄기, 뿌리, 나무껍질, 꽃 등에서 얻는 재료로 식품의 풍미를 높이고 맛을 향상시키는 역할을 한다. 스파이스(spice)는 주로 건조된 상태의 재료를 사용하며, 허브(herb)는 신선한 상태의 잎을 사용한다.

향신료는 방부작용과 산화 방지 등 식품의 보존성을 높이고, 식욕을 자극하여 소화·흡수를 돕고, 신진대사를 촉진시키는 역할을 하며, 약용이나 미용으로도 사용된다.

향신료는 신선한 상태나 건조된 상태로 사용하는데, 건조된 제품은 통째로(whole) 말린 상태나 분말(ground) 상태로 만든 것이다.

표 14-1 향신료의 분류

분류	종류
향기가 강한 향신료	올스파이스(allspice), 정향(clove), 메이스(mace), 계피(cinnamon), 아니스(anise), 고수(coriander), 캐러웨이(caraway), 너트메그(nutmeg), 딜(dill)
매운 향미재료	후추(pepper), 겨자(mustard), 와사비(wasabi), 칠리고추(chili), 계피(cinnamon)
향미를 얻기 위한 재료	정향(clove), 너트메그(nutmeg), 메이스(mace), 큐민(cumin), 아니스(anise), 갈릭(garlic)
냄새 제거를 위한 재료	월계수잎(bay leaf), 세이지(sage), 로즈메리(rosemary), 타임(thyme), 오레가노(oregano)
색을 얻기 위한 재료	파프리카(paprika), 심황(tumeric), 사프란(saffron), 파슬리(parsley)

표 14-2 사용방법에 따른 향신료의 종류

사용방법		종류	사용 시 주의점	이용음식
생것		바질(basil), 딜(dill), 마조람(majoram), 처빌(chervil)	다져서 사용하거나 허브오일로 사용한다.	샐러드, 수프, 소스, 스프레드
마른것	통째로 사용	타임(thyme), 통후추(peppercorn), 월계수잎(bay leaf),	용도에 따라 통으로 쓰거나 갈아서 쓴다.	스톡, 소스, 수프, 샐러드
	가루상태로 사용	시나몬(cinnamon), 바질(basil), 흑후추(black pepper), 오레가노(oregano), 파프리카(paprika)	• 조리 시 마지막 10분 정도에 사용한다. • 생것 사용량의 1/6 정도만 사용한다.	스톡, 소스

향신료

1. 후추

후추(pepper, *Piper nigrum* L.)의 원산지는 인도, 인도네시아, 브라질이며 통후추(corn), 분쇄후추(crush), 분말후추(ground) 형태로 다양하게 이용한다. 색상에 따라 크게 흑후추, 백후추, 녹색후추, 적후추로 나누어진다.

흑후추(black pepper corn)는 후추의 열매가 익기 전에 따서 껍질이 어두운 갈색으로 변할 때까지 말린 것으로 풍미가 강하다. 백후추(white pepper corn)는 열매가 다 익은 다음 껍질을 벗기고 말린 것으로 순한 풍미가 있다. 녹색후추(green peppercorn)는 부드럽고 설익은 열매로 소금물에 절여 보관하며 매운맛과 풍미가 강하다. 적후추(pink pepper corn)는 진짜 후추열매는 아니고 바저스로즈(bajes rose) 식물의 열매를 쓰는 것으로 매운맛과 단맛이 있다.

후추의 매운맛 성분은 차비신(chavicine)으로 5~13%가량이며 껍질 부분에 주로 분포되어 있다. 그러므로 껍질을 제거한 백후추는 흑후추가 가진 매운맛의 1/4 정도만 낸다. 흑후추는 육류나 수프, 소스에 이용되고 백후추는 생선, 연한 소스나 수프에 이용된다. 통후추는 기초국물이나 스톡을 낼 때, 분쇄후추(crush)는 거칠게 갈아서 먹기 직전의 샐러드나 소스에 첨가하며, 이러한 후춧가루는 기본 조미료로 널리 이용된다.

통후추류(적후추, 백후추, 흑후추, 녹색후추) 후추 및 산초가루(흑후추, 백후추, 통후추, 산초가루)

2. 산초

산초(Japanese pepper, *Zanthoxylum piperitum.*)의 주산지는 한국, 중국, 일본 등이며, 잎과 과실을 모두 이용하고 잘 익은 산초나무를 말려서 가루로 만든 후 사용한다. 과육 속의 씨앗은 6월까지 흰색인데 이 시기에 열매의 향신효과가 가장 크며 잎은 열매보다 향이 약하다.

일본에서는 어린 생잎을 사용하는데 특유의 향미와 자극성으로 어육의 냄새를 감소시키며, 우리나라에서는 추어탕의 양념으로 사용된다. 산초의 향신성분은 디벤텐(dibentene), 시트로넬랄(citronellal), 게라니올(geranion)이며 매운맛 성분은 산쇼올(sanshool)이다.

산초는 오래 저장하면 향이 떨어지므로 조금씩 갈아 사용하도록 한다. 생열매는 장아찌나 향신료로 사용하며 잎은 장아찌를 담거나 국물요리를 끓일 때, 소스를 만들 때 통으로 사용한다. 추어탕에는 먹기 직전에 가루를 넣어야 향신효과가 크다.

3. 겨자

겨자(mustard, *Brassica juncea.*)의 원산지는 지중해 연안, 남유럽, 아메리카, 아시아이며 분말(ground), 통겨자(whole), 겨자페스트(paste) 형태로 이용된다. 갓의 씨를 이용하여 만드는 것으로 흑겨자는 주로 한국, 일본, 중국, 중부 유럽에서 재배되고 백겨자는 유럽, 미국, 인도에서 재배된다.

겨자의 매운맛 성분인 겨자유는 1% 정도 들어 있으며, 흑겨자에는 시니그린(sinigrin)의 형태로 들어 있다. 겨자의 배당체는 그 자체로는 향미가 없지만 물을 첨가하여 일정한 온도에 보관하면 미로시나아제(myrosinase)의 작용으로 이소티오시아네이트(isothiocyanate)가 생성되어 향미가 생긴다.

흑겨자의 매운맛 성분은 알릴이소티오시아네이트(allylisothi ocyanate)로 휘발성이 커서 코를 톡 쏘는 매운맛이 강한 반면, 백겨자의 매운맛 성분은 팔하이드록시 벤질(p-hydroxy benzyl)과 이소티오시아네이드(isothiocyanate)로 휘발성이 없어 입속에서 매운맛을 느끼게 된다.

겨자는 육류와 생선 조리 시 맵고 톡 쏘는 맛을 부여하기 위해 사용하거나 가공식품에 향신재료로 첨가한다. 통후추는 피클이나 익힌 육류에 이용되며 겨자분말은 소스, 드레싱, 과자, 푸딩, 커스터드 등에 이용된다.

4. 고추냉이

고추냉이(wasabi, *Wasabia koreana*)의 원산지는 동남아시아이다. 우리나라는 주로 울릉도에서 자생하고 일본에도 여러 품종이 있다. 뿌리와 줄기는 생선, 메밀국수 등의 향신료로 사용되며 매운맛 성분은 배당체인 시니그린(sinigrin)이 효소 미로시나아제(myrosinase)의 작용을 받아 분해하여 생긴 알릴이소시아네이트(allylisocyanate)이다.

5. 월계수잎

월계수잎(bay leaf, *Lourus nobilis* L.)의 원산지는 지중해로 주방에서 이용가치가 큰 허브이다. 부케가르니의 필수 재료로 사용되는 것은 물론이고 수프, 소스, 스튜, 마리네이드, 고기, 생선요리, 절임, 초절임 등에 사용된다.

6. 타라곤

타라곤(tarragon, *Artemisia dracunculus* L.)은 좁고 끝이 뾰족한 어두운 초록색 잎으로 아니스(anise)와 유사한 향을 내는 허브이다. 프랑스 요리에서는 닭, 생선, 채소 요리를 할 때 반드시 넣는다.

타라곤은 식초에 넣어서 타라곤 식초(tarragon vinegar)를 만들어 달팽이 요리에 사용한다. 이것은 달콤한 방향과 쓴맛을 함께 가진 독특한 풍미를 지닌다. 타르타르 소스, 베르네이즈 소스, 가금류·어패류·알요리에 사용되며, 허브식초 중에서도 풍미가 좋다. 썰어서 버터와 함께 냉동해 두면 스테이크나 생선 소테의 마무리 과정에 첨가하여 진한 풍미를 낼 수 있다.

7. 세이지

세이지(sage, *Salvia officinalis*)는 라틴어로 '안전(safe)'이라는 뜻을 가진 살버스(salvus)라는 단어로부터 유래되었다. 이 좁고 타원형의 어두운 초록색 잎은 산뜻한 민트향과 쓴맛을 낸다. 육류·생선류의 냄새를 없애 주며, 소시지·돼지고기 요리에 사용한다. 치즈나 콩류와도 잘 어울린다.

8. 올스파이스

올스파이스(allspice, *Pimenta dioica*)의 원산지는 서부 인도, 남아메리카로 클로브, 너트메그, 시나몬의 세 가지 향미를 가지고 있어서 올스파이스(allspice)라는 이름이 붙었다. 나무 콩알 크기의 열매로 건조된 열매는 검은 갈색을 띠고, 통째로 혹은 가루상태로 구매한다. 후추와 같이 매운맛은 없으나 상쾌하고 달콤하면서 쌉쌀한 맛이 난다. 보통 통올스파이스와 분말의 두 가지 형태로 사용하며, 으깨면 후추의 향이 강하게 난다. 올스파이스가 없는 경우에는 너트메그, 클로브, 시나몬을 1:2:2의 비율로 섞어 대체할 수 있다. 어떤 종류의 스파이스와도 잘 어울려 혼합 사용이 가능하다.

마리네이드나 피클의 주된 향신료로 사용되고 파테, 테린, 육가공품, 쌀요리에도 이용된다. 전통적으로 케이크, 과일파이, 푸딩, 아이스크림, 호박파이에 사용되어 왔다.

마른 향신료(로즈메리, 파슬리, 오레가노, 타임, 월계수잎)

마른 향신료(타라곤, 세이지, 바질, 레몬그래스)

9. 카다몬

카다몬(cardamon, *Elettaria cardamomum* M.)의 원산지는 인도이며 생강 종류의 향기가 나는 향신료로 코를 찌르는 듯한 매콤달콤한 맛을 가지고 있다. 인도에서 생산되는 메소르 카다몬(mysore cardamon)의 향미가 가장 좋다. 방향성분은 시네올(cineol)이다.

비스킷, 케이크, 패스트리에 이용되며 스튜, 카레, 육류, 가금류, 생선요리에도 사용되는데, 다른 견과류처럼 단독으로 입에 넣고 씹어 먹기도 한다.

10. 포피시드

포피시드(poppy seed, *Papaver somniferum*)의 원산지는 터키이며, 양귀비나무의 열매이다. 까만 모래알 같이 생긴 양귀비씨의 주산지는 극동아시아와 네덜란드이며 완전히 여물 때까지 기다려 표피 속에 들어 있는 씨를 채취해서 쓴다.

마른 향신료(포피시드, 올스파이스, 카다몬, 머스터드시드, 아니스시드, 쿠민시드, 코리안더시드)

이 씨 속에는 기름이 함유되어 있는데 박하와 비슷한 향을 가지고 있으며, 동부 유럽에서 조미료로 많이 애용된다. 파스타, 쿠키, 케이크, 롤빵, 햄버거빵 등의 속에 넣거나 샐러드 오일, 국수 등에도 이용된다.

11. 아니스, 팔각

아니스, 팔각(anise, *Pimpinella anisum* L.)의 원산지는 이집트이며, 파슬리과의 일종이다. 스페인, 시리아, 중국 등지에서 자라는 작물로 씨와 잎을 이용한다. 씨는 푸른 갈색으로 콤마(,) 모양이고, 중국음식에서 이용되는 팔각회향(star anise)은 오향의 하나이다. 향기성분은 아네올(anehol)이다. 케이크, 비스킷 등 제과류나 생선, 닭, 크림수프, 소스, 치즈를 이용한 요리 등에 주로 사용된다.

12. 캐러웨이

캐러웨이(caraway, *Carum carvi* L.)의 원산지는 유럽, 아프리카, 아시아로 파슬리

계통이며 독일, 헝가리, 오스트리아 요리에 많이 이용된다. 캐러웨이에는 갈색의 향이 나는 기름이 함유되어 있어 빵, 케이크, 과자 등에 이용되며 수프, 채소요리에도 쓰인다.

13. 카엔페퍼

카엔페퍼(cayenne pepper, *Capsicum frutescens*)의 원산지는 남아프리카 북동부 가나의 수도인 카옌이다. 고추(red pepper)라고도 하며, 주로 가루로 이용된다. 대부분의 육류와 가금류, 생선, 해산물, 두류에 이용된다.

14. 셀러리시드

셀러리시드(celery seeds, *Apium graveolens* L.)의 원산지는 남유럽과 스웨덴으로 셀러리와 같은 방향을 가진 열매이다. 야생 셀러리씨는 강한 풍미를 지니고 있어 조금만 사용해도 그 효과를 쉽게 얻을 수 있으므로 사용 시 신중해야 한다. 피클, 샐러드, 생선, 채소요리에 이용된다.

15. 계피

계피(cinnamon, *Cinnamomum zeylanicum*)의 원산지는 스리랑카와 인도네시아 이며, 껍질째 이용하거나 가루를 내서 사용한다. 실론(ceylon)에서 생산되는 'cinamomum zeylanicum nees'로부터 얻어지는 것을 계피라고 하며 중국의 'cinnamomum cassia blume'로부터 얻어지는 것을 육계(cassia)라고 한다.

계피는 계수나무 껍질을 24시간 발효시켜서 속껍질을 분리하여 건조한 것으로 어린 나무의 얇은 안쪽 껍질이 가장 좋다. 카시아 계피는 중국 남부, 인도네시아가 주산지로 계피보다 향기가 떨어지고 단맛도 부족하다. 계피의 향기성분은 시나몬알데히드(cinnamon aldehyde)이다.

계피는 나라별로 향기가 유사하나 방향, 쓴맛, 매운맛 등이 산지에 따라 조금씩 다르다. 일반적으로 국산은 껍질이 얇고 향, 단맛, 매운맛 등이 수입산보다 우수하다고 알려져 있다.

보관할 때는 습기가 없는 건조한 곳에 해야 계피 막대에 곰팡이가 생기지 않으며, 가루 역시 건냉한 곳에 밀봉하여 보관한다. 과자, 음료, 소스류, 기타 식품에 많이 쓰인다.

16. 바닐라

바닐라(vanilla, *Vanilla planifolia*)의 원산지는 중앙아메리카이며, 난과 덩굴식물의 열매꼬투리이다. 바닐라의 꼬투리에는 맛이 없으며 성숙된 상태로 수확하여 햇볕에서 10~20일간 건조시키는 과정에서 바닐라향이 생긴다. 그 이후에도 2~3개월간 서서히 건조시키면 갈색화 반응이 진행되며 향이 더 풍부해진다.

사프란 다음으로 높은 가격 때문에 최근에는 리그닌(lignin)에서 합성한 이미테이션 바닐라(imitation vanilla)가 상품으로 나와 있다. 따라서 바닐라 열매에서 추출한 제품에만 바닐라 익스트랙트(vanilla extract)라고 표기한다.

17. 심황

심황(turmeric, *Curcuma domestica* Valeton.)의 원산지는 인도, 대만이며 자마이카, 페루, 인도 등에서도 재배된다. 생강과 식물의 뿌리로 강한 방향성과 쓴 매운맛이 있다. 식품의 착색제로 주로 카레, 단무지, 프렌치 머스터드(french mustard)를 착색하는 데 쓰이거나 육류, 달걀요리, 생선, 샐러드드레싱 등에 사용된다.

18. 사프란

사프란(saffron, *Crocus sativus*.)은 지중해 연안의 다년생 식물인 크로카스(crocus sativus)의 암술머리를 말려서 사용하는데 암술머리는 세 갈래로 갈라져 있다.

향신료 중 가장 비싸며 사프란 1g을 따는 데 160개 정도의 꽃이 필요하다. 2.5~4cm 정도 길이에 밝은 오렌지색을 띠는 암술이 향과 색을 내는데, 시중에서 주로 파우더 형태로 판매되지만 파우더는 향이나 색이 변질될 우려가 높으므로 암술 그 자체로 구입하는 것이 좋다. 육류나 생선의 냄새를 제거하고 소시지, 돼지

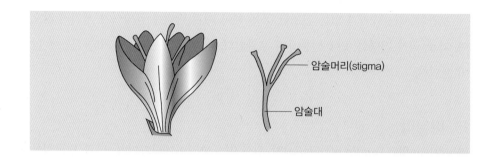

그림 14-1
사프란 꽃과 구조

암술머리(stigma)

암술대

고기, 송아지, 뱀장어 요리 등에 쓰인다. 리조또를 비롯한 쌀요리의 노란색과 향을 내는 데도 이용된다.

마른 향신료(사프란, 정향, 심황, 계피, 바닐라빈)

19. 정향

정향(clove, *Eugenia aromaticum.*)의 원산지는 인도, 인도네시아, 마다가스카르 등이며, 세계적으로 매우 중요한 향신료 중 하나이다. 정향은 정향나무의 개화되지 않은 꽃봉오리를 수확하여 건조시킨 것으로 통째로 혹은 분말로 사용한다. 꽃봉오리의 형태가 못처럼 생겼다는 뜻의 라틴어 크라우스(clauus)에서 유래되었다.

향미성분은 유게놀(eugenol), 아세틸 유게놀(acctyl eugenol)로 수렴 성향을 가지고 있다. 양고기, 돼지고기, 비프스튜 등과 피클, 돼지고기, 햄 등의 저장식품, 리커(liquor) 등에 이용된다.

20. 코리앤더

코리앤더(coriander, *Coriandrum sativum* L.)의 원산지는 지중해로 파슬리과에 속하는 식물인 코리앤더의 열매를 말려서 통째로 혹은 분말로 사용한다. 독특한 단맛과 매운 풍미와 강한 향을 가진 향신료로 잎과 씨가 향이 다르다. 신선한 잎은 실란트로(cliantro)라고 한다. 인디안 음식과 피클류에 주로 사용된다.

21. 큐민

큐민(cumin, *Cuminum cyminum* L.)은 파슬리과의 식물 열매를 건조한 것으로 이란과 모로코에서 주로 생산·소비된다. 향기로운 견과류 같은 맛의 씨는 세 가지 색상으로 호박색, 흰색, 검은색이 있으며, 호박색이 가장 많이 사용되고 복합적인 후추 같은 맛을 가졌다. 카레(curry)의 재료로 쓰이며 수프, 치즈, 소시지, 파이 등에 사용된다.

22. 회향

회향(fennel, *Foeniculum vulgare* L.)의 원산지는 지중해 연안, 남유럽, 서아시아로 엷은 녹색을 띠며 보통 회향(common fennel)이라고 불린다. 씨 또는 가루 형태로 사용되며 생선요리, 육류가공품, 카레가루, 피클, 과자류, 리큐어의 향미를 내는 데 사용된다.

23. 너트메그, 메이스

너트메그(nutmeg, *Myristica fragrans*)의 원산지는 인도네시아 몰루카제도이며, 높이는 약 20m이고 잎은 어긋나고 긴 타원형이며 가장자리가 밋밋하고 두껍다.

너트메그 나무의 종자를 갈아서 만들거나 통째로 판매하는 것이 너트메그이고, 종자를 싸고 있는 막을 갈아서 만든 것이 메이스(mace)이다. 너트메그는 커스터드, 화이트소스, 에그노그(egg nog)처럼 우유나 크림을 기본재료로 해서 만드는 빵이나 과자에 사용되며, 과일 및 채소와 함께 사용된다. 메이스는 너트메그의 종자를 싸고 있는 빨간색 막을 간 것으로 건조하면 진노란색이 된다. 생선요리, 소스, 피클, 토마토케첩, 파운드케이크, 초콜릿 등에 사용된다.

너트메그와 메이스의 최대 산지는 인도네시아이며, 메이스는 특히 생선요리, 소스, 피클, 케첩 등에 많이 쓴다. 너트메그와 메이스는 향신료로서 식품첨가제로 주로 이용한다. 추출한 정유는 통조림, 캔 음료의 맛을 내는 첨가제로 이용한다. 과일 껍질을 이용하여 잼, 젤리를 만들며 종자로부터 너트메그 버터를 만들기도 한다.

24. 파프리카

파프리카(paprika, *Capsicum annuum* var. *angulosum* Mill)는 고추의 일종으로 스페인, 미국, 칠레 등에서 생산된다. 향기가 있는 달콤한 빨간 고추를 갈아서 만든 가루로 풍미는 순한 것부터 톡 쏘고 매운 것까지 다양하다.

색상은 밝은 오렌지빛 빨간색부터 짙은 핏빛 빨간색까지 다양하다. 스페인산은 빨갛고 달콤하며, 헝가리산은 검붉고 매운맛이 강하다.

25. 초피

초피(sichuan pepper)는 향신료의 일종으로 학명은 *Zanthoxylum piperitum*이고 제피, 지피(경상도), 젠피(전라도), 조피(이북), 남추, 촉초라고도 한다. 영어로는 sichuan pepper라고 하는데 '쓰촨 후추'라는 뜻이다.

초피의 맛은 매운맛이라기보다는 '마(痲)', 즉 얼얼한 맛이라고 불린다. '마'는 산쇼올(sanshool)이 주 요소이다. 처음 먹거나 거부감을 가진 사람들은 '비누맛이 난다'고 할 정도지만, 보통 얼얼한 맛이라고 표현한다. 실제로 좀 많이 뿌린 음식을 먹다 보면 입술이나 혀, 입천장을 비롯한 입안 여기저기가 저리고 얼얼한 걸 느낄 수 있다. 중국 사천요리에 특히 많이 들어가는 향신료이다.

허브

허브(herb)는 '녹색풀'이라는 뜻의 라틴어 'herba'에서 유래된 말로, 향초 또는 향신초라고 하여 주로 향기가 있는 신선한 상태의 잎을 말한다.

로즈메리

1. 로즈메리

로즈메리(rosemary, *Rosemarinus officinalis*)의 원산지는 지중해이며, 요즘은 유럽이나 미국에서도 재배된다. 소나무잎처럼 뾰족하며, 장뇌와 비슷하며 산뜻하고 강한 향이 난다.

거의 모든 요리에 사용 가능하며 돼지고기, 양고기 등 냄새가 강한 육류요리에 사용된다. 스튜, 수프, 소시지에 이용된다.

2. 파슬리

파슬리(parsley, *Petroselinum crispum*)는 서양요리에 빠져서는 안 될 중요한 허브로, 흔히 향미나 장식 용도로 사용된다. 신선한 파슬리를 잘 씻어 물기를 제거한 후 종이타월로 먼저 한 번 싼 후 비닐백에 넣어 냉장보관하면 일주일이 지나도 신선하다.

비타민 A, 비타민 C, 칼슘, 철분이 풍부한 파슬리는 잘게 다져서 요리에 뿌리기도 하는데 달지 않은 요리라면 어떤 것에도 넣을 수 있다.

아피올(apiole)이라는 향기성분이 있고 월계수잎, 타임과 함께 부케가르니에 반드시 들어가며 모든 소스, 파슬리 버터 등에 이용된다.

파슬리

이탈리안 파슬리

3. 오레가노

오레가노(oregano, *Origanum vulgare*)는 잎이 마조람보다 약간 크고 좋은 향기와 쓴맛이 나며, 톡 쏘는 향기가 상쾌함을 준다. 독특한 향과 맵고 쌉쌀한 맛은 토마토와 잘 어울리므로 토마토를 이용한 이탈리아 요리, 특히 피자에 빼놓을 수 없는 향신료이다.

오레가노

4. 타임

타임(thyme, *Thymus vulgaris*)의 원산지는 지중해 연안이며, 현재 유럽 각국과 영

타임

국, 미국 등에 매우 폭넓게 분포되어 있다. 짜릿한 자극이 있는 강한 풍미를 갖고 있으며 대부분의 재료와 잘 어울리므로 채소, 육류, 어패류, 달걀, 수프, 스튜, 샐러드에 사용할 수 있다.

5. 바질

바질

바질(basil, sweet basil, *Ocimum basilicum* L.)의 원산지는 인도, 열대 아시아, 아프리카이며, 향이 강하고 감미가 있어 많은 종류의 이탈리아 요리에 폭넓게 사용된다. 특히 토마토요리에는 반드시 들어갈 정도로 토마토와 잘 어울리며, 육류나 가금류, 파스타 소스에도 많이 사용된다. 또한 올리브유나 식초를 이용하여 베이즐 오일, 베이즐 식초를 만들어 사용하기도 한다.

6. 레몬그라스

레몬그라스

레몬그라스(lemongrass, *Cymbopogon citratus*)의 원산지는 스리랑카이며 이외에도 미얀마, 과테말라, 남미 등에서 자란다. 다 자란 레몬그라스는 90cm~1m 정도로 의외로 큰 식물이며, 잎은 가늘고 길며 적응력이 강해서 어느 곳에서나 잘 자라는 특징을 가지고 있다.

레몬그라스는 이름에서 느껴지듯 레몬향이 나는 허브다. 하지만 레몬처럼 향이 강하진 않고, 은은한 풀냄새에 레몬향이 섞인 듯한 향이 난다. 향기의 주성분은 레몬과 같은 시트랄(citral)로 정유의 70~80%를 차지한다.

다 자란 레몬그라스의 과반은 짙은 녹색의 억새를 닮은 긴 잎으로, 찢어서 비벼 보면 레몬 향기가 난다. 널리 쓰이는 부분은 이 중 일부분인 옅은 녹색 잎 부분부터 뿌리 쪽 하얀 줄기이다. 이 잎을 정유한 레몬그라스 오일(시트로넬라 오일)을 주로 이용하게 된다. 향신료로 수프, 소스, 닭고기와 생선요리에 쓰이며 세계 3대 수프인 태국의 똠얌꿍에 꼭 들어가는 주요 재료다.

7. 처빌

처빌(chervil, *Anthriscus cerefolium*)의 원산지는 서아시아이며, 향
이 순해서 동양인의 기호에 잘 맞아 최근 사용량이 늘고 있다. 다
른 허브와 혼합(차이브, 타라곤, 파슬리를 동량씩 잘게 썰어서)해
서 피네 허브(fine herbs)를 만들어 사용하면 독특한 풍미가 향의
조화를 북돋아 준다. 생선, 가금류 요리나 샐러드에 첨가해서 사
용한다.

처빌

8. 차이브

차이브(chives, *Allium schoenoprasum*)의 원산지는 유럽이며 쪽
파(allium), 마늘류 계통의 식물로 줄기가 매우 가늘고 끝이 뾰족
하며 섬세하고 순한 풍미를 가졌다.

차이브의 잎은 길이에 맞게 잘라 가니시(음식에 장식을 위해
곁들이는 채소)로 사용하기도 한다. 샐러드에 넣어 이용하기도 하
고, 생선이나 육류요리에 넣으면 풍미를 더해 준다.

차이브

9. 고수

고수(cilantro, coriander, *Coriandrum sativum* L.)의 원산지는 동
남아시아이며 스페인어로 '코리앤더잎'이라는 뜻이다. 푸른잎과 씨
(seed)가 모두 사용되나 이 두 부분의 향이 매우 달라서 서로 같
은 용도로 대체해서 사용할 수 없다. 중국 혹은 멕시칸 파슬리
(chinese or mexican parsely)로도 잘 알려져 있다.

고수

잎은 날카로우면서도 강한 향이 나고 시트러스(citrus) 풍미를
지니고 있다. 아시아 요리에서 폭넓게 사용되며 멕시칸 요리에서 잎을 잘게 썰어
칠리고추(chili)와 함께 특별한 샐러드나 쌀요리, 육류요리 혹은 살사(salsa) 등에
사용된다.

구입 시에는 잎이 초록색이고 부드러우며 향이 강한 것을 구입해야 하고, 노랗

게 변색되면 사용하지 않는 것이 좋다.

10. 딜

딜

딜(dill, *Anethum graveolens*)의 원산지는 지중해 연안, 인도, 아프리카 북부이며, 캐러웨이 종자와 비슷한 강한 풍미를 가지고 있다. 식물 전체에서 향기가 나며 줄기, 잎, 꽃종자(dill seed)를 모두 이용할 수 있다.

각종 해산물 요리에 폭넓게 사용되며, 빵, 케이크, 사워크림, 수프의 향을 내는 데 이용되기도 한다.

11. 마조람

스위트 마조람

마조람(marjoram, *Majorana hortensis* Moench)의 원산지는 지중해 연안이며, 신선한 상태로 사용한다. 오레가노(oregano)와 유사한 타원형의 부드러운 잎과 연한 핑크빛 꽃에서 달콤하며 섬세한 향기가 나는 허브로 스위트 마조람(sweet majoram)이 가장 폭넓게 사용된다. 육류 로스팅 시 마리네이드, 수프나 스튜 등의 요리, 달걀요리, 치즈요리, 샐러드에 사용한다.

12. 민트

민트

민트(mint)는 쌍떡잎식물 통화식물목 꿀풀과의 여러해살이 풀이자 향신료이다. 민트라는 이름은 그리스 신화에 등장하는 님프, 멘테에서 가져온 것이며 순우리말로는 '영생이'라고 한다. 상쾌한 향이나 허브가 대중화된 지역에선 차로 즐겨 마시는 것이 일상적이고 아이스크림, 박하사탕, 껌, 담배와 같은 기호식품의 첨가물로도 쓰인다. 모히토 같은 칵테일이나 음료를 만들 때도 특유의 청량감을 살리기 위해 민트가 자주 들어간다. 또한 구강세정용품(리스테린 등), 특히 치약에 많이 들어가는데 특별한 향이 없는 기본적인 치약에도 민트향을 첨가할 정도다. 가장 기본적인 아이스크림에 바닐라향은 꼭 들어가는 것을 생각하면 이해하기 쉽다.

13. 애플민트

애플민트(apple mint, *Mentha suaveolens*)의 원산지는 유럽 남부와 아프리카이며, 사과의 단맛과 민트의 청량감이 합쳐진 향이 난다. 타원형의 잎은 전면이 털로 덮여 있어 부드럽고 촉감이 좋아 울리민트(wooly mint)라고도 부른다.

풍미가 좋아 민트소스를 만드는 데 좋으며 고기, 생선, 달걀요리의 향료, 디저트 장식, 소스, 젤리 등에 쓰인다.

애플민트

14. 페퍼민트

페퍼민트(peppermint, *Mentha piperita*)는 민트 중에서 가장 많이 사용되며 얼얼하고 상쾌한 청량감이 특징이다. 방부·살균작용을 하고 위나 장의 정장효과도 알려져 있어서 식용, 약용 등으로 널리 이용되며 특히 감기 치료에 효과가 있다. 과일, 셔벗, 아이스크림, 차 제조에 이용된다.

페퍼민트

15. 스피아민트

스피아민트(spearmint, *Mentha spicata*)는 요리의 부향제로 가장 많이 쓰이는 박하류로 감자, 토마토, 당근, 콩류와 같은 채소들과 잘 어울리며 잘게 다진 잎은 그린 샐러드나 샐러드드레싱, 요구르트드레싱 등 여러 가지 드레싱에 이용되어 시원한 맛을 낸다. 그 밖에 육류, 특히 양고기 요리에 이용된다.

스피아민트

16. 세이보리

세이보리(savory, *Satureia montana*)는 민트과에 속하는 허브로 종류로는 섬머 세이보리와 윈터 세이보리가 있다. 씹으면 짜릿한

세이보리

매운맛이 나는데 타임이나 민트와 유사한 향기가 난다. 콩요리의 향 첨가, 육류나 소시지, 샐러드, 튀김, 고기, 생선, 조개, 채소요리, 유제품, 수프, 소스에 사용된다.

라벤더

17. 라벤더

라벤더(lavender, *Lavandula angustifolia*)는 목욕할 때 물에 향을 내기 위해 사용되기도 하여, 그리스어로 씻는다(to wash)는 의미의 'lavo'라는 단어를 따서 라벤더라는 이름이 붙었다. 푸른색, 분홍색 또는 흰색의 아름다운 꽃을 요리에 이용한다. 샐러드, 라벤더 식초, 로즈메리(rosemary)와 함께 빵을 만들 때 이용되기도 한다.

아루굴라

18. 아루굴라

아루굴라(arugula, *Eruca sativa* L.)는 주로 루꼴라로 알려져 있으며 잎이 부드럽고 독특한 향미를 지녀 주로 샐러드, 피자의 토핑에 사용한다.

단델리온

19. 단델리온

단델리온(dandelion, *Taraxacum officinale* L.)은 잎이 성난 사자의 이빨처럼 날카롭게 생겼다 하여 프랑스어의 '사자의 이빨(tooth of lion)'이라는 단어에서 유래되었다. 우리나라의 민들레잎과 같은 것으로 데치거나 생으로 무쳐 먹으며, 샐러드에 사용한다.

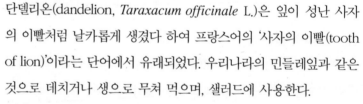

레몬밤

20. 레몬밤

레몬밤(lemon balm, *Melissa officinalis*)의 원산지는 지중해 연안과 남부 유럽으로 수많은 벌들이 몰려든다 하여 비밤(bee balm)이라고 불리기도 한다. 그 향이 진하고 깨끗하므로 주로 디저트에 이용되거나 육류요리, 샐러드드레싱, 음료 등에 널리 사용된다.

21. 워터크래스

워터크래스(water cress, *Nasturtium officinale*)의 원산지는 유럽
이며 개울이나 습지가 많은 곳에 자라기 때문에 물잔디(water
cress)라고도 한다. 매운 무와 같이 톡 쏘는 맛이 있으며 엔다이
브, 레터스 등과 같이 샐러드의 좋은 재료가 된다.

워터크래스

혼합 스파이스

1. 허브 프로방스

허브 프로방스(herb de provence)는 프랑스 남부지방의 지역음식에 많이 사용하
는 향신료로 말린 상태나 신선한 상태 모두 사용 가능하다. 타임, 로즈메리, 월계
수잎, 바질, 세이보리, 펜넬시드, 라벤더 등이 들어간다. 주로 양고기와 돼지고기
요리에 사용되고 가금류 요리에도 이용되며 피자맛을 내기도 한다.

2. 카레 파우더

라틴어로 'sauce'를 뜻하는 카레 파우더(curry powder)는 배합비가 만드는 사람
에 따라 다양하며 20여 종의 스파이스를 혼합한 것이다. 어원은 소스를 의미하는
'kar'이다. 카다몬, 큐민, 펜넬, 메이스, 너트메그, 붉은고추, 흑후추, 양귀비씨, 참깨,
사프란, 타마린드, 튜머릭, 계피, 정향, 생강 등으로 구성된다. 최대 향미를 얻기 위
해 약한 불의 뜨거운 팬 위에 스파이를 넣어 건열로 로스팅한다. 카레 소스와 육
류요리, 가금류, 패류, 치즈 등에 이용된다.

3. 오향분말

오향분말(Chinese five spice powder)은 팔각회향(star anise), 정향(clove), 계피
(cinnamon), 회향(fennel seed), 산초가 혼합된 것으로 중국 남부 음식과 베트남
음식에 많이 사용된다. 특히 돼지고기, 쇠고기, 닭고기, 오리고기의 양념에 많이

사용된다.

4. 페르시야드

페르시야드(persillade)는 파슬리와 마늘을 다져 혼합하여 음식의 속을 채우거나
조리의 마지막 단계에 첨가하여 풍미를 증진시킨다.

5. 제몰리다

제몰리다(gramolada)는 레몬 껍질(zest), 마늘, 파슬리를 다져 혼합하여 만든 것
으로 이탈리아 음식에 사용된다.

6. 가람 마살라

가람 마살라(garam masala)는 통후추(peppercorn), 카다몬(cardamon), 계피,
정향, 코리앤더(coriander), 너트메그, 심황, 월계수잎, 펜넬씨드의 혼합물로 조리가
끝날 무렵에 넣는다. 오일에 가람 마살라(garam masala)를 담가 허브오일을 만들
어 조리 시 처음부터 넣기도 한다. 전통적으로 북인도요리에 사용되며 따뜻한 속
성을 지닌 스파이스의 혼합물이라는 의미로 몸의 열을 내 준다.

7. 피클링 스파이스

피클링 스파이스(pickling spice)는 통후추, 붉은고추, 올스파이스(all spice), 정향
(cloves), 생강(ginger), 겨자씨(mustard seeds), 코리앤더, 월계수잎, 딜 등의 혼합
물로 피클을 만들 때 사용된다.

8. 이탈리안 시즈닝 블렌드

이탈리안 시즈닝 블렌드(Italian seasning blend)는 바질(basil), 오레가노(oregano),
세이지(sage), 마조람(marjoram), 로즈메리(rosemary), 타임(thyme), 세이보리
(savory) 등으로 되어 있으며, 이탈리아 음식을 만들 때 사용된다.

9. 포 스파이스

포 스파이스(four spices)는 통후추, 너트메그, 정향, 건생강을 혼합한 향신료로 육제품이나 장시간 스튜를 끓일 때 사용된다. 때에 따라 계피, 올스파이스를 첨가하기도 한다. 자마이카 후추(jamaican pepper)라는 용어로도 사용되고 거의 대부분의 국가에서 사용된다.

10. 피네 허브

피네 허브(fine herbs)는 오래된 프랑스 조리법의 하나로 신선한 파슬리, 타라곤, 처빌, 차이브 다진 것을 이용한다. 조리의 마지막에 넣는다. 마요네즈, 사워크림, 크림치즈 혹은 버터와 섞어 샌드위치에 바르거나 전채에 사용한다.

용어설명   **인퓨전(infusion)** 찻잎, 허브 또는 과일과 같은 물질을 물, 기름, 차 혹은 식초와 같은 액체에 담가서 추출해 낸 것을 지칭한다.

페스토(pesto) 가열하지 않은 소스로 신선한 바질, 잣, 파르메산 치즈나 페코리노 치즈와 올리브유를 이용하여 만든다. 절구나 푸드 프로세서를 이용하여 곱게 으깰 수 있다. 이탈리아의 제노아 지방에서 유래하였으며 다양한 음식에 이용되지만 특히 파스타에 많이 이용된다.

기호식품재료

차 | 커피 | 초콜릿
과실음료 | 탄산음료 | 전통음료

FAVORITE
FOOD

기호식품은 독특한 향과 맛 때문에 선택하는 것으로 식품 자체가 상품으로 직접 이용되거나 가공식품의 풍미를 증진시키기 위해 사용되며, 영양소 공급을 목적으로 하지 않는다. 기호용 음료로는 비알코올성 음료와 알코올성 음료가 있다. 비알코올성 음료는 기분을 상쾌하게 하고 식욕을 증진시키는 것으로 알카로이드 음료인 차, 커피, 콜라와 탄산가스를 품고 있는 사이다, 광천수와 같은 청량음료, 천연과즙을 이용하여 만든 음료, 젖산균을 이용하여 만든 음료 등이 있다. 과실, 꽃, 감미료 등을 섞어 맛과 청량감을 아울러 즐기는 화채나 수정과 또는 구기자차, 오매차, 인삼탕과 같은 차 종류도 우리 고유의 기호음료이다. 알코올성 음료에는 곡류, 과일 등을 원료로 하여 만든 약주, 탁주, 맥주, 와인과 이것을 다시 증류한 소주, 위스키 진 등이 있다.

1. 차

차(tea)는 차나무의 어린잎을 따서 제조·가공한 것으로 우리나라에서는 통일신라시대에 불교의 발달과 함께 전래되어 지금까지 이용되고 있다. 원산지는 중국, 일본, 그 외 동양의 여러 나라이다. 특히 발효 정도에 따라 비발효차, 반발효차, 발효차, 후발효차로 나누어진다. 차는 제조시기나 발효 정도, 찻잎의 형태, 재배방법, 품종, 생산지에 따라 여러 가지로 분류된다.

녹차(green tea)는 비발효차로 찻잎을 채취하여 가마솥에 덖거나 잎을 전혀 발효시키지 않고 그대로 증기로 쩌서 산화효소를 파괴시킨 후 비벼서 말린 것으로 엽록소 대부분이 남아 있으며, 어린잎일수록 선명한 녹색을 띤다. 녹차는 가열

표 15-1 발효 정도에 따른 차의 종류

분류	종류	특징
비발효차	녹차	증제차(수증기로 쩌서 만든 차), 덖음차(가마솥에 덖어서 만든 차)
반발효차	우롱차	반 정도 발효된 차
발효차	홍차	잎을 쩌서 말린 차
후발효차	보이차	잎을 찐 후 공기 중의 미생물로 발효시킨 차

하는 방법에 따라 증제차와 덖음차로 나뉘는데 일본차는 주로 증제차이고 우리나라 차는 덖음차이다. 차 중에 가장 좋은 것은 작설차인데, 이것은 차나무에서 가장 처음 나온 잎으로 만든 것이다. 5월 중순에 채엽한 것은 1번차(첫물차)이며, 차맛이 부드럽고 감칠맛과 향이 뛰어나다. 7월 중순에는 2번차(두물차)를 채엽하며, 이는 떫은맛이 강하고 감칠맛이 떨어진다. 8월 상순에는 3번차(세물차)를 채엽한다. 그 외 4번차(네물차)가 있는데 차맛이 가장 떨어진다.

차류(홍차, 녹차, 말차, 보이차)

말차(powdered green tea)는 고운 연둣빛이 나는 가루분으로 된 녹차로, 차의 품질은 찻잎의 성분에 크게 영향받는다.

우롱차(oolong tea)는 오룡차의 중국식 발음으로 평소 우롱차로 불린다. 찻잎을 햇볕과 실내에서 시들이기, 교반을 하여 찻잎 중의 폴리페놀 성분이 10~65% 정도 되도록 발효시켜 만든 차로 반발효차이다. 발효과정을 홍차의 반 정도로 짧게 한 홍차와 녹차의 중간 제품으로, 주로 중국에서 만들어진다.

홍차(black tea)는 대표적인 발효차로 잎을 자체의 산화효소로 85% 이상 발효시킨 후 쪄서 말린 것이다. 발효되는 동안 엽록소가 분해되고 산화효소의 작용으로 비타민 C가 파괴되어 소실되지만 특유의 향미와 색소가 생성된다. 발효과정에서 탄닌(tannin)의 반 정도가 불용성이 되어 떫은맛이 적다.

보이차는 후발효차로 가열처리한 찻잎에 수분을 가하고 대나무통에 넣어 공기 중의 미생물에 의한 발효가 일어나도록 숙성시킨 차이다.

꽃차(flower tea)는 발효시킨 홍차나 우롱차에 향기가 강한 꽃봉오리를 층층이 가하여 가열한 것을 말한다. 대만의 재스민차(jasmine tea), 국화차, 라임블라섬차(lime blossm), 카모마일차(camomile), 장미차(rose retal), 라벤더차(lavendcc) 등이 있다.

차의 성분으로는 탄닌과 같은 폴리페놀 화합물, 테아닌(theanine)과 같은 아미노산들, 테인(theine)과 같은 카페인류, 유기산 등이 있다. 테인은 알카로이드(alkaloid)로 카페인과 유사하며 잎이 어릴수록 함량이 많고 뇌, 근육 등을 자극하며 이뇨·강심 작용을 한다.

꽃차(국화차, 라인블라섬, 카모마일)

폴리페놀 화합물 중에서 가장 중요한 것은 탄닌의 일종인 카테킨(catechin)으로 차의 쓰고 떫은맛의 주성분이다. 차의 색이나 맛, 향기뿐만 아니라 차의 효능에 큰 역할을 한다. 카테킨은 녹차인 경우는 안정하나 홍차인 경우는 산화되고 테아플라빈(theaflavin)이나 테아루비진(thearubigin)을 형성하여 적갈색과 등적색을 나타낸다.

테아닌은 차 속의 주요 아미노산으로 차의 수용성 고체 성분의 2~5%가 들어 있으며 신선한 녹차의 고유한 맛성분이다. 테인은 차에 들어 있는 카페인으로 찻잎에 3~4% 정도 들어 있으며 폴리페놀 물질과 결합하여 흡수가 저해되므로, 커피의 카페인과 같은 부작용이 적다.

차의 색소로는 엽록소, 카로테노이드, 안토시아닌 등이 있다. 녹차는 찻잎을 바로 열처리하여 엽록소가 남아 녹색을 띤다. 그러나 우롱차나 홍차는 엽록소가 발효과정에서 이미 파괴되었기 때문에 갈색으로 바뀌고 산화에 의해 등황색, 홍색으로 바뀌게 된다.

차의 향미는 아미노산, 염기, 테인 등과 탄닌, 기타 페놀성 물질이나 당분의 조합에 의해 이루어진다. 비타민 C는 찻잎을 탕에 3~5분 침지하면 50~60%가 최초에 용출되나 카로티노이드는 거의 용출되지 않는다.

2. 커피

커피(coffee)의 원산지는 아프리카로 15세기경 최초로 아라비아인에게 알려졌으며, 17세기경 네덜란드인에 의해 자바에 전해졌고 그 후 남미에 소개되었다.

열대작물 중 설탕 다음으로 중요하며 브라질에서 세계 수확의 1/2 이상이 생산된다. 그 밖에 콜롬비아, 아프리카, 하와이, 멕시코, 아라비아, 푸에르토리코, 코스타리카, 서인도 등에서 생산되며, 미국이 커피를 가장 많이 가공·소비한다.

커피류(원두커피, 가루커피, 인스턴트커피, 믹스커피)

커피는 토질, 해발, 온도 등에 따라 차이가 있으며 맛에 있어서도 각각 강하고 연한 특징이 있다.

1) 커피 원두의 종류

커피의 종류는 아라비카(arabica)종, 로부스타(robusta)종이 대표적이다. 커피 생두의 화학적 조성은 품종, 재배지역, 기후, 숙성 정도 및 저장조건 등의 영향을 받는다.

일반적으로 아라비카 커피 생두의 화학적 조성을 살펴보면 총 다당류 함량 50.0~55.0%, 지방질 12.0~18.0%, 단백질 11.0~13.0%, 총 클로로겐산 5.5~8.0%, 무기질 3.0~4.2%, 카페인 0.9~1.2%, 트리고넬린 1.0~1.2%로 구성되어 있다. 아라비카종은 이디오피아 고원지대에서 자생하며, 적도지방에서는 중·고지대(1,000~2,100m), 적도에서 떨어진 지역에서는 고도 400~1,200m 지대에서 재배된다. 일반적으로 고지대에서 재배된 것이 품질이 우수하다. 풍미가 좋아 커피 총생산량의 75%를 차지하며 모카커피가 가장 유명하다. 브라질에서 생산되는 것은 신맛이 강하다.

로부스타 커피 생두의 경우 총 다당류 함량 37.0~47.0%, 지방질 9.0~13.0%,

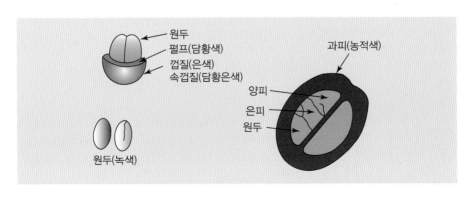

그림 15-1
커피의 열매 구조

단백질 13.0~15.0%, 총 클로로겐산 7.0~10.0%, 올리고당 5.0~7.0%, 무기질 4.0~ 4.5%, 카페인 1.6~2.4%로 구성되어 있다. 로부스타종은 총 생산량의 25% 정도이 며 원산지는 아프리카 콩고지방으로 인도, 인도네시아 앙골라, 우간다 등에서 주 로 재배된다. 고온다습한 기후나 병충해에 강하다. 쓴맛이 강하고 아라비카종의 2배 정도의 카페인이 있으며 향기가 떨어져서 인스턴트커피 제조에 주로 쓰인다.

아라비카종이 로부스타종에 비해서 탄수화물(다당류, 올리고당), 지방질 및 트 리고넬린 함량이 상대적으로 많은 반면 무기질, 카페인, 단백질, 총 클로로겐산 함 량은 로부스타종이 많다.

2) 커피 원두의 가공

커피나무는 아열대 관목식물로 처음에는 열매가 녹색이나 익어 가면서 붉은색이 된다. 일반적으로 그린커피(green coffee)는 약간의 방향을 가지고 있으나 이것을 로스팅하면 방향이 진해진다. 커피의 가공과정에서 가장 중요한 것이 바로 로스팅 (roasting) 과정이다. 로스팅은 보통 200~250℃에서 원두를 볶는데 덜 볶거나 지 나치게 오래 볶은 것은 좋지 않다. 커피는 볶는 동안 수분이 10~12% 제거되고 탄 수화물이 부분적인 탄화, 캐러멜화되고 아미노카보닐 반응에 의해 색이 갈변하며 클로로겐산과 결합되어 있던 카페인이 분리된다. 또한 이산화탄소, 카페올과 같은

표 15-2 커피 원두의 볶는 단계와 특징

구분	볶는 단계	특징
약간 볶기	라이트(light)	향이 거의 없음
	시나몬(cinnamon)	신맛이 강함
중간 볶기	미디엄(medium)	산뜻한 신맛
	하이(high)	산뜻한 신맛, 1차 크랙 시작
	시티(city)	신맛이 풍부
강한 볶기	풀시티(fullcity)	2차 크랙 시작
	프렌치(French)	에스프레소용
	이탈리안(italian)	쓴맛이 많이 남

방향성 물질이 생성되고 미각성분은 증가하며, 용해도가 증가된다.

로스팅 중에는 유기물질의 양이 줄어드는데 약로스팅 시에는 1~5%, 중로스팅 시에는 5~8%, 강로스팅 시에는 8~12% 이상 손실이 일어난다.

3) 커피의 성분

커피의 성분에는 카페인(caffeine), 탄닌, 트리고넬린(trigoneline), 탄산가스, 향기성분, 유기산 등이 있다. 카페인은 커피의 1~5% 정도 들어 있는데 에스프레소 커피는 추출시간이 짧아 카페인의 함량이 적다. 카페인은 커피 쓴맛의 10% 정도를 관여한다.

트리고넬린(trigoneline)은 로스팅 시 손실되어 230℃에서는 85%가 감소된다. 트리고넬린이 분해되어 생성되는 피리딘(pyridine)은 커피의 향미를 증가시킨다. 커피는 로스팅할수록 신맛이 줄어들고 쓴맛이 늘어난다.

커피의 향기성분은 디아세틸(diacetel), 아세틸메틸(acethylmethyl)과 같은 알데히드(aldehyde)와 케톤(ketone)도 존재한다. 향기성분을 공기 중에 노출시켜 놓으면 수일 안에 커피의 맛과 향기를 모두 잃게 된다.

커피의 중요한 유기산은 페놀 컴폰드(phenolic componds)인 카페인산(caffeic acid)과 클로로겐산(chlorogenic acid)이다.

3. 초콜릿

초콜릿(chocolate)의 원산지는 중앙아메리카로 알려져 있으며 지금은 적도를 중심으로 한 열대국가에서 재배되고 있다. 카카오나무에서 얻는 다육질의 과실종자인 카카오빈(cacao bean)은 꼬투리 중에 30~40개의 종자를 함유하고 있다. 꼬투리가 성숙했을 때 모아서 24시간 건조한 후 꼬투리를 열어 종자를 꺼낸다. 이 종자를 2~7주일간 발효시켜서 펄프를 벗긴 후 씻어 말려서 볶은 다음 부스러뜨리면 코코아열매가 조각으로 나온다. 이것을 가열하여 분쇄하면 리퀴드 초콜릿(liquid chocolate)이 되며 이것을 덩어리지게 한 것이 비터 초콜릿(bitter chocolate)이다. 이때 더치 프로세스(dutch process) 방법으로 알칼리 처리를 하면 색이 진해지고

용해도가 증가한다. 리퀴드 초콜릿에 우유 고형물, 코코아, 버터, 설탕, 향료 등을 가하여 형태를 만든 것이 스위트 밀크 초콜릿(sweet milk chocolate)이다. 스위트 초콜릿은 초콜릿 액체 15%, 밀크 초콜릿은 10%, 비터 초콜릿은 35% 이상을 사용한다. 초콜릿에서 지방을 뽑고 가루로 만든 것이 코코아이다.

카카오열매는 지방 함량이 대단히 높은데 초콜릿은 약 50%, 코코아는 22% 정도를 함유하고 있다. 전분은 코코아가 11%, 초콜릿은 8%를 함유하며 함량이 많은 것은 음료로 만들었을 때 침전하는 경향을 나타낸다. 초콜릿보다 코코아로 음료를 만들었을 때 전분 함량이 높아 더욱 걸쭉해진다. 방향물질은 명백하게 밝혀지지 않았으며 물 없이 고열로 가열하면 향기의 변화가 일어나 쓴맛이 난다. 카카오에는 카페인이 극소량이고 테오브로민(theobromine)이 상당량 함유되어 있다. 향미와 색은 폴리페놀 성분이 발효과정 중에 산화되어 적갈색 화합물을 생성하여 나타낸다. 테오브로민은 카페인에 비하여 자극성이 약하다. 초콜릿은 가열하거나

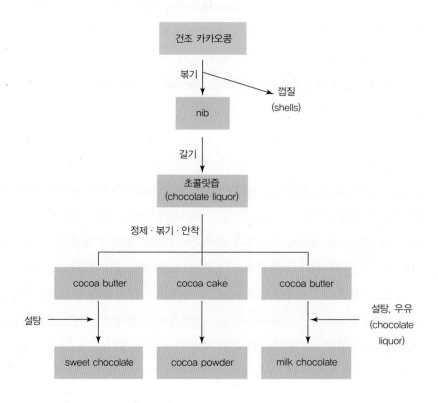

그림 15-2
초콜릿과 코코아 제조과정

표 15-3 과실음료의 종류

구분	종류	설명
과즙계 음료	천연과즙	과즙 함유량이 100%인 음료
	과즙음료	과즙 함유량이 50% 이상 100% 미만인 음료
	희석과즙음료	과즙 함유량이 10% 이상 50% 미만인 음료
과육계 음료	100% 과육음료	100% 과육을 넣은 음료
	희석과육음료	넥타류

습기가 있는 곳에 두면 표면에 손상이 일어나므로 공기가 들어가지 않는 용기에 넣고 어둡고 찬 장소에 보관하도록 한다.

4. 과실음료

과실음료(fruit beverages)의 종류로는 과즙계 음료와 과육계 음료가 있다. 과실음료는 신선한 과일을 그대로 즙을 짜서 만든 것과 과일을 가열하여 얻은 진한 색의 즙액을 이용한 것이 있으며 생과일에 가까운 풍미가 있다.

레모네이드와 여러 가지 합성 과실음료

농축과즙은 진공상태에서 저온·고온으로 용량을 감소시켜 저장한 후 마실 때 희석하여 이용한다. 이때 희석된 정도에 따라 과즙음료, 희석과즙음료 등으로 나누어진다.

5. 탄산음료

탄산음료(carbonated beverages)는 감미료, 신미료, 착향료, 착색료 등을 음용수에 적당히 배합하고 유리탄산을 함유한 착향 탄산음료가 대부분으로 콜라, 사이다가 대표적이다. 콜라는 콜라나무(cola tree)의 열매로 만든 것으로 열매 안에 4~10개의 종자가 들어 있으며 이 종자에 카페인과 콜라닌이 함유되어 있다. 콜라는 종실 추출액에 주석산, 구연산 등의 산미료와 향료, 색소, 유화제, 안

탄산수와 여러 가지 탄산음료

정제 등을 첨가하여 가열 살균한 후 냉각하여 고압으로 탄산가스를 넣은 것이다.

표 15-4 탄산음료의 종류

구분	종류	설명
무향 탄산음료	천연 광천수	광물질과 탄산가스를 함유하는 천연수
	인공 광천수	광물질과 탄산가스를 인공으로 첨가하여 만든 음료
	인공 탄산수	물에 탄산가스만 넣은 음료(토닉워터 등)
착향 탄산음료	합성향료 사용 음료	합성향료를 넣은 것(콜라, 사이다 등)
	천연향료 사용 음료	천연향료를 넣은 것(데미소다, 그레이프 등)

사이다의 어원은 사과 과즙을 발효시킨 알코올 술을 말하는데, 우리나라에서는 물에 탄산가스를 혼합하고 설탕, 향료, 산, 색소 등을 넣어 가공하여 만든다.

전통음료(오미자, 식혜, 수정과)

6. 전통음료

우리나라의 전통음료(traditional beverages)는 형태나 조리법이 매우 다양하며 화채를 비롯한 여러 종류가 있다. 전통음료는 후식류로 발달하였고, 한과와 더불어 중요한 기호식품으로 자리 잡았다.

1) 화채

화채는 여러 종류의 과일과 꽃을 다양한 모양으로 썰어서 꿀이나 설탕에 재웠다가 오미자국이나 꿀물, 과일즙, 한약재료 달인 물에 띄우거나 다른 재료를 합하여 맛을 낸다.

2) 식혜

엿기름은 보리에 수분을 흡수시켜 적정한 온도에서 발아시켜 전분분해효소를 생성시킨 것으로, 만들어진 엿기름에 식혜의 맛이 좌우된다. 식혜는 엿기름가루를 우려낸 물에 밥을 넣고 따뜻한 온도를 유지하면서 일정 시간 삭혀서 끓여 식힌 국물을 그릇에 담고 밥알을 동동 띄우고 실백을 넣어 만든다. 다 삭은 것을 끓여서 밥알을 걸러내고 물만 먹는 것은 감주라고 한다. 최근에는 엿기름을 간편하게 티백으로 상품화한 제품도 나왔다. 식혜, 감주 등이 대표적이며 호박식혜, 연엽식혜, 안동식혜, 고구마감주 등이 있다.

3) 수정과

수정과는 생강, 계피, 통후추를 넣고 끓인 물에 설탕을 넣고 단맛을 낸 다음 손질한 마른 곶감에 호두살을 넣어 곶감 쌈을 만들어 넣어 말랑말랑해지고 곶감물이 우러 나면 화채를 그릇에 담아 실백을 띄워서 낸다. 가을에 잘 말려 두었던 곶감으로 만든 수정과는 한겨울에 뜨거운 방에서 먹는 달고 차가운 겨울철 시식으로 설날에 주로 만들어 먹는 음료이다. 곶감수정과, 배숙, 가련수정과, 잡과수정과 등이 있다.

4) 미수

미수는 곡물가루를 이용한 음료로 예전에는 구황식이나 저장식으로 많이 이용되었으며 미시라고도 한다. 찹쌀, 보리, 율무, 콩 등의 곡물을 쪄서 말리고 볶은 다음 가루를 내어 물에 타 마신다. 대표적으로 찹쌀미수가 있고, 그 외 보리 미수 등이 있으며 최근에는 선식이라 하며 생식으로 이용되기도 한다.

5) 기타 음청류

각종 약재, 과일 등을 가루를 내거나 말려서 또는 얇게 썰어 꿀이나 설탕에 재웠다가 끓는 물에 타거나 직접 물에 끓여 마시기도 한다.

여러 가지 재료를 장시간 찬물에 넣고 끓여 그 맛이 나오게 하는 달이는 차로는 인삼차, 두충차, 구기자차, 계피차, 오매차, 당귀차, 박하차, 영지차, 칡차, 쌍화차, 유자차, 모과차, 오과차, 대추생강차, 녹두차, 곡차, 율무차, 옥수수차 등이 있다.

숙수는 여러 가지 향약초의 재료를 이용한 음료로 꽃이나 잎 등의 재료에 물을 넣고 우려 향기를 마시는 것이다. 이것은 재료의 잎이나 꽃을 말려 가루를 내어 꿀에 재웠다가 물에 타 마시기도 하는데 자라숙수 등이 대표적이다. 무쇠솥에 지은 밥이 바닥에 눌어붙게 한 뒤 물을 부어 끓이면 숙수가 되는데, 이것이 바로 지금의 숭늉이다.

용어설명 **더블스트렝스커피(double strength coffee)** 보통 커피보다 물을 1/2만 사용하여 진하게 우려낸 것으로 아이스커피 또는 데미타스(demitasse, after dinner doffee)에 사용된다.

디카페인커피(decaffeinated coffee) 먼저 커피콩(coffee bean)에서 카페인을 제거한 후 볶아서 분쇄하고 이것에서 커피성분을 추출하여 농축시킨 것이다. 카페인을 제거했기 때문에 누구나 이용할 수 있다.

인스턴트커피(instant coffee) 볶은 커피를 추출하여 농축·건조시킨 후 가루로 만든 것이다. 경제적이며 사용하기 편리하나 시간이 지나면서 방향성분이 감소되는 결점이 있다. 근래에 많이 가공하는 방법으로 동결건조(freeze drying)한 것은 비교적 방향물질의 손실이 적다.

코코아 카카오나무 열매인 카카오콩을 볶아 껍질을 제거한 코코아 닙(nib)으로부터 지방을 반 이상 제거하고 분말화한 것이다.

코코버터 카카오열매의 핵에서 압착법에 의해 얻은 지방이다.

Memo

REFERENCE
참고문헌

국내문헌

김동훈(1981). 식품화학. 탐구당.

김봉현(2001). 식용유지 그 이용과 유지식품. 내하출판사.

김소미 외(2002). 누구나 알아두면 좋은 우리 생선 이야기. 효일.

김은미 외(2011). 식품재료학. 광문각.

노봉수 외(2013). 생각이 필요한 식품재료학. 수학사.

농촌진흥청(2016). 국가표준 식품성분표, 9개정판.

모수미 외(2003). 조리학. 교문사.

문범수 외(1992). 식품재료학. 수학사.

미국육류수출협회 안내서(1999). 미국산 육류구매.

송재철 외(1999). 식품재료학. 교문사.

송재철 외(2000). 최신식품학. 교문사.

식품수급표(2015). 한국농촌경제연구원.

심상국 외(1995). 식품학. 교문사.

이혜수 외(2001). 조리과학. 교문사.

장상문 외(2005). 식품재료학. 광문각.

장학길(2001). 식품재료학. 신광출판사.

장현기 외(1999). 식품학개론. 유림문화사.

정동효(1999). 콩의 과학. 대광서림.

정영도 외(2000). 식품조리재료학. 지구문화사.

조덕현(2009). 한국의 식용 독버섯도감. 일진사.

조리교재발간위원회(2002). 조리체계론. 한국외식정보.

조신호 외(2002). 식품학. 교문사.

조재선(2000). 식품학. 광일문화사.

하헌수 외(2015). 식품재료학. 백산출판사.

한국조리학회(2001). 조리용어사전. 효일.

현영희 외(2003). 식품재료학. 형설출판사.

홍태희 외(2001). 식품재료학. 지구문화사.

황지희 옮김(2000). (맛2배, 약효3배)몸에 좋은 음식물 고르기. 사람과 책.

국외문헌

Bennion, M. & Scheule, B.(2004). Introductory Foods 12th ed. Prentice Hall.

Brown Amy(2000). Understanding Food. Wadsworth. CRC.

Ensminger. M. E., et al.(1995). The concise Encyclopedia of Food and Nutrition.

Labensky S. R. & Hause A. M.(2003). On Cooking 30th ed. Prentice Hall.

McGee & Harold(1984). On food and cooking. Simon & Schuster.

Murano P. S.(2003). Understanding Food Science and Technology. Wadsworth.

Parker, R.(2004). Introduction to Food Science. Thomson Learning

웹사이트

국립농산물품질관리원 www.naqs.go.kr

국립수의과학검역원 www.nvrqs.go.kr

농수산물유통공사 www.afmc.co.kr

농촌진흥청 www.rda.go.kr

농협쇼핑 shopping.nonghyup.co.kr

대구중앙청과주식회사 www.tgjungang.co.kr

(사)대한영양사협회 www.dietitian.or.kr

사이버 농산물 통합쇼핑몰 www.acim.or.kr

서울시농수산식품공사 www.garak.co.kr

생명자원정보서비스 bris.go.kr

예스쿡 www.yescook.org

축산물품질평가원 www.kormeat.co.kr

Kati 통식품수출정보 www.kati.net

NH농협 www.nonghyup.com

INDEX
찾아보기